JN233367

物性物理学

大貫惇睦 編著

朝倉書店

執筆者

浅野 (あさの)	肇 (はじめ)	筑波大学物質工学系・教授
上田 (うえだ)	和夫 (かずお)	東京大学物性研究所・教授
佐藤 (さとう)	英行 (ひでゆき)	東京都立大学大学院理学研究科・教授
中村 (なかむら)	新男 (あらお)	名古屋大学大学院工学研究科・教授
高重 (たかしげ)	正明 (まさあき)	いわき明星大学理工学部・教授
三宅 (みやけ)	和正 (かずまさ)	大阪大学大学院基礎工学研究科・教授
大貫 (おおぬき)	惇睦 (よしむつ)	大阪大学大学院理学研究科・教授
竹田 (たけだ)	精治 (せいじ)	大阪大学大学院理学研究科・教授

(執筆順)

はしがき

　「基礎物性化学」(朝倉書店)が絶版になり，著者の一人であった私は非常に残念に思っていました．その後，何人かの方々の励ましを受けて，また，朝倉書店からの薦めもあり，再び「物性物理学」と題する本書をまとめることになりました．

　物性物理学は，たとえとして料理に似ていないでしょうか．通常，物質の構成，格子振動，金属電子論，半導体と光物性，誘電的性質，超伝導，磁性のような分類でまとめられています．それらは，和食，洋食，韓国，中華，インドあるいはエスニック料理に似ていないでしょうか．同じ素材を使っても，いろいろな味付けや素材の使い方で一見異なるように思えますが，それぞれおいしい料理なのです．上記の分類は物質のもついろいろな側面にスポットを当てて観た性質であり，それらすべてが総合されてはじめてその物質が解明されたといえるのです．

　読者は，あるときは本書を一気に最初から最後まで読んで全体像をつかんで下さい．しかし，なかなか心からわかったといえないことの多いのも事実です．私自身も，学部の4年生，あるいは大学院修士課程の実験を通して，教科書でいっていることはこんなことだったのかと，実感したこともいくつかあります．わかったことを積み重ねて，再び最初から読み直していくと，次第に物性物理学の汲めども尽きぬ魅力にとりつかれるものです．

　物性物理学は，旧著も含めてこれまで幾多の著書がすでにあり，私自身感銘を受けた書物も少なからずあります．今回まとめるにあたり，それぞれの分野をできるだけわかりやすく，しかも最前線の内容も取り入れて編集しました．本書を通じて，物性物理学が好きになってくれる方々が増えればうれしく思います．

　本書をまとめるにあたり，朝倉書店編集部にはお世話になりました．心からお礼申し上げます．

　2000年2月

大 貫 惇 睦

目　　次

1. **化学結合と結晶構造** ……………………………………（浅野　肇）… 1
   1.1　はじめに (結晶学) ……………………………………………………… 1
   　　1.1.1　結 晶 と は ……………………………………………………… 1
   　　1.1.2　ミラー指数 ……………………………………………………… 2
   　　1.1.3　X 線 回 折 ……………………………………………………… 2
   　　1.1.4　逆 格 子 ……………………………………………………… 5
   　　1.1.5　単結晶 X 線回折 (逆格子を見る) ……………………………… 6
   1.2　イオン結合 ……………………………………………………………… 7
   　　1.2.1　NaCl 分子 ……………………………………………………… 7
   　　1.2.2　イオン結晶の結合エネルギー ………………………………… 8
   　　1.2.3　ボルン-ハーバーサイクル ……………………………………… 9
   　　1.2.4　イオン半径比 …………………………………………………… 10
   　　1.2.5　高温超伝導体 $YBa_2Cu_3O_7$ …………………………………… 11
   1.3　共 有 結 合 ……………………………………………………………… 14
   　　1.3.1　水素分子イオン ………………………………………………… 14
   　　1.3.2　ダイヤモンド構造 ……………………………………………… 17
   　　1.3.3　ダイヤモンド結晶のエネルギーバンド ……………………… 17
   1.4　金 属 結 合 ……………………………………………………………… 19
   　　1.4.1　自由電子モデル ………………………………………………… 19
   　　1.4.2　金 属 結 晶 ……………………………………………………… 21
   　　1.4.3　貴金属合金 ……………………………………………………… 22
   1.5　ファンデルワールス結合 ……………………………………………… 24

2. **格子振動と物性** ……………………………………………（上田和夫）… 25
   2.1　電子の運動とイオンの運動 …………………………………………… 25
   2.2　格子振動 (古典的取り扱い) …………………………………………… 26

  2.2.1 微小振動 ………………………………………………… 26
  2.2.2 1次元の鎖の振動 ………………………………………… 26
  2.2.3 単位胞に2個の原子を含む場合 ……………………… 29
  2.2.4 3次元結晶の格子振動 …………………………………… 31
  2.2.5 古典論による比熱 ………………………………………… 32
  2.2.6 古典論の成功と限界 ……………………………………… 33
 2.3 格子振動の量子化（フォノン）……………………………………… 33
  2.3.1 量子化条件 ………………………………………………… 33
  2.3.2 フォノン …………………………………………………… 35
  2.3.3 中性子散乱 ………………………………………………… 36
  2.3.4 光散乱・光吸収 …………………………………………… 37
 2.4 固体の比熱 ……………………………………………………………… 38
  2.4.1 ボーズ統計 ………………………………………………… 38
  2.4.2 アインシュタイン模型 …………………………………… 39
  2.4.3 フォノンの状態密度 ……………………………………… 39
  2.4.4 デバイ模型 ………………………………………………… 40
  2.4.5 電子比熱 …………………………………………………… 42
 2.5 固体の熱伝導 …………………………………………………………… 43
  2.5.1 熱伝導度 …………………………………………………… 43
  2.5.2 緩和時間・平均自由行程 ………………………………… 44
  2.5.3 熱伝導度の表式 …………………………………………… 44
  2.5.4 金属の熱伝導 ……………………………………………… 45
 2.6 断熱近似の成り立たないとき ……………………………………… 45

3. 金属電子論 ……………………………………………（佐藤英行）… 47
 3.1 自由電子モデル ……………………………………………………… 47
 3.2 状態密度と電子比熱 ………………………………………………… 52
  3.2.1 エネルギー状態密度 ……………………………………… 52
  3.2.2 有限温度の電子分布 ……………………………………… 53
  3.2.3 電子比熱 …………………………………………………… 53
 3.3 電子輸送現象 …………………………………………………………… 56

| 3.3.1 電子の輸送 …………………………………………… 56
| 3.3.2 電 気 抵 抗 …………………………………………… 58
| 3.3.3 電子散乱の原因とマティーセン則 …………………… 60
| 3.3.4 熱 の 伝 導 …………………………………………… 61
| 3.3.5 ホール効果と磁気抵抗効果 ………………………… 62
| 3.4 周期ポテンシャル中の電子(バンド理論) ………………… 65
| 3.4.1 ブロッホの定理 ……………………………………… 65
| 3.4.2 ブリルアンゾーン …………………………………… 67
| 3.4.3 ブラッグ反射とブリルアンゾーン ………………… 68
| 3.4.4 2次元, 3次元のブリルアンゾーン ………………… 69
| 3.4.5 エネルギーギャップ ………………………………… 71
| 3.4.6 電子と正孔(ハリソンの自由電子モデル) ………… 72
| 3.4.7 金属・半導体・絶縁体の区別 ……………………… 75
| 3.4.8 低次元物質のフェルミ面(線・点) ………………… 78

4. 半導体と光物性 ……………………………………(中村新男)… 82
   4.1 半導体のエネルギーバンド ………………………………… 82
        4.1.1 エネルギーバンドの起源 …………………………… 82
        4.1.2 代表的な半導体のバンド構造 ……………………… 83
   4.2 真性半導体 …………………………………………………… 86
        4.2.1 電子の運動方程式と有効質量 ……………………… 86
        4.2.2 真性半導体の電子, 正孔の分布 …………………… 88
   4.3 不純物半導体 ………………………………………………… 92
        4.3.1 ドナーとアクセプター ……………………………… 92
        4.3.2 不純物半導体中の電子, 正孔の分布 ……………… 93
   4.4 物質の光に対する応答 ……………………………………… 95
        4.4.1 物質中の電磁波 ……………………………………… 96
        4.4.2 誘電率と光学定数 …………………………………… 97
        4.4.3 吸収係数, 透過率, 反射率 ………………………… 98
   4.5 光と物質との相互作用 ……………………………………… 99
        4.5.1 ローレンツモデル …………………………………… 99

4.5.2	屈折率と消衰係数の分散	100
4.5.3	金属電子のプラズマ振動と光学応答	102
4.5.4	光の吸収と放出	103

4.6 半導体の光物性 105
 4.6.1 反射・吸収スペクトル 105
 4.6.2 ルミネセンス 108
 4.6.3 発光ダイオード 109
4.7 物質の非線形な光学応答 111
 4.7.1 非線形分極 111
 4.7.2 2次と3次の非線形光学現象 112

5. 誘電的性質 (高重正明) 115
5.1 誘電性 115
5.2 誘電体の電磁気学 116
 5.2.1 電場,電束密度,分極,誘電率 116
 5.2.2 誘電体とコンデンサーの容量 117
5.3 分極の微視的起源 119
 5.3.1 電気双極子モーメントと分極,分極率 119
 5.3.2 分極率の分類 120
 5.3.3 局所電場 121
 5.3.4 誘電率と分極率を結びつける式とその応用 123
5.4 誘電分散 124
 5.4.1 複素誘電率 124
 5.4.2 緩和型分散 124
 5.4.3 共鳴型分散 126
5.5 格子振動と誘電性 127
 5.5.1 光学型格子振動 127
 5.5.2 LSTの関係 128
 5.5.3 そのほかの物性 128
5.6 強誘電体 129
 5.6.1 強誘電体と結晶の対称性 129

- 5.6.2 分極反転とヒステリシス曲線 …………………………………… 130
- 5.6.3 強誘電性の発生条件と感受率 …………………………………… 131
- 5.6.4 強誘電体と相転移 ………………………………………………… 132
- 5.6.5 2次の相転移の理論 ……………………………………………… 132
- 5.6.6 強誘電性相転移の機構 …………………………………………… 132
- 5.7 強誘電性に関連した性質 ………………………………………………… 134
  - 5.7.1 構造相転移 ………………………………………………………… 134
  - 5.7.2 ゾーンセンター相転移 …………………………………………… 134
  - 5.7.3 強弾性相転移 ……………………………………………………… 134
  - 5.7.4 超格子構造が出現するような相転移 …………………………… 134
  - 5.7.5 ペロブスカイト構造 ……………………………………………… 135
  - 5.7.6 分　　域 …………………………………………………………… 135
  - 5.7.7 圧　電　性 ………………………………………………………… 136

6. 超流動と超伝導 ……………………………………（三宅和正）… 138
- 6.1 超　流　動 ………………………………………………………………… 138
  - 6.1.1 液体ヘリウム ……………………………………………………… 138
  - 6.1.2 超流動の性質 ……………………………………………………… 139
  - 6.1.3 超流動の運動学 …………………………………………………… 141
- 6.2 超　伝　導 ………………………………………………………………… 143
  - 6.2.1 超伝導の性質 ……………………………………………………… 143
  - 6.2.2 BCS理論 …………………………………………………………… 148
  - 6.2.3 異方的超伝導・超流動 …………………………………………… 159

7. 磁　　性 ……………………………………………（大貫惇睦）… 165
- 7.1 磁性の分類 ………………………………………………………………… 165
- 7.2 局　在　磁　性 …………………………………………………………… 166
  - 7.2.1 キュリー常磁性 …………………………………………………… 166
  - 7.2.2 秩序磁性 …………………………………………………………… 176
  - 7.2.3 閉殻電子の反磁性 ………………………………………………… 185
- 7.3 遍　歴　磁　性 …………………………………………………………… 186

目次

- 7.3.1 パウリ常磁性 …………………………………… 186
- 7.3.2 ランダウ反磁性 …………………………………… 188
- 7.3.3 遍歴強磁性 ………………………………………… 189
- 7.4 局在スピンと伝導電子の相互作用による磁性 ……… 192
- 7.5 軌道整列と四極子秩序 ……………………………… 194
- 7.6 磁気共鳴 ……………………………………………… 195
  - 7.6.1 電子スピン共鳴 (ESR) …………………………… 195
  - 7.6.2 核磁気共鳴 (NMR) ……………………………… 197

8. ナノストラクチュアの世界 ……………………… (竹田精治)… 199

- 8.1 ナノストラクチュア …………………………………… 199
- 8.2 表　面 ………………………………………………… 199
  - 8.2.1 表面の構造 ………………………………………… 200
  - 8.2.2 超微粒子の構造 …………………………………… 200
  - 8.2.3 表面電子状態と仕事関数 ………………………… 201
  - 8.2.4 走査トンネル顕微鏡 ……………………………… 201
  - 8.2.5 エピタキシャル結晶成長 ………………………… 202
- 8.3 結晶欠陥 ……………………………………………… 203
  - 8.3.1 点欠陥 ……………………………………………… 203
  - 8.3.2 原子拡散と点欠陥クラスター …………………… 204
  - 8.3.3 転　位 ……………………………………………… 204
- 8.4 アモルファス ………………………………………… 205
  - 8.4.1 アモルファス固体の構造 ………………………… 205
  - 8.4.2 アモルファス固体の物性 ………………………… 206
- 8.5 フラーレンとカーボンナノチューブ ……………… 206
  - 8.5.1 フラーレン ………………………………………… 206
  - 8.5.2 フラーレン分子の化学結合 ……………………… 207
  - 8.5.3 フラーレン結晶と超伝導 ………………………… 207
  - 8.5.4 カーボンナノチューブ …………………………… 208
  - 8.5.5 カーボンナノチューブの電子構造 ……………… 208
- 8.6 メゾスコピック系の物性 …………………………… 209

8.6.1　ベクトルポテンシャルによる電子波の干渉 …………… 209
　　8.6.2　AB効果と磁場中における電気伝導 ………………… 210
　　8.6.3　コンダクタンスの量子化 ………………………… 211
　　8.6.4　クーロンブロッケード ………………………… 211
8.7　人工原子 ……………………………………………… 212
　　8.7.1　量子ドット ……………………………………… 212
　　8.7.2　量子ドットの応用 ……………………………… 213
8.8　ナノテクノロジーと物性物理 ………………………… 213

索　引 ………………………………………………………… 215

1. 化学結合と結晶構造

固体は原子が凝集して規則正しく配列したものであるが，原子を結びつける力は何によっているのであろうか．固体の凝集に与る化学結合の様式にはイオン結合 (ionic bonding)，共有結合 (covalent bonding)，金属結合 (metallic bonding)，ファンデルワールス結合 (van der Waals bonding) がある．イオン結晶は最外殻電子の授受により生じた正負のイオン芯どうしの引力によって結合する．共有結合，金属結合では最外殻電子がイオン芯を結びつける接着剤としてはたらき，原子を結合する力となっている．ファンデルワールス結晶では，中性の原子あるいは分子間にはたらく弱い力 (ファンデルワールス力) が結合を担っている．物質がとりうる結晶構造は化学結合の様式によって決められる．イオン結晶では正負のイオンが規則正しく配列し，共有結合結晶では結合手の方向に原子をもつ原子配列が実現する．金属結晶，ファンデルワールス結晶では，球の最密充填構造が一般的である．この章では，4種類の化学結合の様式と，その物質が示す結晶構造について述べる．

1.1 はじめに (結晶学)

1.1.1 結晶とは

物質の化学結合と結晶構造の議論に進む前に，結晶とは何か，結晶構造がどのような手段によって決定されるかについて述べておこう．結晶における原子の規則的な配列は，結晶の最小の構成単位である単位胞 (unit cell) を定義し，それを3次元方向に無限に繰り返すことによって得られる．したがって，結晶構造は単位胞の形と大きさ，単位胞内の原子配列によって記述される．単位胞の形は，3つの軸の長さ a, b, c とそのなす角 α, β, γ によって決まる平行六面体である (図1.1)．すべての結晶構造は，格子定数 (lattice parameter) $a, b, c, \alpha, \beta, \gamma$ の間の

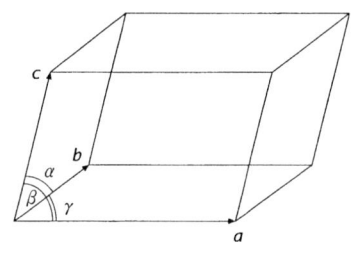

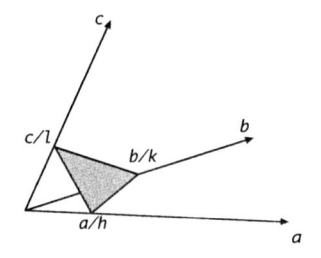

図 1.1　単位胞　　　　　　　　図 1.2　ミラー指数の定義

関係によって7種類の晶系（立方晶，正方晶，斜方晶，単斜晶，三斜晶，菱面体晶，六方晶）に分類される．

1.1.2　ミラー指数

結晶構造を決定するためには，X線などの放射線が結晶中の面によって回折される性質を使うので，結晶の面を定義しておこう．結晶の面はミラー指数 (Miller indices) h, k, l によって定義される．図1.2に示すように，単位胞の a, b, c 軸をそれぞれ h, k, l 等分する．すなわち a, b, c 軸との切片が $a/h, b/k, c/l$ であるような面を (hkl) 面と呼ぶ．ここで h, k, l は整数である．

しかしながら，この定義では不都合な場合が生じる．すなわち，面が a, b あるいは c 軸に平行な場合には，軸と切片をもたない．ある面が a 軸に平行な場合，切片 a/h が無限大であると考えれば，$h=0$ となる．つまり，a, b あるいは c 軸に平行な面はそれぞれ $(0kl), (h0l), (hk0)$ 面となる．

1.1.3　X 線 回 折

a．ブラッグの法則　　単位胞の形とその中の原子配列はX線回折 (X-ray diffraction) によって決定される．結晶にX線を入射すると，結晶内の原子面によって反射されるX線の波の足し合せによって，ある方向にのみ強い回折線が観測される．すなわち，X線の波長を λ，結晶面に対するX線の入射角を θ，結晶面の面間隔を d とすると，$2d\sin\theta=\lambda$ という関係が成り立ち，これをブラッグの法則 (Bragg's law) と呼ぶ．したがって，波長一定のX線を結晶に入射し回折線の生じる角度を測定すると，面間隔 d が決定される．

b．面間隔　　a, b, c 軸が直交する立方晶 ($a=b=c$)，正方晶 ($a=b\neq c$)，斜

方晶結晶 ($a \neq b \neq c$) の場合，面間隔 d とミラー指数 hkl との間には，次の関係

$$\frac{1}{d^2} = \frac{h^2+k^2+l^2}{a^2} \quad (立方晶)$$

$$\frac{1}{d^2} = \frac{h^2+k^2}{a^2} + \frac{l^2}{c^2} \quad (正方晶)$$

$$\frac{1}{d^2} = \frac{h^2}{a^2} + \frac{k^2}{b^2} + \frac{l^2}{c^2} \quad (斜方晶)$$

がある．単斜晶，三斜晶，菱面体晶，六方晶結晶の場合には，a, b, c 軸が直交していないので，d と hkl の関係はもっと複雑になる．

d と hkl の関係を使って，観測された回折線の面間隔 d から，格子定数 a, b, c と hkl が決められる．このような操作を回折図形の指数づけと呼ぶ．

c. 回折強度 単位胞の中の原子配列は，X線の回折強度によって決定される．単位胞内に $1, 2, 3, \cdots, n$ 個の原子が存在する結晶を考えよう．この結晶の (hkl) 面からの回折強度 I_{hkl} は，構造因子 (structure factor) と呼ばれる量 F_{hkl} の絶対値の2乗に比例する．F_{hkl} は，単位胞内の原子配列を反映して

$$F_{hkl} = \sum f_n e^{2\pi i (hx_n + ky_n + lz_n)} \quad (1.1)$$

と書かれる．ここで x_n, y_n, z_n は n 番目の原子の座標，f_n は原子散乱因子 (atomic scattering factor) と呼ばれる n 番目の原子の散乱能である．X線は原子がもつ電子によって散乱されるので，f_n は n 番目の原子の電子数すなわち原子番号に比例する．したがって，I_{hkl} の測定から F_{hkl} がわかり，それから単位

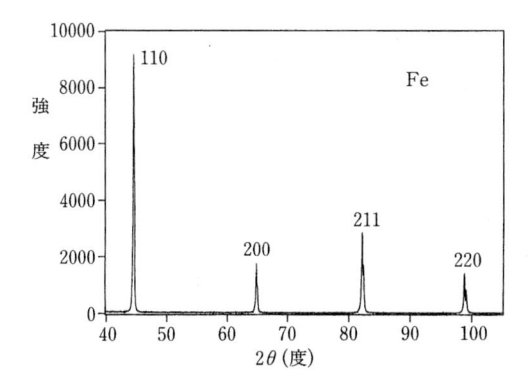

図 1.3 Fe の粉末 X 線回折図形
211, 220 反射に見られる回折線の分裂は，入射 X 線が $K\alpha_1$ 線 ($\lambda=1.5405$Å) と $K\alpha_2$ 線 ($\lambda=1.5443$Å) からなっており，各波長に対する回折線が分解能の高い高角度で分離することによる．

胞内の原子の座標が決定される．

d. 消滅則 X線回折の方法には，試料として粉末多結晶試料を用いる粉末X線回折と単結晶試料を用いる単結晶X線回折がある．粉末X線回折の一例として，立方晶系に属するFeのX線回折図形を図1.3に示す．入射X線の波長を1.5418Å，Feの格子定数を$a=2.866$Åとして，図1.3の指数づけを行うと，低角側から110, 200, 211, 220というミラー指数が決定される．これを見ると，$h+k+l=$ 偶数の反射のみが観測されており，100, 111, 210のような$h+k+l=$ 奇数の反射は存在しない．このように，結晶構造の種類によって特定の反射が消えたり現れたりする規則を消滅則 (extinction rule) と呼び，これから単位胞内の原子配列の対称性を知ることができる．

Feは体心立方晶 (body-centered cubic, bcc) の結晶構造をもつ (図1.4(a))．bcc構造における消滅則を以下に求めてみよう．Fe原子は立方体の原点 $(0,0,0)$ と体心 $(1/2, 1/2, 1/2)$ に位置する．この構造に対する構造因子は

$$F_{hkl} = f\{e^{2\pi i \times 0} + e^{2\pi i(h/2+k/2+l/2)}\}$$
$$= f\{1 + e^{\pi i(h+k+l)}\}$$

となる．したがって，$h+k+l=$ 偶数のときには$F_{hkl}=2f$，$h+k+l=$ 奇数のときには$F_{hkl}=0$となり，図1.3に見られるようにh, k, lの和が偶数の反射のみが出現する．

図1.3の回折図形を見ると，出現するすべての反射が同じ構造因子$F_{hkl}=2f$をもっているにもかかわらず，回折強度に強弱が存在する．これは，構造因子の中の原子散乱因子fがθ依存性をもっていることと，構造因子のほかに多重度因子gという項が回折強度式に含まれていることによる ($I_{hkl} \propto g|F_{hkl}|^2$)．$f$の値

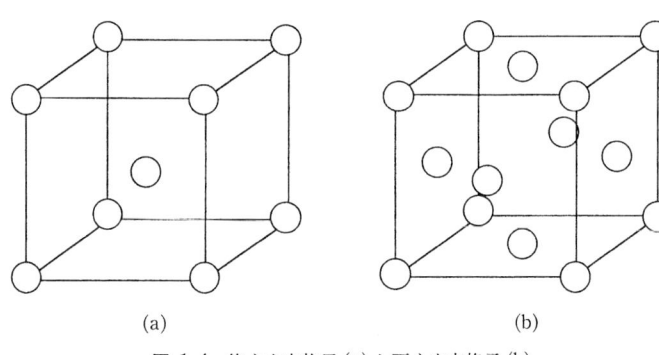

(a)   (b)

図 1.4 体心立方格子 (a) と面心立方格子 (b)

は，$\theta=0$ のとき原子番号に等しく，θ の増加とともに減少する．このため，高角の反射ほど強度が減衰する．多重度因子というのは，たとえば 110 と指数づけられた反射が同じ d を与える 12 種類の反射 110, $\bar{1}$10, 1$\bar{1}$0, $\bar{1}\bar{1}$0, 101, $\bar{1}$01, 10$\bar{1}$, $\bar{1}$0$\bar{1}$, 011, 0$\bar{1}$1, 01$\bar{1}$, 0$\bar{1}\bar{1}$ ($\bar{1}$10 の意味は $h=-1, k=1, l=0$) からなることに由来するもので，この場合 $g=12$ である．200, 211 反射の g はそれぞれ 6, 24，また 220 反射の g は 110 反射と同じ 12 である．g の大きな反射ほど回折強度は強い．

同様に，面心立方晶 (face-centered cubic, fcc) の消滅則を求めてみよう．単位胞の中に 4 つの原子が原点 $(0,0,0)$ と各面の中心 $(1/2, 1/2, 0)$, $(1/2, 0, 1/2)$, $(0, 1/2, 1/2)$ に位置する (図 1.4 (b))．構造因子は

$$F_{hkl} = f\{1 + e^{\pi i(h+k)} + e^{\pi i(h+l)} + e^{\pi i(k+l)}\}$$

となる．したがって，h, k, l がすべて偶数かまたはすべて奇数 (非混合の条件と呼ぶ) のとき $F_{hkl}=4f$ となり，h, k, l に偶数と奇数が混合している場合には $F_{hkl}=0$ となる．

1.1.4 逆格子

原子が存在する現実の空間 (実空間) に対応させて，われわれは逆格子 (reciprocal lattice) の空間を構成することができる．実空間における単位胞のベクトルを $\boldsymbol{a}, \boldsymbol{b}, \boldsymbol{c}$ とすると，それに対応する逆格子は逆格子ベクトル $\boldsymbol{a}^*, \boldsymbol{b}^*, \boldsymbol{c}^*$ の単位格子をもつ．

$$\boldsymbol{a}^* = \frac{1}{v}(\boldsymbol{b} \times \boldsymbol{c})$$

$$\boldsymbol{b}^* = \frac{1}{v}(\boldsymbol{c} \times \boldsymbol{a}) \qquad (1.2)$$

$$\boldsymbol{c}^* = \frac{1}{v}(\boldsymbol{a} \times \boldsymbol{b})$$

ここで，v は実空間における単位胞の体積，すなわち $\boldsymbol{c} \cdot (\boldsymbol{a} \times \boldsymbol{b})$ である．図 1.1 の単位胞を参考にして，逆格子ベクトル $\boldsymbol{c}^*$ の意味を考えてみよう．単位胞の平行六面体の底面積 (a, b 軸を含む) を s，高さを h としよう．h は原点から (001) 面までの距離であるから，(001) 面の面間隔すなわち d_{001} に等しい．ベクトル積 $\boldsymbol{a} \times \boldsymbol{b}$ は a-b 面に垂直なベクトルで，その絶対値は $|\boldsymbol{a} \times \boldsymbol{b}| = ab \sin \gamma = s$ である．したがって，$|\boldsymbol{c}^*| = s/v = 1/h = 1/d_{001}$ である．すなわち $\boldsymbol{c}^*$ の大きさは d_{001} の逆数である．a, b, c 軸が直交する単位胞では，$\boldsymbol{a}^*, \boldsymbol{b}^*, \boldsymbol{c}^*$ はそれぞれ a, b, c 軸に平

行で長さは $1/a, 1/b, 1/c$ である.

逆格子空間上の格子点はミラー指数を使って表される. 逆格子点 $ha^* + kb^* + lc^*$ は hkl と表示され, 格子点 hkl 上に F_{hkl} が存在する. したがって, 結晶構造を決定するために行う回折実験は, 実は逆格子空間における F_{hkl} の強度分布を測定することにほかならない.

bcc 格子の消滅則では, $h+k+l=$ 偶数の F_{hkl} のみが値をもつが, そのような hkl すなわち 110, 101, 011, 200, 020, 002, 220, 202, 022, 211, 121, 112, 222 で構成される格子は fcc 格子をつくる. また実格子が fcc である結晶は, h, k, l が非混合の反射のみが出現するという消滅則をもつ. そのような hkl すなわち 111, 200, 020, 002, 220, 202, 022, 222 で構成される逆格子は bcc 格子をつくる.

1.1.5 単結晶 X 線回折 (逆格子を見る)

プリセッション法 (precession method) と呼ばれる単結晶 X 線回折では, 逆格子空間断面上の $|F_{hkl}|^2$ の分布を直接写真フィルム上に撮影することができる. 図 1.5 に, プリセッション法によって撮影された Ta の単結晶 X 線回折図形を示す. この写真は $h0l$ 反射が観測できるように結晶方位を配置して得られたもので, a^*-c^* 逆格子平面上の $h+k+l=$ 偶数を満足するすべての $h0l$ 反射が観

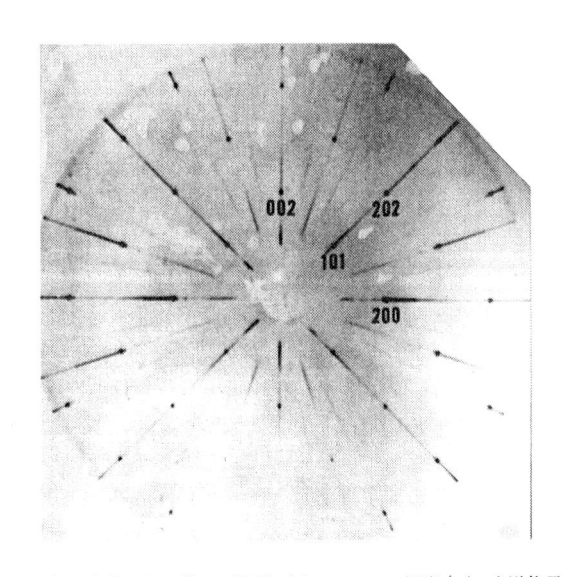

図 1.5 bcc 構造をもつ Ta の X 線プリセッション写真 (a^*-c^* 逆格子平面)

測されている．bcc 格子の逆格子は fcc であり，この逆格子平面は fcc 格子の (010) 面に相当している．a^* 軸と c^* 軸のなす角が直角であることから，この結晶では a 軸と c 軸が直交していること，また原点 000 から 200 反射までの距離と 002 反射までの距離が等しいことから，a 軸と c 軸の長さが等しいことがわかる．このように，結晶のいろいろの方向から X 線を入射して撮影された単結晶 X 線写真から，単位胞の形と大きさ，消滅則が決定され，さらに回折強度から単位胞内の原子位置が求められる．

1.2 イオン結合

NaCl の結晶は，Na^+ イオンと Cl^- イオンから構成されている．Na 原子は最外殻にある 3s 軌道の 1 個の電子を放出して Na^+ イオンとなり，Ne と同じ $(2s)^2(2p)^6$ の閉殻 (closed shell) の電子配置をとる．一方，$(3s)^2(3p)^5$ の電子配置をもつ Cl 原子は 3p 軌道の 1 つの空準位に電子を収容して，Ar と同じ $(3s)^2(3p)^6$ の閉殻の電子配置をもつ Cl^- イオンとなる．この 2 つの正，負のイオンはクーロン力 (Coulomb force) によって結合する．このような化学結合をイオン結合と呼ぶ．イオン結合は，陽イオンになりやすい原子と陰イオンになりやすい原子とのあいだに成立する．

1.2.1 NaCl 分子

イオン結晶における化学結合の議論に進む前に，NaCl 2 原子分子について考察してみよう．正，負イオンはそれぞれ $q, -q$ の電荷をもっており，2 つのイオンの間隔を r とするとその間に $-q^2/r^2$ のクーロン力が引力としてはたらく．つまり，2 つのイオン間には $V_1 = -q^2/r$ のポテンシャルが存在することになる．引力は r が小さくなればなるほど，すなわちイオン間の距離が近づくほど大きくなる．一方，イオンがたがいに近づいて，それぞれの電子雲が重なりはじめると効いてくる反発力がある．この反発ポテンシャルはボルン (Born) とメイヤー (Mayer) によって，a, b を正の定数とし

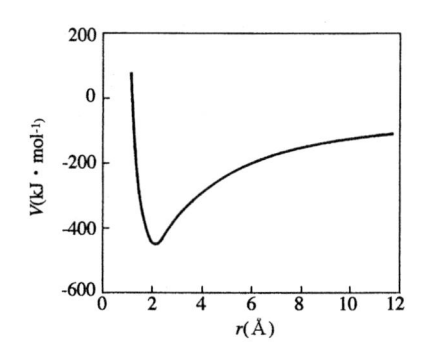

図 1.6 NaCl 分子のポテンシャルエネルギー

て $V_2 = ae^{-br}$ の形で与えられている．したがって，2 つのイオン間のポテンシャルエネルギーは

$$V = V_1 + V_2 = -\frac{q^2}{r} + ae^{-br} \tag{1.3}$$

となる．このポテンシャルエネルギーは図 1.6 に示されているが，極小値を与える r が存在して，これが NaCl 分子の平衡原子間距離となる．

1.2.2 イオン結晶の結合エネルギー

(1.3)式は一対のイオン間の相互作用エネルギーで，クーロン力と近距離ではたらく反発力の和からなっている．イオン結晶の凝集エネルギーは，この相互作用エネルギーを結晶中のすべてのイオン対について加え合わせたものとして記述できる．各イオンが無限遠の距離に気体として存在する状態から結晶が形成されるときに放出されるエネルギーを結合エネルギー (bonding energy, E_b) と呼ぶと

$$-E_b = -\frac{1}{2}\sum{}'\left(\pm\frac{q^2}{r_{ij}}\right) + \frac{1}{2}a\sum{}' e^{-br_{ij}} \tag{1.4}$$

となる．ここで，r_{ij} は i 番目と j 番目のイオン間の距離，$\sum{}'$ は $i=j$ を除くすべての i, j についての和を表す．第 1 項の複号は異種および同種イオン間の引力および斥力を表し，係数 1/2 は (i, j) の和と (j, i) の和を 2 重に数えたことを補正している．

(1.4)式は，結晶構造，原子間距離が与えられれば E_b が計算できることを示している．とくに，第 1 項はマーデルングエネルギー (Madelung energy) と呼ばれ，マーデルングによってはじめて計算された．N 個の陽イオンと N 個の陰イオンからなる結晶を考えよう．i 番目の格子点にある 1 つのイオンを原点にとると，このイオンと他のすべてのイオンとのクーロン相互作用の和は $-\sum(\pm q^2/r_j)$ となる．格子点は $2N$ 個存在するから，結晶全体についての和は $-(1/2) \times 2N\sum(\pm q^2/r_j)$ となる．r_j を反対の電荷をもつイオン間の最短距離 R を使って $r_j = p_j R$ と表すと，マーデルングエネルギーは $-N(\alpha q^2/R)$ となる．ここで $\alpha = \sum(\pm 1/p_j)$ はマーデルング定数と呼ばれる．NaCl 構造に対する α の値は次式で計算される．

$$\alpha = \frac{6}{1} - \frac{12}{\sqrt{2}} + \frac{8}{\sqrt{3}} - \frac{6}{2} + \cdots$$

各項の分母は p_j, 分子は p_j の距離にあるイオンの数である.NaCl 構造,CsCl 構造について計算された a の値はそれぞれ 1.748,1.763 である.

ボルン-マイヤー型の反発力として最近接相互作用だけを考慮し z をイオンの配位数 (coordination number) とすると,(1.4) 式の第 2 項は $(1/2) \times 2Nzae^{-bR}$ となる.したがって,結合エネルギーは

$$E_b = N\left(\frac{aq^2}{R} - zae^{-bR}\right) \tag{1.5}$$

となる.

イオン結晶の平衡原子間距離 R_0 は,$-E_b$ が極小の条件 $[dE_b/dR]_{R=R_0} = 0$ から求められる.(1.5) 式を R で微分して 0 とおくと

$$-\frac{aq^2}{R_0^2} + zabe^{-bR_0} = 0$$

すなわち

$$R_0^2 e^{-bR_0} = \frac{aq^2}{zab} \tag{1.6}$$

が導かれる.したがって,反発ポテンシャルの定数 a, b がわかれば,平衡原子間距離を計算することができる.

(1.6) 式を (1.5) 式に代入すると,結合エネルギーは

$$E_b = \frac{Naq^2}{R_0}\left(1 - \frac{1}{bR_0}\right) \tag{1.7}$$

となる.反発ポテンシャルの定数 b は圧縮率から実験的に決められる量であり,(1.7) 式から結合エネルギーが $E_b = 747 \text{ kJ} \cdot \text{mol}^{-1}$ と計算される.

1.2.3 ボルン-ハーバーサイクル

(1.7) 式で計算される結合エネルギーは,熱化学のデータから得られる実験値と比較することができる.NaCl の結晶が生成される次のような化学過程のサイクル,ボルン-ハーバーサイクル (Born-Haber cycle) を考えてみよう.

$$
\begin{array}{ccc}
\text{Na}^+(g) + \text{Cl}^-(g) & \xrightarrow{-E_b} & \text{NaCl}(s) \\
\uparrow I \quad \uparrow A & & \downarrow -\Delta H_f \\
\text{Na}(g) + \text{Cl}(g) & \xleftarrow{\Delta H_s + \frac{1}{2}D} & \text{Na}(s) + \frac{1}{2}\text{Cl}_2(g)
\end{array}
$$

このサイクルに現れる熱化学的エネルギー量 (単位は $\text{kJ} \cdot \text{mol}^{-1}$) は

$\Delta H_f = $ NaCl(s) の生成熱 $= -414$

$\Delta H_s = $ Na(s) の昇華熱 $= 109$

$D = $ Cl$_2$(g) の解離熱 $= 226$

$I = $ Na(g) のイオン化エネルギー $= 490$

$A = $ Cl(g) の電子親和力 $= -347$

である．ここで，(s)および(g)はそれぞれ固体，気体を表す．このサイクルについて

$$-E_b - \Delta H_f + \Delta H_s + \frac{1}{2}D + I + A = 0 \tag{1.8}$$

の関係が成り立つ．したがって，(1.7)式から計算される結合エネルギー ($E_b = 747$ kJ·mol^{-1}) と (1.8) 式から熱化学的に求められる結合エネルギー ($E_b = 779$ kJ·mol^{-1}) を比較することができる．(1.8)式の熱化学的エネルギー量は，少なくともハロゲン化アルカリについては実験的に決められている．種々のハロゲン化アルカリについてこのような比較がなされていて，両者の一致はおおむね満足すべきものである．

1.2.4 イオン半径比

イオン結晶の結晶構造は正，負のイオンが規則正しく配列したもので，代表的な例として NaCl の結晶構造を図 1.7 に示す．この図で，黒丸は Na$^+$ イオン，白丸は Cl$^-$ イオンである．イオン結晶はクーロン力で結合しているので，結合は方向性をもたない．結晶構造は格子点を占める正，負イオンの半径比で決まる．つまり，陽イオンは陰イオンに比べてイオン半径 (ionic radius) が小さいので，陽イオンのまわりに配位できる陰イオンの配位数が結晶構造を決めている．

正，負イオンの半径を r_C, r_A とすると，陽イオンに対する陰イオンの配位数はイオン半径の比 r_C/r_A の増加とともに図 1.8 に示されているように変化する．黒丸で示されている陽イオンが小さいときには，配位数は 2 である．r_C/r_A が増加すると，ある値までは直線状 2 配位の構造をもつが，$r_A + r_C = (2\sqrt{3}/3)r_A$，すなわち $r_C/r_A = 2/\sqrt{3} - 1 = 0.155$ になると平面 3 配位が可能となる．さらに，r_C/r_A が増加

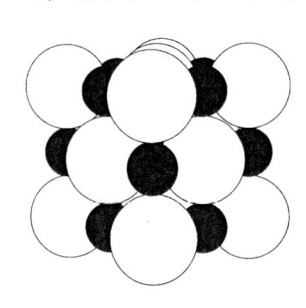

図 1.7 NaCl の結晶構造

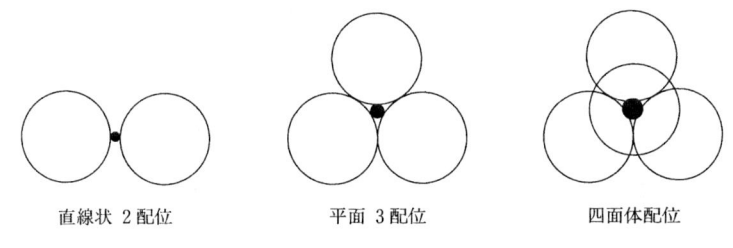

図 1.8 イオン結晶におけるイオン半径比と配位数
（直線状 2 配位／平面 3 配位／四面体配位）

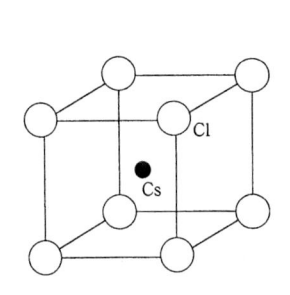

図 1.9 CsCl 構造

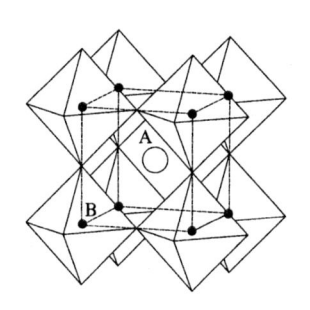

図 1.10 ペロブスカイト構造
酸素は八面体の頂点に位置する．

して 0.225 に達すると四面体配位が実現する．このように，r_C/r_A の増加とともに陽イオンに対する陰イオンの配位数が多くなり，6 配位（NaCl 構造），8 配位（CsCl 構造）の結晶構造が順次出現する．イオン半径比と配位数の関係は表 1.1 に示されている．また，CsCl の結晶構造を図 1.9 に示す．CsCl 構造は，bcc 格子の体心位置に Cs^+ が，原点位置に Cl^- が規則配列した構造である．

表 1.1 イオン結晶におけるイオン半径比と配位数

r_C/r_A の範囲	配位数	陽イオンのまわりの陰イオンの配置	結晶構造
0〜0.155	2	直線	
0.155〜0.225	3	平面正三角形	
0.225〜0.414	4	正四面体	ZnS 構造
0.414〜0.732	6	正八面体	NaCl 構造
0.732〜1	8	立方体	CsCl 構造

1.2.5 高温超伝導体 $YBa_2Cu_3O_7$

金属の陽イオンと O^{2-} イオンからなる金属酸化物はイオン結晶である．その

一例としてペロブスカイト化合物 ABO_3 を取り上げよう(図1.10).金属原子A,BはCsCl構造と同じ原子配列をもつ.酸素原子はB原子を取り囲む BO_6 八面体を形成し,各八面体は頂点を共有して隣の八面体と連結している.代表的なペロブスカイト化合物に,強誘電体として知られる $BaTiO_3$ がある. Ba^{2+}, Ti^{4+}, O^{2-} のイオン半径はそれぞれ 1.61, 0.605, 1.40 Å であり,イオン半径比は $r(Ba^{2+})/r(O^{2-})=1.15$, $r(Ti^{4+})/r(O^{2-})=0.43$ である.したがって,表1.1から Ba^{2+} は12配位の O^{2-} イオンをもつA位置を,また Ti^{4+} は6配位の O^{2-} イオンをもつB位置を占めることが理解できる.

ペロブスカイト構造に関連して,高温超伝導体 $YBa_2Cu_3O_7$ の結晶構造について触れておこう. $YBa_2Cu_3O_7$ は,1987年に超伝導転移温度($T_c=93K$)が液体窒素温度(77K)を越える人類初の超伝導体として発見され,その結晶構造の解明が世界中の競争となった.この物質は,化学式 $(YBa_2)Cu_3O_{9-2}$ から予想されるように,ペロブスカイト化合物の類縁物質である.すなわち,YとBaがペロブスカイト構造のA位置を,CuがB位置を占め,酸素はペロブスカイト構造から一部欠損している.この物質の構造解析の手順として,図1.11にその電子回折図形を示す.電子回折(electron diffraction)は,X線プリセッション法と同様に,逆格子の断面を直接フィルム上に与える.図1.11(a)は逆格子の a^*-b^* 平面を表す. a^* 軸と b^* 軸が直交していること,原点000から100反射,010反射までの距離が等しいことから,a 軸と b 軸が直交し,格子定数の関係は $a=b$ であることがわかる.反射の消滅則はペロブスカイト構造 $(Y,Ba)CuO_3$ と矛盾しない.一方,図1.11(b)に見られる逆格子の a^*-c^* 平面では, c^* 軸方向の周期が a^* 軸方向の周期の1/3になっており,ペロブスカイト構造の001に相当する反射は003と指数づけされる.したがって, $YBa_2Cu_3O_7$ の c^* 軸の長さはペロブスカイト構造の逆格子ベクトルの1/3であり,実空間における c 軸の長さをペロブスカイト構造の3倍にとる必要がある.すなわち, $YBa_2Cu_3O_7$ の単位胞は $a=b=a_p$, $c=3a_p$ (a_p はペロブスカイト構造の格子定数)の正方晶であることが導かれる.さらに,X線回折,中性子回折(neutron diffraction)による回折強度の測定から,図1.12に示される $YBa_2Cu_3O_7$ の結晶構造が決定された.図から明らかなように, c 軸方向の3倍の周期はペロブスカイト構造のA位置のYとBaが c 軸方向にBa-Y-Baの順に規則配列していることによる.

酸素欠損は,X線回折,電子回折では充分に検知することが不可能で,中性

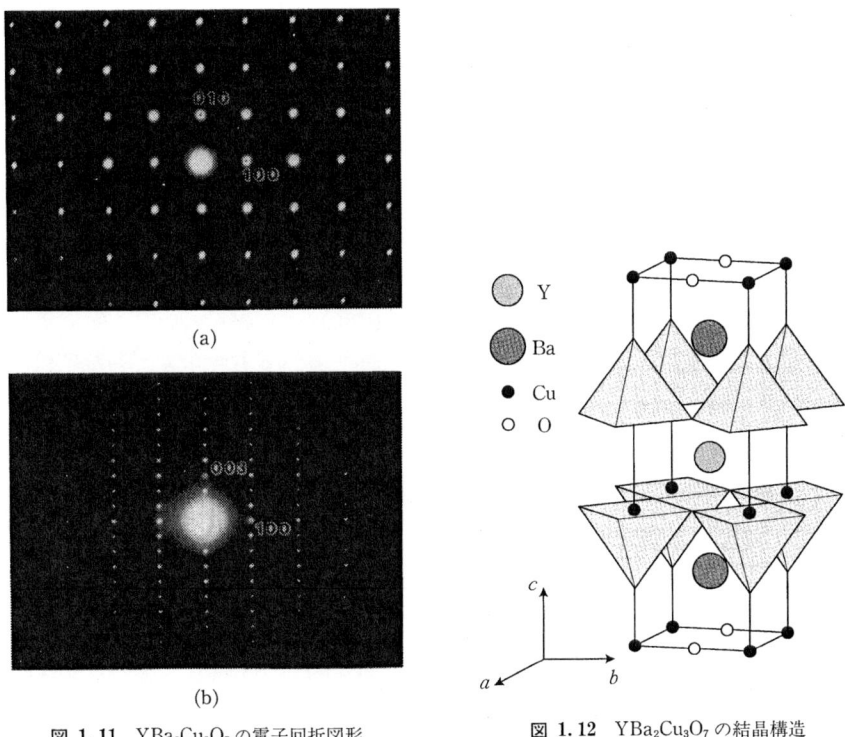

図 1.11 YBa$_2$Cu$_3$O$_7$ の電子回折図形

図 1.12 YBa$_2$Cu$_3$O$_7$ の結晶構造

子回折を用いて明らかにされた．X線回折では，原子散乱因子 f_n は原子番号に比例するから，金属原子に比べて原子番号の小さい酸素はX線ではよく見えない．また電子回折では，電子線の多重散乱の効果で回折強度を定量的に評価できない．一方中性子回折では，中性子線が原子核によって散乱されるため f_n は原子番号に無関係で，酸素と金属原子の f_n の値はほぼ同程度の大きさをもつ（f_Y=7.65, f_{Ba}=5.28, f_{Cu}=7.689, f_O=5.830×10^{-15} m）．中性子回折によって明らかにされた酸素欠損位置は，c 軸に垂直な Y 平面内の $(0, 0, 1/2)$ 位置および a 軸上の $(1/2, 0, 0)$ 位置である．前者の酸素欠損により，Cu は 5 配位の O^{2-} イオンをもつ CuO$_5$ ピラミッドを，また後者の酸素欠損の結果，Cu は 4 配位の O^{2-} イオンをもち，b 軸方向に -O-Cu-O-Cu-O- の 1 次元鎖を形成する．b 軸上 $(0, 1/2, 0)$ には O^{2-} が存在し，a 軸上 $(1/2, 0, 0)$ に酸素が欠損していることから，a 軸と b 軸はもはや等価ではなくなり，対称性は正方晶から斜方晶に低下する．また，格子定数 b は 1.5% 程度 a より長い．

イオン半径比と配位数について考察してみよう．Y^{3+} のイオン半径は $1.019\,\text{Å}$ であり，$r(Y^{3+})/r(O^{2-})=0.73$，$r(Ba^{2+})/r(O^{2-})=1.15$ および表 1.1 から，イオン半径の小さい Y^{3+} が 8 配位，イオン半径の大きい Ba^{2+} が 10 配位の O^{2-} イオンをもつことが理解できるであろう．一方，Cu の挙動はやや複雑である．$YBa_2Cu_3O_7$ の電荷が結晶全体で中性であるという条件から，Cu の平均価数が $+2.33$ であることがわかる．価数が非整数であるというのは，この物質で $+2$ 価と $+3$ 価の Cu が混在していることを示している．また，この物質ではピラミッドの底面の Cu 位置と 1 次元鎖上の Cu 位置の 2 種類の Cu が存在している．配位数の小さい 1 次元鎖上にイオン半径の小さい Cu^{3+} がより多く存在することが予想され，ピラミッドの底面上の Cu の平均価数は $+2.2$ 価程度と考えられている．このような Cu は $+2$ 価の Cu に比べて 0.2 個多くの電子を結晶中に放出しており，この 0.2 個の正孔 (hole) がクーパー対 (Cooper pair) を形成して，CuO_5 ピラミッドの底面上で超伝導を引き起こしていると理解されている．

1.3 共 有 結 合

反対の電荷をもったイオンどうしが引きあって，イオン結合をつくることは前節で述べた．ところが，中性の原子どうしがなぜ H_2，Cl_2，O_2，CH_4 のような分子をつくるのかを説明することは容易ではない．このような結合は共有結合と呼ばれ，両方の原子から供給された電子が原子間に共有されることによって生じる．これらの結合は

$$H\!:\!H \qquad :\!\ddot{C}l\!:\!\ddot{C}l\!: \qquad :\!\ddot{O}\!:\quad :\!\ddot{O}\!: \qquad H\!:\!\overset{\overset{H}{..}}{\underset{\underset{H}{..}}{C}}\!:\!H$$

のように図示され，各原子は共有した電子を使って閉殻をつくる．大部分の有機化合物における結合は共有結合である．

1.3.1 水素分子イオン

共有結合がなぜ安定化されるのかは量子力学によって説明される．最も簡単な水素分子イオン H_2^+ を使って，共有結合の仕組みについて考察してみよう．2 点 a, b に距離 r_{ab} 離れて 2 つの H^+ 原子核が存在し，そのまわりを 1 つの電子が

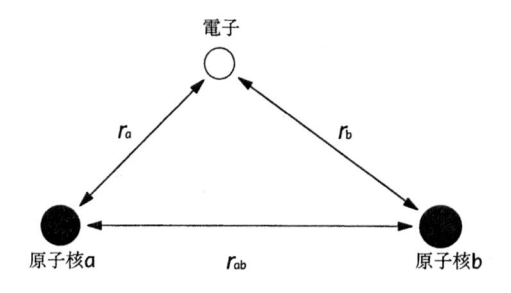

図 1.13 水素分子イオン

運動している模型(図 1.13)を考えよう.この系のシュレーディンガー方程式 (Schrödinger equation) は

$$\left(-\frac{\hbar^2}{2m}\nabla^2+V\right)\psi=\varepsilon\psi \tag{1.9}$$

と書ける.ここで,$\nabla^2=\partial^2/\partial x^2+\partial^2/\partial y^2+\partial^2/\partial z^2$ はラプラシアン演算子 (Laplacian operator),m は電子の質量,$\hbar=h/2\pi$ で,h はプランク (Planck) の定数である.原子核と電子,原子核どうしにはたらく力はクーロン力であるから,ポテンシャルエネルギーは

$$V=-\frac{e^2}{r_a}-\frac{e^2}{r_b}+\frac{e^2}{r_{ab}}$$

となる.ここで,電子および原子核はそれぞれ $-e$,$+e$ の電荷をもち,r_a,r_b は電子と原子核 a,b の距離である.第 1,2 項は原子核と電子の引力の,また第 3 項は原子核どうしの斥力のポテンシャルである.

(1.9) 式のシュレーディンガー方程式を解くためには,H_2^+ イオンに対する波動関数 (wave function) を決めてやる必要がある.波動関数は分子軌道法によって次のように与えられる.分子軌道法の波動関数は原子軌道 (atomic orbital) の線形結合 (linear combination) で近似される.H 原子の 2 つの原子軌道,すなわち電子が核 a に属するものを ψ_a,核 b に属するものを ψ_b とすると,H_2^+ イオンに対して 2 つの分子軌道 (molecular orbital)

$$\psi^+=\psi_a+\psi_b$$
$$\psi^-=\psi_a-\psi_b$$

がつくられる.このうち,ψ^+ は結合性軌道 (bonding orbital) と呼ばれ,孤立 H 原子よりも低いエネルギー固有値を与える.一方,ψ^- は反結合性軌道 (antibon-

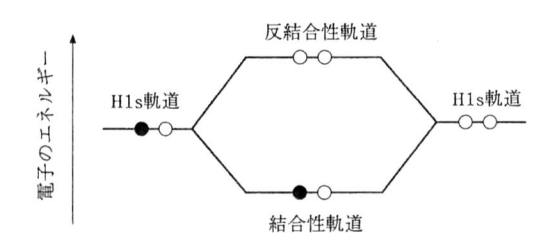

図 1.14 H_2^+ イオンにおける分子軌道の形成とエネルギー準位
空の状態は○,電子が占有した状態は●で示されている.

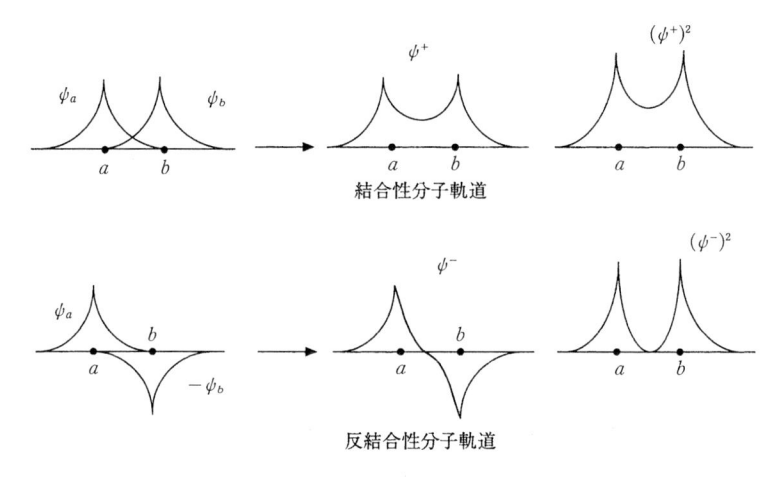

図 1.15 分子軌道の波動関数と電子密度

ding orbital)と呼ばれ,そのエネルギー固有値は孤立原子の値よりも高い.図1.14に示されるように,H原子の1s軌道には電子の占めうる2つの状態があり,孤立H原子ではそのうちの1つが電子によって占められている.分子軌道が形成されると,結合性軌道と反結合性軌道はおのおの2つの状態をもち,H_2^+イオンでは結合性軌道にある1つの状態が電子によって占有され,電子系のエネルギーを下げている.

H_2分子はH_2^+イオンにさらに1つ電子を加えたものであり,図1.14の結合性軌道はすべて電子によって占有される.図1.15に分子軌道の波動関数ψ^+, ψ^-とその電子密度$(\psi^+)^2, (\psi^-)^2$を示す.結合性軌道の電子密度は,2つの核間に電子の存在を示しており,この電子と原子核のあいだの引力的なクーロン力が共有結合を安定化していることになる.

1.3.2 ダイヤモンド構造

原子が共有結合によって結合して結晶をつくるとき，その結晶を共有結合結晶と呼ぶ．共有結合結晶の代表はダイヤモンドである．基底状態 (ground state) にある C の電子配置は $(2s)^2(2p)^2$ であるが，CH$_4$ 分子やダイヤモンドの結晶では，C の 2s 電子の 1 つが 2p 準位に昇位して $(2s)^1(2p)^3$ となり，この 4 つの軌道が混合して sp^3 混成軌道 (hybrid orbital) をつくる．sp^3 混成軌道は正四面体の中心から各頂点

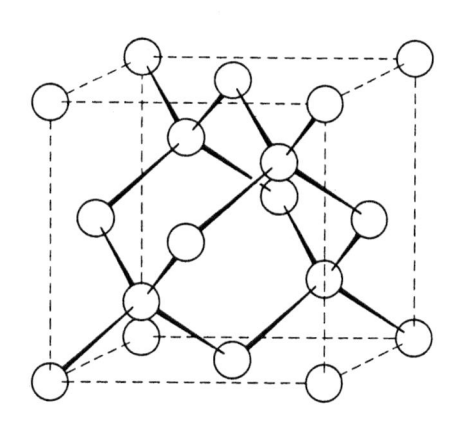

図 1.16　ダイヤモンド構造

に向かう方向に伸びた電子雲をもっており，これが共有結合のための 4 本の手 (結合手) となる．結合手はたがいに 109.5° の角をなしている．このように，共有結合は結合に方向性をもっているのが特徴である．図 1.16 にダイヤモンドの結晶構造を示すが，C 原子から 4 方向に伸びた sp^3 混成軌道の結合手が，隣の C 原子の sp^3 混成軌道の結合手と重なりあって共有結合を形成している．C–C の原子間距離は 1.54 Å で，この長さは多くの有機化合物に見られる C–C 共有結合の距離にほぼ等しい．周期表で C と同じⅣ$_b$ 族に属する Si, Ge もダイヤモンド構造をもつ．

1.3.3 ダイヤモンド結晶のエネルギーバンド

C 原子が共有結合によってダイヤモンド結晶をつくるとき，エネルギーバンドが形成されるしくみを図 1.17 に示す．孤立した C 原子の 2s 軌道と 2p 軌道は，結合に際して sp^3 混成軌道をつくる．このような C 原子からなる C$_2$ 分子は結合性軌道と反結合性軌道の 2 つの分子軌道をもつ．結合性および反結合性軌道はおのおの 8 個の電子を収容することができて，C$_2$ 分子からの 8 個の電子は結合性軌道を埋めつくしている．C$_2$ 分子にさらに 1 つずつ C 原子を付け加えて，C$_3$ 分子，C$_4$ 分子，…，C 結晶をつくるとき，分子軌道の数は 1 つずつ増加する．このようにして，10^{23} 個の C 原子からなる結晶では 10^{23} 個の分子軌道ができる．このうちの半分は C$_2$ 分子の結合性軌道から，残りの半分は反結合性軌道から生

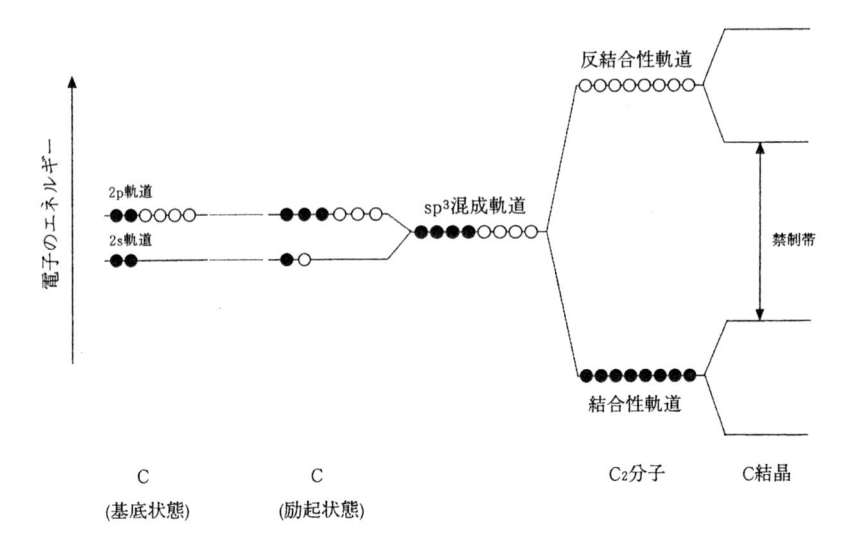

図 1.17 ダイヤモンド結晶におけるエネルギーバンドの形成

じている．各軌道には電子の占めうる8つの状態が存在する．これらの軌道は限られたエネルギー幅の間に非常に密に存在するので，そのエネルギー準位は連続な帯(バンド)と見なしてよい．C_2分子における結合性軌道と反結合性軌道のエネルギーの間隔は非常に大きいため，Cが結晶をつくったとき，結合性軌道から生じるバンドと反結合性軌道から生じるバンドは，あいだにエネルギーの許されない領域(禁制帯)を挟んで分離する．10^{23}個のC原子からなる結晶では4×10^{23}個の電子が存在するから，これらの電子は結合性軌道から生じるバンドを完全に埋めつくしており，反結合性軌道から生じるバンドは空になっている．バンドを埋める電子のエネルギーの最大値はフェルミエネルギー(Fermi energy, ε_F)と呼ばれる．このようなバンド構造をもつ物質では，禁制帯が存在するために電場によって電子をε_F以上に励起することができない．したがって，電場は電子を加速することができず，この物質は絶縁体となる．

図1.17からわかるように，共有結合結晶の結合の強さは，結合性軌道のエネルギーが孤立原子のエネルギーからどれだけ低下するかによって決まる．したがって，禁制帯の大きさ(バンドギャップ，E_G)が結合の強さの目安となる．表1.2に共有結合結晶の結合エネルギー，融点をE_Gと比較して示す．

表 1.2 共有結合結晶の結合エネルギー,融点とバンドギャップ

元素	結合エネルギー (kJ·mol^{-1})	融点 (K)	E_G (kJ·mol^{-1})
ダイヤモンド	713	4100	511 (5.3 eV)
Si	450	1685	111 (1.15)
Ge	370	1211	63 (0.65)

1.4 金属結合

自然界に存在する 103 種類の元素のうち,約 80 種類の元素は金属である.われわれの身のまわりに見られる Cu, Fe, Al のような元素は金属結合によって結合している.金属結合をもつ結晶では,各原子がその最外殻電子を放出して陽イオンとなり,結晶格子をつくる.放出された価電子 (valence electron) は,原子間にとどまらずに結晶全体を自由に動きまわって陽イオンを結びつけている.代表的な金属結晶の結合エネルギーの値は 68 (Hg:融点 234 K), 324 (Al:933 K), 406 (Fe:1811 K), 849 kJ·mol^{-1} (Mo:3683 K) で,その大きさは物質の融点にほぼ比例している.

1.4.1 自由電子モデル

金属結晶中の価電子は,結晶全体を自由に動くことができる.このような電子は自由電子 (free electron),あるいは電気伝導の担い手であることから伝導電子 (conduction electron) と呼ばれる.金属結晶の多くの重要な性質は自由電子モデルによって説明される.ここで,1 次元の結晶について,自由電子がもつエネルギーを求めてみよう.シュレーディンガー方程式は

$$\left(-\frac{\hbar^2}{2m}\nabla^2 + V\right)\psi = \varepsilon\psi \tag{1.10}$$

で,金属結晶のポテンシャルは 1 辺 L の結晶の内部で $V=V_0=$ 一定,結晶の外部で $V=\infty$ と選ばれる.ポテンシャルエネルギーの原点を $V_0=0$ とすると,(1.10) 式のシュレーディンガー方程式において V を無視することができて,エネルギー固有値は

$$\varepsilon = \frac{\hbar^2}{2m}k^2$$

となる.第 3 章で詳述するが,$k=2n\pi/L$ ($n=\pm 1, \pm 2, \pm 3, \cdots$) は波数ベクトル

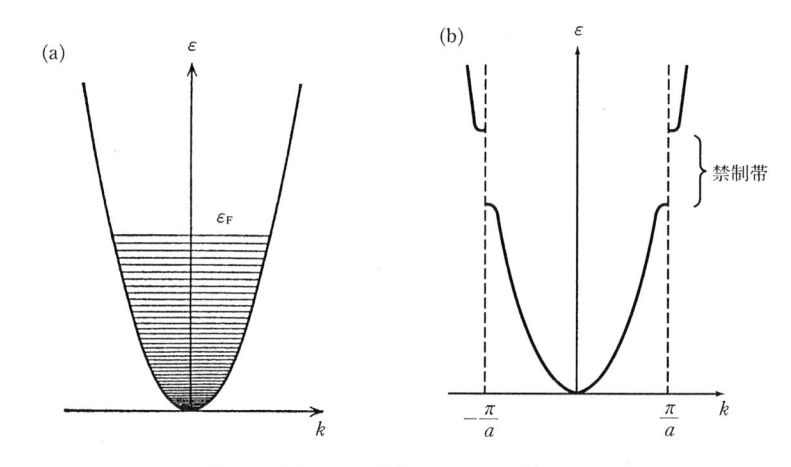

図 1.18 自由電子モデル(a), 1次元結晶(b)の ε-k 曲線

と呼ばれ，n すなわち，とびとびの k の値が電子の軌道およびエネルギー準位を指定している．図1.18(a)に示されているように，ε は k の2次関数になっており，k が増加すると電子のエネルギーは増加する．k で指定されるエネルギーの間隔は非常に密で，エネルギー準位はバンドをなしている．電子は，小さい k の値をもつ準位から ε_F までを順次占有する．

図1.18(a)に示されている ε-k の関係は，金属結晶中でポテンシャルが一定であるという条件で導かれたものである．ところが，結晶格子では陽イオンが格子定数 a の間隔で周期的に並んでおり，その場所では V は一定とは見なせない．このような結晶の周期性が導入されると，$k=\pm\pi/a$ のところにエネルギーのとびが現れる（図1.18(b)）．ここで $-\pi/a<k<\pi/a$ の領域をブリルアンゾーン (Brillouin zone) と呼ぶ．k の値が小さいときには1次元結晶のエネルギーは自由電子モデルのエネルギーに等しいが，k がブリルアンゾーン境界に近づくにつれて両者は一致しなくなり，$k=\pm\pi/a$ でエネルギーのある領域が禁止される．

3次元の結晶では，波数ベクトル $\boldsymbol{k}$ は k_x, k_y, k_z の3つの成分をもつベクトルとなる（$|\boldsymbol{k}|^2=k_x^2+k_y^2+k_z^2$）．電子のエネルギーは $\boldsymbol{k}$ とともに増加し，エネルギーの最大値すなわちフェルミエネルギーは $\boldsymbol{k}$ 空間の原点を中心にした球（フェルミ球）で表される．$\boldsymbol{k}$ 空間は1.1.4項で述べた逆格子空間にほかならない．ただし，$\boldsymbol{k}$ 空間の基本ベクトルは(1.2)式の逆格子ベクトルの 2π 倍である．これは結晶学と電子論における慣習の違いによるもので，構造因子の式(1.1)で指数

関数に含まれる 2π が $\boldsymbol{k}$ 空間では $\boldsymbol{k}$ ベクトルの中に取り込まれていることによる.

さて，3次元結晶のブリルアンゾーンは，$\boldsymbol{k}$ 空間の原点を中心にもつ多面体となる．図1.19 に fcc 格子のブリルアンゾーンを示す．1.1.4項で述べたように，fcc 格子の逆格子は bcc である．この逆格子内の1つの格子点を中心にして，それと隣接するすべての格子点を結ぶ線分の垂直2等分面で囲まれる領域をウィグナー–サイツ胞 (Wigner-Seitz cell) と呼ぶが，これが fcc 格子のブリルアンゾーンとなっている．いいかえれば，ある結晶のブリルアンゾーンは，その結晶の逆格子のウィグナー–サイツ胞ということができる．

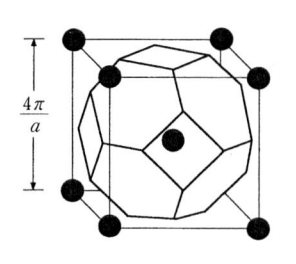

図 1.19 fcc 格子の逆格子とブリルアンゾーン

1.4.2 金属結晶

金属結晶では，最外殻電子を失った陽イオンが結晶格子をつくる．格子点を占める陽イオンを球と考えると，金属結晶の多くは球を最も密に充填した構造をもつ．同じ大きさの球を充填して，充填されない空間の容積を最小にする仕方には，六方最密充填と立方最密充填の2通りがある．六方最密充填は，ある球のまわりに6個の球を接するように並べ (A層)，その層の上にB層をおき，さらにその上にA層をおく ABAB…の積層をもつ (図1.20)．この充填方法でつくられる結晶構造は六方最密構造と呼ばれる．Mg, Ti, Co などは六方最密構造をもつ．立方最密充填は，図1.21に示されているように，A, B層の上にさらにC層を積み重ねる

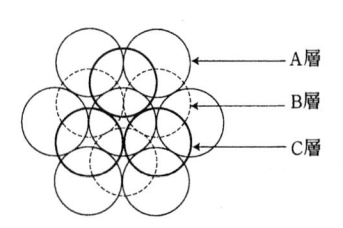

図 1.21 立方最密充填

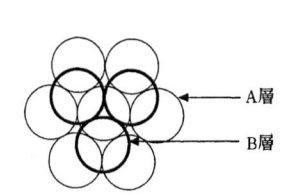

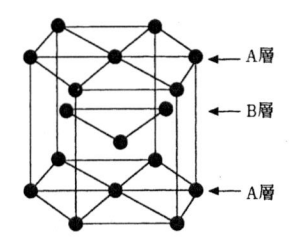

図 1.20 六方最密構造

ABCABC…という積層をもつ．この充填方法によってつくられる結晶構造はfcc構造であり，fcc格子の(111)面が積層面になっている．Ni, Cu, Agなどはfcc構造をもつ．六方最密充填，立方最密充填のいずれの場合にも，空間の74%が球で満たされる．最密充填構造ではないが，金属結晶でよく見られる結晶構造にbcc構造がある．bcc構造では，空間の68%が球で満たされている．Na, Fe, Moなどはbcc構造をもつ．

1.4.3 貴金属合金

2種類以上の元素からなる金属結晶を合金と呼ぶ．合金では，元素の配合比を変えることによって多様な結晶構造を実現することができる．たとえば，図1.22にCu-Zn 2元合金の平衡状態図を示すが，Zn濃度の増加とともにα相，β相，γ相，ε相が順次出現する．α相はfcc構造，β相はbcc構造，γ相はγ-黄銅構造，ε相は六方最密構造をもっている．ヒューム-ロザリー (Hume-Rothery) は，1価の金属Cu, Ag, Auと2価のZn, Cd, 3価のAl, 4価のSnなどの合金（貴金属合金）では，合金元素の種類によらずに$\alpha, \beta, \gamma, \varepsilon$の相が実現しており，その相領域が1原子あたりの価電子数すなわち電子/原子比 (e/a) によって決められることを指摘した．表1.3に，500〜600℃における各相の相領域とe/aを示す．ただし，Au-Zn, Au-Cd合金のβ相は，Au原子とZn, Cd原子が規

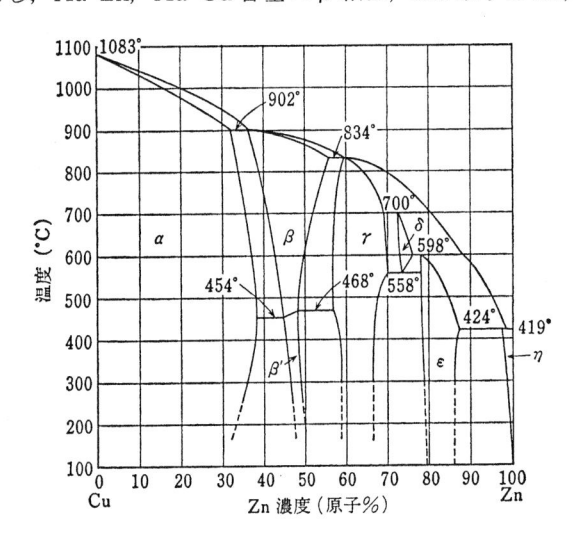

図1.22 Cu-Zn 2元合金の平衡状態図

則配列してCsCl構造をもつ.

表 1.3 貴金属合金における相領域と電子/原子比

合金	α 相境界	β 相領域	γ 相領域	ε 相領域
Cu-Zn	1.38	1.43~1.49	1.57~1.70	1.78~1.84
Cu-Al	1.38	1.46~1.48	1.62~1.74	
Cu-Sn	1.27	1.45	1.63	1.72
Ag-Zn	1.37	1.43~1.53	1.58~1.63	1.66~1.83
Ag-Cd	1.41	1.48~1.51	1.57~1.61	1.65~1.74
Ag-Al	1.40	1.48		1.50~1.82
Au-Zn	1.31	1.50~1.56	1.64~1.82	
Au-Cd	1.41	1.48~1.51	1.57~1.61	1.65~1.74

　このような結晶構造の変化を,自由電子モデルの立場から考察してみよう. Cu-Zn, Cu-Alの合金では, Cu, Zn, Alは$(3d)^{10}$あるいは$(2s)^2(2p)^6$の閉殻構造をもつ陽イオンとなり,それが結晶全体に広がった自由電子の中で格子をつくっている. Cu, Zn, Alはそれぞれ1,2,3個の価電子をもっているから, CuにZn, Alを合金化すると1原子あたりの価電子数が増加する. つまり, Cuのフェルミ球がZn, Alを合金化することによって大きくなる. fcc構造(α相)のブリルアンゾーンに含まれる電子軌道の数を勘定してやると,1原子あたり1.36個の価電子が存在するときフェルミ球がブリルアンゾーン境界に達することがわかる. もし価電子数がこれ以上になると,電子は禁制帯を飛び越えて高いエネルギーバンドに入る(図1.18(b)参照). 一方, bcc構造(β相)のブリルアンゾーンは1.48個の価電子を収容することができる. したがってe/aが1.36を越えた合金は, fcc構造にとどまって高いフェルミエネルギーをもつよりも, bcc構造をとってフェルミ球がブリルアンゾーン内に納まるほうがエネルギーが低くなる. このため,貴金属合金の結晶構造はe/aがほぼ1.4付近でfccからbccに変化する. γ-黄銅構造,六方最密構造のブリルアンゾーン境界にフェルミ球がちょうど到達するe/aはそれぞれ1.54, 1.69である. したがって, e/aが1.48を越えた合金はβ相からγ相に,さらに電子数が増加するとε相へと結晶構造を変える. 貴金属合金の結晶構造が,ブリルアンゾーンとフェルミ球の大小関係によって決められていることが理解できるであろう.

1.5 ファンデルワールス結合

希ガス元素の Ne, Ar, Kr, Xe は,低温で fcc 構造をもつ結晶となる.このような中性原子どうしの間にはたらく力は,ファンデルワールス力と呼ばれる.この力は,電子が原子核のまわりを運動する際に生じる電気双極子モーメント (electric dipole moment) による引力である.2つの原子間の双極子モーメントの相互作用は,ポテンシャル $V_1 = -A/r^6$ で表される.一方,2つの原子が近づいてそれぞれの電子雲が重なりはじめると,原子間に反発力がはたらく.この反発力のポテンシャルは $V_2 = B/r^{12}$ で近似される.したがって,2つの原子間のポテンシャルは

$$V = V_1 + V_2 = -\frac{A}{r^6} + \frac{B}{r^{12}} \tag{1.11}$$

となる.ここで,A, B は正の定数である.このポテンシャルはレナード-ジョーンズ (Lennard-Jones) のポテンシャルと呼ばれ,ある r の値で V は極小値をもつ.レナード-ジョーズポテンシャルの定数 A, B は希ガス気体のビリアル係数,粘性係数の測定値から決定されている.イオン結晶でなされたように,結合エネルギー E_b は,(1.11) 式を結晶中のすべての原子対について加え合わせることによって求められる.希ガス結晶の E_b の値は 1.9 (Ne:融点 24 K), 7.7 (Ar:84 K), 11.2 (Kr:117 K), 16.0 kJ·mol^{-1} (Xe:161 K) で,イオン結合,共有結合,金属結合の結合エネルギーに比べて1桁以上小さい.また,金属結合の場合と同様に,結合エネルギーの値はほぼ融点に比例している.

2. 格子振動と物性

2.1 電子の運動とイオンの運動

1章において見たように,多くの純粋な物質は,その化学結合の性質に応じて安定な結晶構造をとる.安定な構造とは絶対零度($T=0$)で結晶のとる構造といってもよい. $T=0$から温度を上げていくと,結晶を構成するイオンはその平衡点のまわりで振動を始める.その振動の様子が固体の熱的性質を決めていることが多い.この章では,このような格子振動(lattice vibration)について述べる.

断熱近似 結晶構造は化学結合の性質に応じて決まると述べたが,化学結合は電子の担っている性質である.だとすれば格子振動を議論する際にも電子をあらわに考えなければならないのだろうか.幸い多くの場合,イオンの運動にのみ注目すればよい.そのことは次のように考えれば理解できる.

結晶中では格子振動も電子も波としての性質をもつが,その波の波長は格子間隔a程度と考えてよい.この波長にともなう運動量はプランク定数をhとしてh/aであるから,電子の質量をmとおき$a=5$Åとすると,電子の典型的速さは

$$h/ma = 1.4 \times 10^8 \text{ cm/sec}$$

となる.これに対しイオンの運動の速さは,水素の原子核の質量をイオンの重さMに対して用いたとしても

$$h/Ma = 0.8 \times 10^5 \text{ cm/sec}$$

であり,電子とイオンの質量比だけイオンの運動の方が遅い.したがって電子はゆっくりとしたイオンの動きに即座に追随することができると考えられ,格子振動を議論するには電子の衣を着たイオンの座標のみを考えればよいことになる.

こうした考え方を断熱近似 (adiabatic approximation) という.

2.2 格子振動 (古典的取り扱い)

2.2.1 微小振動

簡単のために，すべてのイオンは同一の質量 M をもっているとし，イオン対の間には，その間の距離のみによるポテンシャルエネルギー $\phi(r)$ があるとしよう．r_j を j 番目のイオンの座標，$p_j = M\dot{r}_j = M(dr_j/dt)$ をその運動量とすると，全エネルギーは

$$\mathcal{H} = \sum_j \frac{p_j^2}{2M} + \sum_{(j,k)} \phi(r_j - r_k) \tag{2.1}$$

となる．第1項は運動エネルギーで，第2項のポテンシャルエネルギーについては，イオン対について和をとるものとする．

結晶が融けるような高温でなければ，イオンの振動の振幅は格子間隔に比べて小さいと思ってよい．このような場合には，各イオンの平衡点 r_j^0 からの変位 (displacement)

$$u_j = r_j - r_j^0 \tag{2.2}$$

でポテンシャルエネルギーを展開してよい．展開の0次は定数で，この定数項を極小にする r_j^0 を見いだすことが，1章で考えた安定な結晶構造を決める問題にほかならない．安定性の条件は，変位の1次の項が消えることを保証する．したがって展開の最初の項は2次である．2次の項を書き下し，一般論をするのもむずかしくないが，以下簡単な具体例に即して考えていこう．

2.2.2 1次元の鎖の振動

a. 運動方程式 図2.1のようにバネでつながった原子 (イオン) を考える．原子が1次元的につながっているばかりでなく，その変位も同一直線上にあるとしよう．バネの自然な長さを格子間隔と等しくとり，バネ定数を K とすれば，ポテンシャルエネルギーは

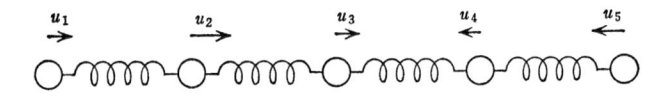

図 2.1 1次元鎖の振動 (縦波)

$$\phi(u_{j+1}-u_j)=\frac{K}{2}(u_{j+1}-u_j)^2 \qquad (2.3)$$

で与えられる．バネによる力を考えるとニュートンの運動方程式は

$$M\ddot{u}_j=K(u_{j+1}+u_{j-1}-2u_j) \qquad (2.4)$$

となる．

b. 周期的境界条件 原子が N 個並んでいるとして，両端の 2 つ（$j=1$, $j=N$）を除いてどの原子にも (2.4) 式はあてはまる．もし両端でも同じ形をしていれば問題を解くのが容易になる．それには $j=1$ の原子の左隣に $j=N$ があると思い，$j=N$ の原子の右隣が $j=1$ だと考えればよい．それは N だけずれた番号の原子を同一視する

$$u_{j+N}=u_j \quad (\text{すべての } j) \qquad (2.5)$$

ことを意味する．(2.5) 式を周期的境界条件 (periodic boundary condition) というが，図 2.2 のように大きな円周上に N 個の原子を並べてバネでつないだと考えればよい．

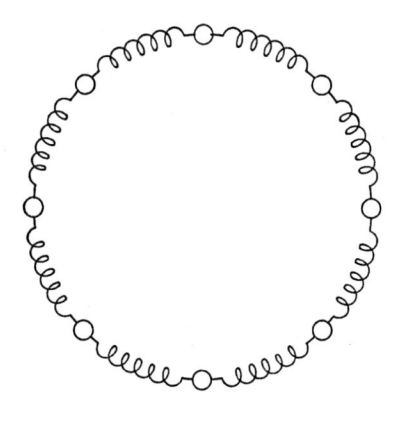

図 2.2 周期的境界条件

c. 基準振動 ここで考えている問題には N 個の自由度があるので，N 個の独立な基準振動 (normal mode) がわかれば，それらの 1 次結合ですべての運動を記述することができる．基準振動を求めるには，振動数を ω，波数を k として，j 番目の原子の変位を

$$u_j(t)=\mathrm{Re}\,[ue^{-i\omega t}e^{ikaj}] \qquad (2.6)$$

とおく．このとき，ω と k の間に

$$\omega^2=\frac{4K}{M}\sin^2\frac{1}{2}ka \qquad (2.7)$$

の関係があれば (2.4) 式が満たされる．ここで $\omega\geq 0$ と約束しておいてよい．

各基準振動は k を与えることによって指定されるが，その k の値は (2.5) 式の周期的境界条件によって定まる．すなわち $kaN=2\pi n$（n：整数）を満たせばよい．ところが n が N だけ異なるものはまったく同一の基準振動を与えるので，独立なものとしては

$$k = \frac{2\pi}{a}\frac{n}{N} \qquad n = 0, \pm 1, \pm 2, \cdots, \pm\left(\frac{N}{2}-1\right), \frac{N}{2} \tag{2.8}$$

をとればよい．ただし，N は偶数とした．ここでは1章の (1.2) 式と異なり $2\pi/a$ が逆格子の単位胞になっていることに注意されたい．

d. 分散関係 こうして N 個の基準振動が求まったが，それを指定する k は波数 (wave number) と呼ばれ，波長の逆数に比例している．(2.8) 式は N 個の k が

$$-\frac{\pi}{a} < k \leq \frac{\pi}{a}$$

の第1ブリルアン域 (first Brillouin zone) に等間隔で並んでいることを示している．$N \to \infty$ の極限を考えると，k は連続変数としてよい．振動数 ω と波数 k の関係を一般に分散関係 (dispersion relation) と呼ぶ．(2.7) 式で与えられる分散関係を図 2.3 に示した．

ω/k は波の位相が進む速さであり，位相速度 (phase velocity) と呼ばれる．ω と k が比例しないとき分散があるという．分散のあるときには，振動のエネルギーの伝わる速さは波束の中心の動く速さをあらわす群速度 (group velocity) で与えられ，位相速度とは異なる．いまの場合，群速度は

$$v_g = \frac{d\omega}{dk} = \sqrt{\frac{K}{M}}\, a \cos\frac{1}{2}ka \tag{2.9}$$

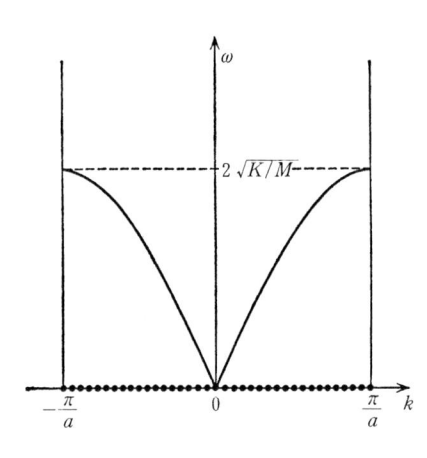

図 2.3 1次元の分散関係

となり，長波長の極限 ($ka \ll 1$) で一定となる．

e. 縦波・横波 いままで考えてきたモデルは，図 2.1 から明らかなように波の進行方向と変位の方向が一致している縦波 (longitudinal wave) を記述している．とくにその長波長の極限は，一定の音速をもって固体中を伝播する疎密

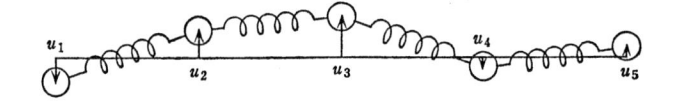

図 2.4 1次元鎖振動 (横波)

波, すなわち音波 (sound wave) にほかならない.

気体と異なり固体中では疎密波以外の振動も存在する. 1 次元鎖の例でも, 図 2.4 のように変位として鎖に垂直な方向を考えることが可能である.

図の例では自然長 l_0 が格子間隔 a よりも小さなバネを用いれば, 張力 T は

$$T = K(a - l_0) \tag{2.10}$$

となり, ポテンシャルエネルギーが

$$\phi(u_{j+1} - u_j) = \frac{T}{2a}(u_{j+1} - u_j)^2 \tag{2.11}$$

で与えられる. これを (2.3) 式と比べると K を T/a で置き換えれば, 縦波の場合とまったく同様の議論をすることができるのがわかる.

すなわち第 1 ブリルアン域の中に N 個の k 点があり, 各 k 点に縦波のほかに変位の方向が進行方向と垂直な横波 (transverse wave) がある. 進行方向に垂直な面内の方向を指定するには 2 つの自由度が必要なので, 横波は 2 種類存在する. これら 3 種類の振動はいずれも $k=0$ で $\omega=0$ となり, 音響的モード (acoustic mode) と呼ばれる.

2.2.3 単位胞に 2 個の原子を含む場合

a. 運動方程式　すべての格子振動が長波長の極限 ($k=0$) で $\omega=0$ となるかといえば, そうとは限らない. このことを見るにはもう少し複雑なモデルを考える必要がある.

図 2.5 のような異なる質量をもつ 2 種類の原子が交互に等間隔で並んでいる場合を考えよう. 結晶構造の用語を用いると単位胞 (unit cell) に 2 個の原子がある場合を考えていることになる. 再び縦波を考えることにし, j 番目の単位胞に属する質量 M_1 の原子の変位を $u_j^{(1)}$, 質量 M_2 の原子の変位を $u_j^{(2)}$ とする. 原子間を結ぶバネがすべて同一だとすれば, 運動方程式は (2.4) 式を一般化して

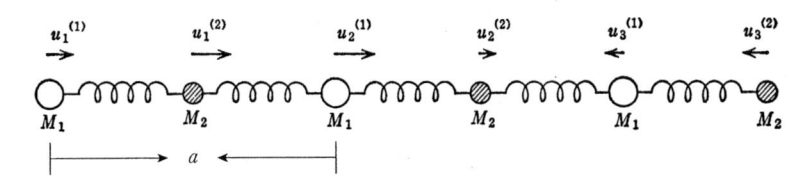

図 2.5　2 種類の原子からなる 1 次元鎖の振動

$$M_1\ddot{u}_j^{(1)} = K(u_j^{(2)} + u_{j-1}^{(2)} - 2u_j^{(1)})$$
$$M_2\ddot{u}_j^{(2)} = K(u_{j+1}^{(1)} + u_j^{(1)} - 2u_j^{(2)}) \quad (2.12)$$

となる．境界条件は周期的境界条件を用いることとする．

b. 基準振動 基準振動を求めるには，やはり (2.6) 式を一般化して

$$u_j^{(1)} = \mathrm{Re}(u^{(1)}e^{-i\omega t}e^{ikaj})$$
$$u_j^{(2)} = \mathrm{Re}(u^{(2)}e^{-i\omega t}e^{ikaj}) \quad (2.13)$$

とおく．このとき (2.12) 式の運動方程式は

$$\begin{pmatrix} M_1\omega^2 & 0 \\ 0 & M_2\omega^2 \end{pmatrix}\begin{pmatrix} u^{(1)} \\ u^{(2)} \end{pmatrix} = K\begin{pmatrix} 2 & -(1+e^{-ika}) \\ -(1+e^{ika}) & 2 \end{pmatrix}\begin{pmatrix} u^{(1)} \\ u^{(2)} \end{pmatrix} \quad (2.14)$$

と書け，固有値問題 (eigenvalue problem) になる．2 つの振幅 $u^{(1)}, u^{(2)}$ が同時にはゼロとならない条件より，各 k に対して

$$\omega_\pm^2 = \frac{K}{M_1M_2}\left\{(M_1+M_2) \pm \sqrt{(M_1+M_2)^2 - 4M_1M_2\sin^2\frac{1}{2}ka}\right\} \quad (2.15)$$

と，2 つの基準振動が求まる．得られた $\omega_\pm$ を (2.14) 式に代入することによって，それぞれの振動数に対して振幅の比 $u^{(1)}/u^{(2)}$ が定まる．

k の値は周期的境界条件によって (2.8) 式で与えられる．ただしいまの場合，N は単位胞の総数である．第 1 ブリルアン域の中に N 個の k 点があり，各 k 点に対して，振動数が $\omega_\pm$ で与えられる 2 個の基準振動が存在して，全原子数 $2N$ に対応した自由度だけの基準振動が求まったことになる．

c. 音響的モード，光学的モード (2.15) 式で求まった分散関係を図 2.6 に

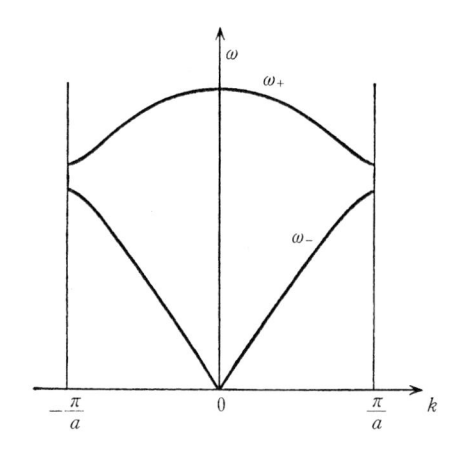

図 2.6 音響的モード，光学的モード

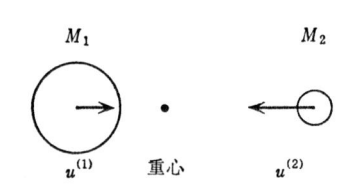

図 2.7 光学的モードの振動

示した．低い振動数 ω_- のモードは $k=0$ で $\omega=0$ となっており，音響的モードである．これに対し ω_+ は $k=0$ で

$$\omega_+^2 (k=0) = 2\frac{M_1+M_2}{M_1M_2}K \tag{2.16}$$

と有限であり，光学的モード (optical mode) と呼ばれる．

2つの振動の違いは，$k=0$ での原子の振動の様子を見るとよくわかる．$k=0$ での $\omega_\pm$ の値を (2.14) 式に代入すると

$$\frac{u^{(1)}}{u^{(2)}} = \begin{cases} 1 & (\omega_- に対して) \\ -\dfrac{M_2}{M_1} & (\omega_+ に対して) \end{cases} \tag{2.17}$$

となる．まず ω_- では2種の原子が同じ方向に一様な運動をしている．それは有限の小さな k に対しては疎密波になることを意味している．これに対し，ω_+ では図2.7のように，2つの原子がその重心のまわりで相対運動をしている．そのことは，(2.16) 式の振動数に相対運動の換算質量 $M_1M_2/(M_1+M_2)$ が出てくることにも現れている．いま，2種の原子が正負に帯電したイオンだとすれば，ω_+ のモードは電気双極子モーメント (electric dipole moment) が ω_+ の振動数で振動していることになる．したがって ω_+ の振動数の光と相互作用し，たとえば光をあてると，ω_+ の振動数の光は吸収される．これが光学的モードと呼ばれる理由である．

2.2.4 3次元結晶の格子振動

これまでのまとめとして，単位胞に2個の原子がある場合に，3次元結晶の格子振動がどうなっているかを述べておこう．

3次元結晶に対する波数は3成分必要で，あわせて波数ベクトル (wave vector) $\boldsymbol{k}$ をなす．N 個の単位胞を含む結晶に周期的境界条件を課すと第1ブリルアン域には N 個の $\boldsymbol{k}$ 点がある．各 $\boldsymbol{k}$ について基準振動を求める

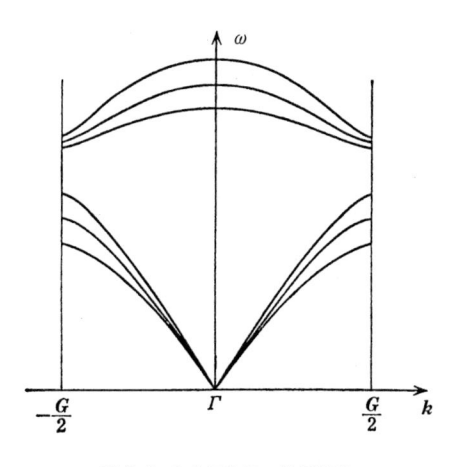

図 2.8 3次元結晶の格子振動

わけであるが，第1の原子の変位ベクトルの3成分，第2の原子に対する3成分，計6成分の固有値問題を解くことになる．こうして求められる6個の基準振動のうち，3個は$k=0$で$\omega=0$となる音響的モードであり，残りの3個は$k=0$でωが有限の光学的モードである．3個の音響的モードのうち1つは縦波であり，残りの2つが横波であるのは1次元の場合と同じである．光学的モードにも1つの縦波と2つの横波があるのも容易に想像できよう．3次元の場合の分散関係をある方向(逆格子ベクトルGの方向)のkに対して描いた概念図が図2.8である．

2.2.5 古典論による比熱

われわれは格子振動が自由度の数だけの基準振動の重ね合せで表されることを見てきた．したがって格子振動に関する力学的問題はすべて解けたことになる．またその熱力学的性質も統計力学の処方箋に従って議論できる．最も基本的な熱力学量である比熱(specific heat)を考えよう．

1つの基準振動に注目すると，そのエネルギーは

$$\mathcal{H} = \frac{p^2}{2M} + \frac{M}{2}\omega^2 q^2 \tag{2.18}$$

と書ける．ここでωはいま考えている基準振動の振動数であり，Mは振動子の質量，q, pは座標と運動量である．基準振動を指定する波数ベクトルkとモードの添字は省略した．このエネルギーの温度Tにおける平均値は，$\beta = 1/k_\mathrm{B} T$ (k_Bはボルツマン(Boltzmann)定数)として

$$\begin{aligned}\langle \mathcal{H} \rangle &= \frac{\iint \mathcal{H} e^{-\beta \mathcal{H}} dpdq}{\iint e^{-\beta \mathcal{H}} dpdq} \\ &= -\frac{\partial}{\partial \beta} \log \left\{ \iint_{-\infty}^{\infty} \exp\left[-\frac{\beta}{2M}p^2 - \frac{\beta M \omega^2}{2}q^2\right] dpdq \right\} \\ &= k_\mathrm{B} T \end{aligned} \tag{2.19}$$

と容易に計算できる．1自由度あたりの運動エネルギーの平均値は$(1/2)k_\mathrm{B}T$であるから，ここで得た結果は，振動子のポテンシャルエネルギーの平均値が運動エネルギーの平均値と等しいことを意味している．

1つの振動子のエネルギーの平均値がその質量にも振動数にもよらず温度のみで決まっているので，格子振動全体のエネルギーの平均値Uは，単に自由度の

数をかければよく

$$U = 3Nk_B T \tag{2.20}$$

となる．比熱は内部エネルギー U を温度で微分したものであるから

$$C = \frac{dU}{dT} = 3Nk_B \tag{2.21}$$

と，温度によらない一定の比熱を得る．これはデュロン-プチ(Dulong-Petit)の法則と呼ばれる．

2.2.6 古典論の成功と限界

デュロン-プチの法則は，1モルあたりの比熱は 24.9 J/K で物質にも温度にもよらず一定という驚くべき簡単な結果である．もともとこの法則が経験的に発見されたことでもわかるように，多くの固体において常温付近でこの法則が成り立っている．しかし，いくつかの元素では常温ですでにこの法則からのずれが見られるし，低温にすれば例外なく大きくはずれ，$T=0$ での比熱はゼロとなる．

この法則にいたった道筋をふり返って見ると，導入した近似は2つしかない．断熱近似と微小振動の仮定である．断熱近似についていえば，電子が閉殻構造をとり断熱近似の妥当性が最も高いと思われる希ガス元素の固体でも同じようにデュロン-プチの法則からずれてくるので，断熱近似がずれの原因とは考えられない．第2の微小振動の仮定については，(2.19)式は振動の振幅の2乗が温度に比例することを意味しているので，低温になればなるほど問題がないはずである．

われわれが本質的に正しい道筋を歩み，到達した結論が一般的に事実と矛盾するということは，そこで用いた理論の枠組み自体に問題があったとしなければならない．古典論は高温では成立するが，低温では別の体系が必要とされるといってもよい．実際に，格子比熱の量子論的取り扱いは，アインシュタイン(Einstein)によって1907年になされたが，それは量子論の確立へ向けての大事な一歩だったのである．

2.3 格子振動の量子化(フォノン)

2.3.1 量子化条件

格子振動を量子化する手続きを，図2.1の1次元縦波の例を使って説明しよ

う．もう一度全エネルギー，すなわちハミルトニアン (Hamiltonian) を書いておくと，(2.1), (2.3) 式より

$$\mathcal{H} = \sum_j \frac{p_j^2}{2M} + \frac{K}{2} \sum_j (u_{j+1} - u_j)^2 \tag{2.22}$$

で与えられる．

まず適当な座標変換をして，このハミルトニアンをなるべく簡単な形にしておきたい．それには基準振動を用いて座標を展開すればよい．

$$u_j = \frac{1}{\sqrt{N}} \sum_k q_k e^{ikaj} \tag{2.23}$$

ここで k は (2.8) 式で与えられるものである．このとき運動量も同じように展開される．

$$p_j = M\dot{u}_j = \frac{1}{\sqrt{N}} \sum_k M\dot{q}_k e^{ikaj}$$

$$= \frac{1}{\sqrt{N}} \sum_k p_k e^{ikaj} \tag{2.24}$$

この 2 つを (2.22) 式に代入すると，規格直交性 $(1/N)\sum_j e^{i(k-k')aj} = \delta_{k,k'}$ の関係を用いて

$$\mathcal{H} = \sum_k \frac{1}{2M} p_k p_{-k} + \frac{K}{2} \sum_k 4\sin^2\left(\frac{1}{2}ka\right) q_k q_{-k} \tag{2.25}$$

となる．ここで u_j は実の変数であるので $q_{-k} = q_k^*$ が成り立つことに注意する．k と $-k$ を対にして考え，q_k の実部，虚部を新たな変数にとると

$$\mathcal{H} = \sum_k \frac{1}{2M} p_k^2 + \frac{M}{2} \sum_k \omega_k^2 q_k^2 \tag{2.26}$$

と書くことができる．ω_k^2 は (2.7) 式で与えられる．これは格子振動が，質量 M，振動数 ω_k の調和振動子の集まりであることを意味している．この事実は古典論で比熱を議論する際にすでに用いた ((2.18) 式)．

ここまでは単に座標変換 $(u_j, p_j) \rightarrow (q_k, p_k)$ をしたにすぎない．この段階で古典力学の運動方程式 (ここで用いる形は，ハミルトン形式と呼ばれる) を用いると前節の結果に帰着する．量子力学に移行するには通常の処方箋に従い，ハミルトニアンを量子力学的状態に作用する演算子とし，それを構成する座標と運動量の演算子に次の交換関係を導入すればよい．

$$[q_k, p_k] = q_k p_k - p_k q_k = i\hbar \tag{2.27}$$

もちろん異なる k の振動子は独立なので，異なる k をもつ演算子はすべて交換

する．ここで一言ことわっておこう．量子化条件を各原子の座標と運動量に対して

$$[u_j, p_j] = u_j p_j - p_j u_j = i\hbar \tag{2.27}'$$

と定義するべきだと思う読者がいるかもしれない．しかし，この2つのやり方の違いは，量子化条件の導入と座標変換の実行の順序の違いだけで，両者はまったく同等なのである．

2.3.2 フォノン

格子振動を微小振動の範囲で扱うには，たがいに独立な調和振動子の集団を扱えばよいことがわかった．1個の調和振動子の量子力学はよく知られており，エネルギー準位は図2.9のように量子化される．

$$E_n = \hbar\omega_k\left(n + \frac{1}{2}\right) \quad n = 0, 1, 2, \cdots \tag{2.28}$$

ハイゼンベルグの不確定性関係(uncertainty relation) $\Delta q \Delta p \geq \hbar$ は交換関係(2.27)の帰結である．振動子の座標をポテンシャルエネルギーの最小の点($q_k = 0$)に確定すると運動量の分布の幅が無限大となるので，全エネルギーを最小にするには基底状態($n=0$)でも適当な空間的広がりをもたなければならない．$(1/2)\hbar\omega_k$ はこのゼロ点振動(zero-point oscillation)のエネルギーである．

振動子の励起状態は $n=1, 2, \cdots$ で与えられ，そのエネルギーは基底状態より $\hbar\omega_k$ の整数倍だけ高い．古典力学では各基準振動の振幅，したがってそのエネルギーも連続的に変わりうるが，量子力学では，とびとびの量子化されたエネルギー状態しか許されない．各状態間のエネルギー差が同一なので，ある k で指定された基準振動がその n 番目の励起状態にあることを，$\hbar\omega_k$ のエネルギーをもつ振動の量子が n 個励起されたと考えることができる．この振動の量子をフォノン(phonon)という．

量子力学で扱われる対象は粒子性，波動性の2つの側面を兼ね備える．古典力学では質点，すなわち粒子として扱われ

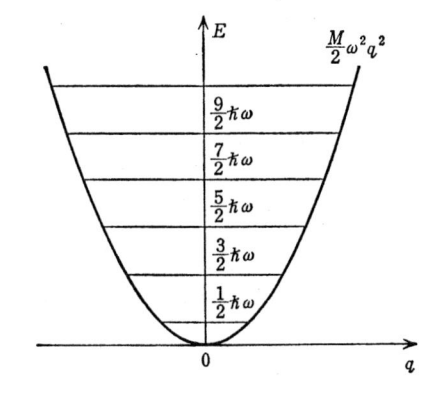

図 2.9 調和振動子のエネルギー準位

る電子は，量子力学ではシュレーディンガー方程式に見られる波動性をもち，古典力学では典型的波動である光（電磁波）は量子化されてフォトン (photon) となる．1905年のアインシュタインの光電効果の理論は，光が量子化される必要性を示したものであった．ここでわれわれが学んだことは，固体中の振動，それは音波という言葉で表されるように典型的な波の1つであるが，それもまた量子化されて粒子性を帯びるということである．

これまで1次元縦波を例として振動の量子化の説明をしてきたが，一般の場合を扱うのはもはやほとんど自明であろう．波数ベクトル $\boldsymbol{k}$ と，縦波・横波，さらに必要なら音響的・光学的などのモードの特性を示す指標（まとめて α と書く）を指定した各基準振動は，それぞれ独立に量子化することができる．量子化されたフォノン系の全エネルギーは (2.28) 式より

$$\mathcal{H} = \sum_{k}\sum_{\alpha} \hbar\omega_{k\alpha}\left(n_{k\alpha} + \frac{1}{2}\right) \tag{2.29}$$

と書ける．$\omega_{k\alpha}$ は $k\alpha$ で指定されるフォノンの振動数であり，$n_{k\alpha}$ はそのフォノンが何個励起されているかを表す．

2.3.3 中性子散乱

中性子 (neutron) を固体に照射すると，中性子は固体によって散乱されて出てくる．中性子は電子の約2000倍の質量をもち，電荷がないので，主として固体を構成する原子の原子核によって散乱される．したがって格子振動に敏感であり，中性子散乱の実験をすればフォノンを"見る"ことができる．

入射する中性子の運動量を $\boldsymbol{p}_{\text{in}}$ とし，散乱されて出てくる中性子の運動量を $\boldsymbol{p}_{\text{out}}$ とする．散乱の過程で複数個のフォノンの放出・吸収をすることも可能であるが，その確率は小さいので，1個のフォノンを吸収したり，放出する過程を考えよう．このフォノンの波数ベクトルを $\boldsymbol{k}$，モードを α とする．散乱に際して，運動量とエネルギーは保存しなければならない．エネルギーの保存則は

$$\frac{\boldsymbol{p}_{\text{in}}^2}{2m_n} = \frac{\boldsymbol{p}_{\text{out}}^2}{2m_n} \pm \hbar\omega_{k\alpha} \tag{2.30}$$

である．フォノンの運動量は逆格子ベクトル $\boldsymbol{G}$ を除いて $\hbar\boldsymbol{k}$ なので，運動量の保存則は

$$\boldsymbol{p}_{\text{in}} = \boldsymbol{p}_{\text{out}} \pm \hbar(\boldsymbol{k} + \boldsymbol{G}) \tag{2.31}$$

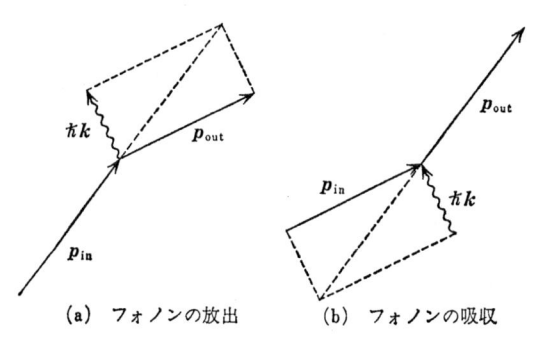

(a) フォノンの放出　　**(b)** フォノンの吸収

図 2.10　中性子散乱

で与えられる（図2.10）. 上の2つの式で + はフォノンを放出する過程を表し，− は吸収する過程を表す. $\hbar G$ は結晶が全体として受けもつ運動量と考えればよい. 異なる G の散乱は容易に分離できるので，中性子散乱で p_{in} を一定として，出てくる中性子の運動量（実験的にはエネルギーと出てくる方向）を測定すれば，上の2つの関係式から $\omega_{k\alpha}$ を k の関数として求めることができる. 散乱の過程でエネルギーの出入りのある散乱を非弾性散乱（inelastic scattering）というが，中性子非弾性散乱によって図2.8のような分散関係を実験的に求めることができる.

2.3.4　光散乱・光吸収

フォノンを"見る"手段は中性子散乱に限らない. 文字どおり光（電磁波）でも見ることができる. 中性子の代わりに光を用いて散乱実験をすれば，光速度を c として，エネルギー保存則は

$$cp_{\text{in}} = cp_{\text{out}} \pm \hbar \omega_{k\alpha} \tag{2.32}$$

となる. このほかに，(2.31)式の運動量保存則も必要であるが，光速度が大きいため中性子散乱の場合とはだいぶ事情が変わってくる.

この章のはじめにも触れたが，フォノンの運動量 $\hbar k$ は h/a 程度である. この運動量に対応する光のエネルギー hc/a は，$a=5$Å として，2.5×10^3 eV である. したがって一般の k のフォノンを電磁波で"見る"には X 線領域（波長 10^{-3} nm～10 nm，エネルギーで 10^2 eV～10^6 eV）ということになる. 一方フォノンのエネルギーは数十 meV（10^{-2} eV）程度であるから，k を指定して充分なエネルギー分解能で観測するのは，X 線領域では無理である.

一方，可視光(波長400 nm～800 nm，エネルギーで1.5 eV～3 eV)以下のエネルギーを用いると，見えるフォノンは $G=0$ で $k=0$ の近傍に限られることになる．しかし，このときには振動数が精度よく決定できるので，しばしば用いられる．光学的モードによる散乱をラマン散乱(Raman scattering)といい，音響的モードによる散乱をブリルアン散乱(Brillouin scattering)という．

　光学的フォノンと同じエネルギーの光を用いると，直接光を吸収することも可能である．この場合もラマン散乱のときと同様，放出されるフォノンの波数ベクトルは，$k=0$ と考えてよい．光学的フォノンの振動数の光の波長は可視光よりも長いので，この光吸収は赤外吸収(infrared absorption)と呼ばれる．

　ラマン散乱や赤外吸収は $k=0$ のフォノンを見る最も直接的な手段であるが，すべての $k=0$ のモードに対して可能とは限らない．それには各モードの基準振動の対称性による制約があり，ラマン散乱が可能なモードをラマン活性(Raman active)といい，赤外吸収が可能な場合を赤外活性(infrared active)という．

2.4　固体の比熱

2.4.1　ボーズ統計

　フォノン系の全エネルギーが(2.29)式のように，各モードのフォノンの和になっているので，1つのモードのフォノンについてまず考えよう．その振動数を再び単に ω と書くことにする．フォノンが n 個励起されている状態のエネルギーは，すでに見たように，$\hbar\omega(n+1/2)$ である．n は0およびかってな自然数をとる．すなわち，フォノンは1組の量子数 (k, α) で指定される1粒子状態に何個でも収容可能なボーズ粒子(Bose particle)である．これに対して電子は，スピンを含め1組の量子数で指定される1粒子状態には1個しか収容できないフェルミ粒子(Fermi particle)である．

　エネルギーの平均値を求めるには，励起されたフォノンの数の平均値を求めればよい．フォノンが n 個励起された状態の実現する確率はボルツマン因子

$$\exp\left[-\beta\hbar\omega\left(n+\frac{1}{2}\right)\right] \quad (\beta=1/k_\mathrm{B}T)$$

に比例するから，n の平均値は

$$\langle n \rangle = \frac{\sum_{n=0}^{\infty} n \exp\left[-\beta\hbar\omega\left(n+\frac{1}{2}\right)\right]}{\sum_{n=0}^{\infty} \exp\left[-\beta\hbar\omega\left(n+\frac{1}{2}\right)\right]}$$

$$= \frac{1}{e^{\beta\hbar\omega}-1} \tag{2.33}$$

となる．これをボーズ-アインシュタイン分布(Bose-Einstein distribution)という．

2.4.2 アインシュタイン模型

格子比熱がデュロン-プチの法則から低温ではずれてくることを説明するのに，アインシュタインは全自由度 $3N$ 個の振動子がすべて同一の振動数 ω_0 をもつと仮定して，問題を量子力学的に扱った．以下熱力学的量には影響を与えないゼロ点振動を除いて考える．このモデルにおけるエネルギーの平均値は

$$U = 3N\hbar\omega_0 \langle n \rangle$$
$$= 3N\hbar\omega_0 \frac{1}{e^{\beta\hbar\omega_0}-1} \tag{2.34}$$

で与えられる．比熱はこれを T で微分して

$$C = 3Nk_\mathrm{B}(\beta\hbar\omega_0)^2 \frac{e^{\beta\hbar\omega_0}}{(e^{\beta\hbar\omega_0}-1)^2} \tag{2.35}$$

を得る．(2.35)式は，高温 ($k_\mathrm{B}T \gg \hbar\omega_0$) ではデュロン-プチの法則を再現し，$k_\mathrm{B}T \sim \hbar\omega_0$ あたりで古典論からのずれが著しくなり，低温では

$$C = 3Nk_\mathrm{B}(\beta\hbar\omega_0)^2 e^{-\beta\hbar\omega_0}$$

と指数関数的にゼロとなる結果である．

2.4.3 フォノンの状態密度

比熱に対するアインシュタイン模型は，古典論と実験事実の不一致を大幅に改善しているが，問題点もある．フォノンの振動数は図 2.8 の分散関係に示したような分布をしている．これらすべてを1つの振動数 ω_0 で代表させてしまうのはいかにも乱暴である．もう少し子細に図 2.8 を眺めると，光学的モードは振動数がゼロにならないので，1つの振動数で代表させてもそれほど悪くはないだろうが，音響的モードは振動数がゼロから連続的に分布している．振動数の分布がゼロまで達しているとき，低温での比熱はどのようにふるまうのであろうか．

以下この点を議論してゆくが,その準備として,フォノンの振動数分布を表す状態密度(density of states)という概念を導入しよう.振動数が ω と $\omega+d\omega$ の間にあるモードの数を $D(\omega)d\omega$ と書く.$D(\omega)$ はディラックの δ 関数(Dirac's delta function)を用いると

$$D(\omega)=\sum_{k}\sum_{\alpha}\delta(\omega-\omega_{k\alpha}) \tag{2.36}$$

と書くことができる.この両辺を ω と $\omega+d\omega$ の区間で積分すると,$\omega_{k\alpha}$ がその区間内にあれば δ 関数の積分は1,それ以外のときは0を与えることから,(2.36)式で状態密度が定義できることがわかる.

振動数に分布があるときのエネルギーの平均値は

$$U=\sum_{k}\sum_{\alpha}\hbar\omega_{k\alpha}\langle n_{k\alpha}\rangle$$

であるが,$\langle n_{k\alpha}\rangle$ にボーズ分布を代入し,δ 関数を用いて書き直すと

$$\begin{aligned}U&=\int_{0}^{\infty}d\omega\sum_{k}\sum_{\alpha}\delta(\omega-\omega_{k\alpha})\hbar\omega\frac{1}{e^{\beta\hbar\omega}-1}\\&=\int_{0}^{\infty}d\omega D(\omega)\hbar\omega\frac{1}{e^{\beta\hbar\omega}-1}\end{aligned} \tag{2.37}$$

のようになり,状態密度とボーズ分布を用いて,エネルギーの一般的な表式を得る.

2.4.4 デバイ模型

フォノンの状態密度は図2.11のような複雑な形をしているが,低エネルギーの領域では一般的に ω^2 に比例する.これは次のようにして導くことができる.まずブリルアン域の中の k 点の密度を求めておこう.(2.8)式および図2.3は,1次元の場合に $2\pi/L$ ($L=Na$) に1個の割合で k 点があることを示している.3次元の場合は,3成分を考えて,$(2\pi)^3/V$ ($V=L^3$) に1個 k 点があることになる.したがって半径が k から k

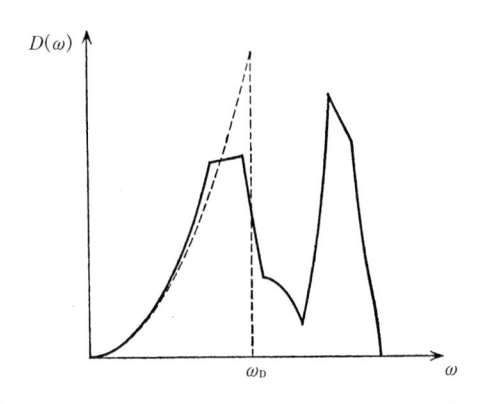

図 2.11 フォノンの状態密度とデバイ模型(概念図)

$+dk$ の球殻の間に

$$\frac{V}{(2\pi)^3}4\pi k^2 dk \tag{2.38}$$

の k 点がある．さて ω の小さいところのフォノンは音響的モードであり，音速を v とすると，振動数が

$$\omega = vk \tag{2.39}$$

と書けることに注目すれば

$$D(\omega) = \frac{V}{2\pi^2}\frac{\omega^2}{v^3} \tag{2.40}$$

となる．

デバイ模型 (Debye model) は音響的モード全体に対して，(2.40) 式の状態密度を用いる．縦波・横波が同一の音速をもつとして，音響的フォノンモードの総数が全自由度 $3N$ と一致するように上限の周波数 ω_D を決める．

$$\int_0^{\omega_D} 3\frac{V}{2\pi^2}\frac{\omega^2}{v^3}d\omega = \frac{V}{2\pi^2}\frac{\omega_D^3}{v^3} = 3N \tag{2.41}$$

ω_D をデバイ周波数 (Debye frequency) といい，音響的フォノンの特徴的周波数である．この周波数を温度に換算した θ_D ($k_B\theta_D = \hbar\omega_D$) をデバイ温度 (Debye temperature) という．

比熱の一般式は，(2.37) 式より

$$C = k_B \int_0^\infty d\omega D(\omega)(\beta\hbar\omega)^2 \frac{e^{\beta\hbar\omega}}{(e^{\beta\hbar\omega}-1)^2} \tag{2.42}$$

であるから，デバイ模型での比熱は

$$= 3k_B\frac{V}{2\pi^2}\frac{1}{v^3}\int_0^{\omega_D} d\omega\, \omega^2(\beta\hbar\omega)^2\frac{e^{\beta\hbar\omega}}{(e^{\beta\hbar\omega}-1)^2}$$

$$= 9Nk_B\left(\frac{T}{\theta_D}\right)^3 \int_0^{\theta_D/T} dx\, x^4 \frac{e^x}{(e^x-1)^2} \tag{2.43}$$

となる ($x = \beta\hbar\omega$)．

高温の極限 ($T \gg \theta_D$) では，(2.43) 式の積分は被積分関数を x について展開して実行することができ，

$$C = 3Nk_B$$

とデュロン-プチの法則に漸近する．逆に低温の極限 ($T \ll \theta_D$) では積分の上限を無限大としてよく，その積分の値は $(4/15)\pi^4$ である．したがって低温の比熱は

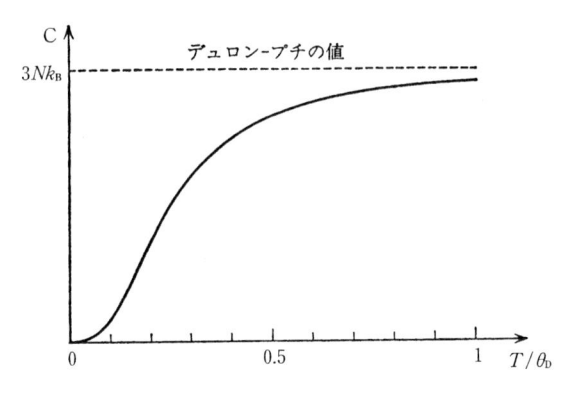

図 2.12 デバイ模型による比熱

$$C=\frac{12}{5}\pi^4 Nk_B\left(\frac{T}{\theta_D}\right)^3 \tag{2.44}$$

と，温度の3乗に比例することになり，アインシュタイン模型の指数関数的温度依存性とは定性的に異なる温度依存性を得る（図2.12）．この T^3 則は，低エネルギーのフォノンが，一定の音速をもち $\omega=vk$ と書けるという一般的事実にもとづいている．

比熱に対するデバイの表式 (2.43) は，多くの物質の格子比熱を再現し，各物質のデバイ温度 θ_D が求められている．代表的物質のデバイ温度の例を表2.1に示した．物質によってもちろん異なっているが，おおよそ数百度程度である．最後に，単位胞に2個以上のイオンが存在する物質では，光学的モードによるアインシュタイン型の比熱も高温では重要となることを付記しておこう．

表2.1 物質のデバイ温度

非金属	θ_D (K)	金属	θ_D (K)
アルゴン (Ar)	93	アルミニウム (Al)	426
シリコン (Si)	640	金 (Au)	165
ゲルマニウム (Ge)	370	ナトリウム (Na)	158
炭素（グラファイト）(C)	420	鉄 (Fe)	467
炭素（ダイヤモンド）(C)	2230	銅 (Cu)	343
硫化亜鉛 (ZnS)	315	ベリリウム (Be)	1440

2.4.5 電子比熱

金属では格子比熱以外に電子による比熱 C_e も重要である．電子比熱について

は3章で詳しく学ぶが，それによると電子系の特徴的温度であるフェルミ温度 (Fermi temperature) より低い温度では

$$C_e = \gamma T \tag{2.45}$$

と温度に比例する．金属のフェルミ温度は10000Kぐらいなので，ふつうに扱われる温度領域では(2.45)式を用いてさしつかえない．

格子比熱，電子比熱の両方を考えると，デバイ温度より低温で金属の比熱は

$$C = \gamma T + \beta T^3 \tag{2.46}$$

と書ける．第2項は格子比熱の T^3 項で，(2.44)式の係数をまとめて β と書いたものである．デバイ温度より充分低いところでは，金属の比熱は電子比熱が支配的となる．(2.46)式から，金属の比熱の実験値を T で割ったものを T^2 に対してグラフに描くと直線になることがわかる(3章，図3.8参照)．電子比熱係数 γ は，この直線が縦軸を横切る点として求めることができる．一方，温度が上がってデバイ温度程度になると，格子比熱は電子比熱よりも2桁くらい大きいのがふつうである．金属のデバイ温度は，そうした高温領域で(2.43)式から決められる．

2.5 固体の熱伝導

2.5.1 熱伝導度

断面積 S が一定で長さ L の一様な棒の左端を温度 T_2 の熱浴につなぎ，右端を T_1 の熱浴に接続したとする．いま $T_2 > T_1$ とすると，熱エネルギーは左から右に流れ続ける．単位時間(1秒間)にある断面を通って流れるエネルギーを J とすると，J の大きさは断面積，温度差に比例し，長さに反比例するであろう．

$$J = \kappa S \frac{T_2 - T_1}{L} \tag{2.47}$$

この κ を熱伝導度 (thermal conductivity) という．もう少し一般に，場所の関数として温度 $T(x)$ を定義し，点 x で単位時間に単位断面積を横切って流れるエネルギーを j とすると

$$j = -\kappa \frac{dT}{dx} \tag{2.47}'$$

と書ける．熱伝導度は物質によって定まっている定数である．

2.5.2 緩和時間・平均自由行程

フォノンはエネルギーを運ぶことができるので熱伝導の担い手となりうる．簡単のために，一定の音速 v をもつ音響的フォノンを考えよう．温度の空間変化は充分ゆっくりとしていて，フォノンの集団は各点 x における温度 $T(x)$ で局所的な熱平衡に達しているとする．したがって x におけるフォノンのもつ平均のエネルギーは温度を通じてのみ場所 x に依存しているとしてよく，$\varepsilon[T(x)]$ と書くことができる．

試料の両端に温度差を与えたときに，フォノンの集団が各点で熱平衡に達するには，フォノンどうしがたいに衝突をして，エネルギーのやりとりをしなければならない．1個のフォノンに注目したとき，散乱されてから次に散乱されるまでの平均の時間を τ としよう．この τ を緩和時間 (relaxation time) という．衝突の間に進む距離の平均は $l = v\tau$ である．この l を平均自由行程 (mean free path) という．

2.5.3 熱伝導度の表式

フォノンの密度を n とする．点 x における単位断面積を単位時間に正の方向によぎる粒子の数は，$(1/2)n$ が右向きの速度をもつとして $(1/2)nv_x$ である．これらの粒子は最後に散乱された地点 $x - v_x\tau$ での平均のエネルギーをもって点 x の断面を通過する．負の方向に通過する粒子も考慮して，点 x の単位断面積を横切るエネルギーの流れは

$$j = \left\langle \frac{1}{2} nv_x \{\varepsilon[T(x-v_x\tau)] - \varepsilon[T(x+v_x\tau)]\} \right\rangle$$

$$= -\left\langle nv_x^2 \tau \frac{d\varepsilon}{dT} \frac{dT}{dx} \right\rangle$$

$$= -\frac{1}{3} nv^2 \tau \frac{d\varepsilon}{dT} \frac{dT}{dx} \tag{2.48}$$

となる．上の式で $\langle \cdots \rangle$ は速度の方向についての平均を表す．単位体積あたりの比熱が $C = n(d\varepsilon/dT)$ と書けることを用い，(2.48)式を(2.47)′式と比べると

$$\kappa = \frac{1}{3} v^2 \tau C = \frac{1}{3} l v C \tag{2.49}$$

と熱伝導度に対する表式が求まる．

2.5.4 金属の熱伝導

金属では電子も熱伝導を担っている．電子に対してもその緩和時間を用いた議論をすることができ，同じ形の表式 (2.49) を得る．違いは，フォノンの散乱で重要なのがフォノンどうしの散乱であったのに対し，電子の場合は不純物ないしフォノンによる散乱が電子の τ を決めていることである．

熱伝導度の大きさを銅 Cu を例として見積もってみよう．室温における Cu の電子比熱は，$1\,\mathrm{cm}^3$ あたり $0.03\,\mathrm{J/K\cdot cm^3}$，平均自由行程は $3\times10^{-6}\,\mathrm{cm}$ であり，伝導電子の代表的速度であるフェルミ速度は $1.6\times10^8\,\mathrm{cm/sec}$ である．これらの値を (2.49) 式に用いると，$\kappa=4.8\,\mathrm{W/K\cdot cm}$ を得る．近似の粗さを考えると，実測値 $4.01\,\mathrm{W/K\cdot cm}$ とよい一致を示しているというべきであろう．これに対し，Cu の格子比熱は $3.4\,\mathrm{J/K\cdot cm^3}$ と電子比熱より 2 桁大きいが，縦波の音速は $5.01\times10^5\,\mathrm{cm/sec}$ でフェルミ速度より 3 桁小さい．フォノンの平均自由行程は数原子間隔 ($\sim10^{-7}\,\mathrm{cm}$) くらいであろうから，フォノンによる熱伝導は 1 桁ないし 2 桁小さいということになる．電子による熱伝導が大きいことが，鉄や銅などの金属に触れると冷たく感じる理由である．しかし金属でも，不純物が増えて電子の平均自由行程がフォノンの平均自由行程よりも短くなると，電子とフォノンによる熱伝導は同じ程度の大きさとなる．

2.6　断熱近似の成り立たないとき

この章では格子振動と物性のかかわりについて見てきたが，その議論は 2 つの前提に基づいていた．まず断熱近似を用いて電子の運動とイオンの運動を分離し，次にイオンの振動の振幅が小さいという微小振動の仮定を用いた．これらの前提は議論を簡単化するのに大いに役立ったのであるが，その前提についていくつか注釈を加えておこう．

微小振動の枠を取り払うのは，それほどむずかしいことではない．形式的には，(2.1) 式のポテンシャル項を変位について展開するとき 3 次，4 次の項，すなわち，非調和項 (anharmonic terms) を残しておけばよい．格子振動を量子化したとき，非調和項はフォノン間の衝突を導く．フォノン間の衝突は，フォノンの緩和時間，平均自由行程を導入した際に，暗に仮定していたことであった．固体の熱膨張も，非調和項が存在してはじめて起こりうる．

断熱近似の枠組みを越えると，電子の運動と格子の運動が影響しあう，つまり

電子–格子相互作用が存在することになる．実はこのことも，電子の緩和時間，あるいは平均自由行程を導入した際に，暗に仮定をしていた．次の章で電気伝導をさらに詳しく議論するが，そこでも電子の緩和時間は大事な役をする．また光物性の議論でも重要であることは4章で見るであろう．

　しかし，電子–格子相互作用の重要性はこれらにとどまらない．金属と絶縁体という区分は，固体の分類における最も基礎的な概念であろうが，金属を冷やして低温にしたとき普通の金属のままでいるとは限らず，超伝導になるものが少なからずある．実際，単体の元素を例にしても，金属であるもののうち低温で超伝導を示すものは，アルミニウム，鉛，水銀など，金属元素全体の3分の1を越えている．こうした意味で超伝導はけっして特殊な現象ではない．現在の理解では，通常の超伝導の大部分は，電子–格子相互作用にその原因があると信じられている．これに対し，最近活発に研究されている高温超伝導や重い電子系の超伝導では，フォノンの代わりに磁気的ゆらぎが超伝導の原因となっていると考えられている．超伝導については6章で述べる．

3. 金属電子論

 金属中には多数の電子が動きまわっている．身近な1円玉(約1グラム)を例にとれば，その中に約 2.2×10^{22} 個の Al 原子があって，おのおの原子が3個の動き回れる電子を供出している．これら自由電子 (free electron) が，金属の特色を創製している．電気伝導性，光学的特性に加え，展性や延性といった機械的特性に至るまでのほとんどを決めているといっても過言ではない．この章では，これら動きまわっている電子がつくりだす金属の特性を，できる限り単純なモデルで理解することにする．

3.1 自由電子モデル

 金属中の自由電子は，イオンや他の電子と相互作用しあっているに違いない．しかし，その相互作用を一切無視して，まったく自由に動き回っているとして出発する．結果的に単純金属 (simple metals) と呼ばれる金属では，この記述はきわめてよくその振る舞いを説明する．典型例は，アルカリ金属 (Na, K, …) や貴金属 (Cu, Ag, Au) などの1価金属であるが，2価 (亜鉛，カドミウム)，3価金属 (アルミニウム) の場合もよく適合する．

 自由電子モデルとはいえ，金属内の電子を古典粒子として扱うことはできない．電子のもつ波動性，フェルミ (Fermi) 粒子性，ハイゼンベルグ (Heisenberg) の不確定性原理などの量子力学が基本となるところを決めている．

 ゾンマーフェルト (Sommerfeld) は量子論が定式化されて間もなく，金属内の電子の取り扱いに量子力学を適用した．1.4節で述べたように，シュレーディンガー (Schrödinger) 方程式で，イオンのポテンシャルを無視した以下の式を出発点とした．

$$-\left(\frac{\hbar^2}{2m}\right)\nabla^2\psi=\varepsilon\psi \tag{3.1}$$

ここで，$\nabla^2\equiv\partial^2/\partial x^2+\partial^2/\partial y^2+\partial^2/\partial z^2$，$\psi$ と ε はおのおの電子の波動関数と固有エネルギーである．この電子の波動性が至るところに現れてくる．これから金属中の電子を扱うとき，波数空間で物事を考えるが，その理由もここにある．古典的に粒子の状態を記述するには，実空間の位置（$\boldsymbol{r}$）とその運動量（$\boldsymbol{p}$）を指定すればよい．金属内の電子の場合，実空間としては試料の中にあることだけが問題であり，電子の状態を指定するには運動量を，より適切には，電子の波動性を考慮して波数ベクトル $\boldsymbol{k}$（wave number vector）を決めればよい．これは，金属中に閉じ込められた電子の定在波の波長を決めることに対応している．

はじめに，簡単な1次元の場合で考える．図3.1(a)のように，長さ L の1次元金属内に閉じ込められた電子では，境界条件は $\psi(0)=\psi(L)=0$ となり，以下の定在波解をもつ．

$$\psi(x)=\sqrt{\frac{2}{L}}\sin(\pi k_x x/L) \tag{3.2}$$

許される波長は，$\lambda_x=2L, 2L/2, 2L/3, \cdots$ となる．

波数 k_x（波数ベクトル $\boldsymbol{k}$ の x 成分）は波長 λ_x と $k_x=2\pi/\lambda_x$ の関係で結ばれ，とびとびの値

$$k_x=\frac{n_x\pi}{L} \quad (n_x：正の整数) \tag{3.3}$$

をとる．運動量 p_x に対応させれば，$p_x=\hbar k_x=mv_x$ であり，電子の運動エネルギー

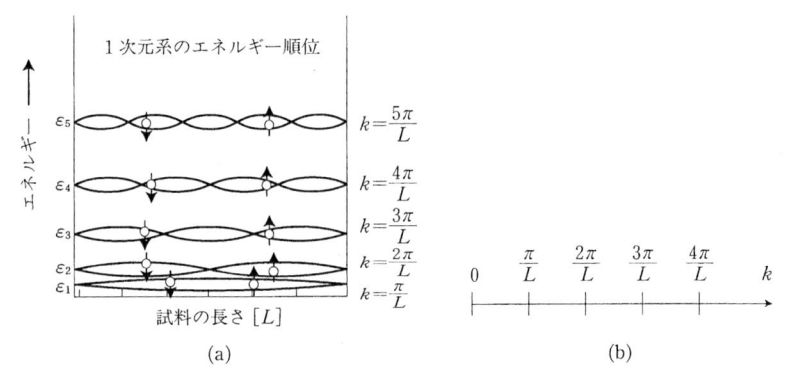

図 3.1 1次元金属中に閉じ込められた電子の波動関数(a)と対応する状態の波数空間における表示(b)

3.1 自由電子モデル

$$\varepsilon = \left(\frac{\hbar^2}{2m}\right) k_x^2 \qquad (3.4)$$

もとびとびの値をとる．

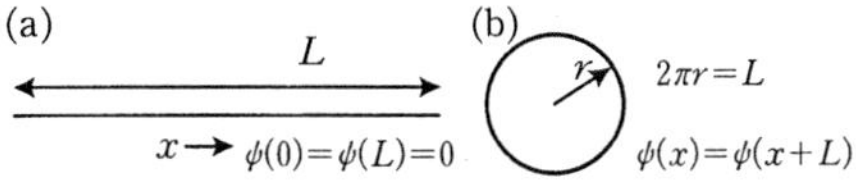

図3.1に示されるように，最も波長の長い $\lambda_{x_1}=2L$ の"状態"がエネル

図 3.2 1次元金属の境界条件(a)と周期的境界条件の場合(b)

ギーが最も低く，波長が，$2L/2, 2L/3, 2L/4, \cdots$ となるに従い増加する．図3.1(b)のように波数で見れば，$k_{x_1}=\pi/L, k_{x_2}=2\pi/L, k_{x_3}=3\pi/L, k_{x_3}=4\pi/L, \cdots$ と $\Delta k_x=\pi/L$ の間隔で並んでおり，1つの状態が波数空間での長さ $\Delta k_x=\pi/L$ に対応している．

通常扱われる金属は原子サイズから比べれば充分大きく，表面の効果は無視できるので，2.2節で学んだように周期的境界条件で考えるほうが便利である．1次元金属で図3.2(b)のように輪をつくれば，周期的境界条件は，$\psi(L+x)=\psi(x)$ となる．

この場合，解は以下の進行波となる．

$$\psi(x) = L^{-1/2}\exp(ik_x x) \qquad (3.5)$$

許される波数は

$$k_x = \frac{2n_x \pi}{L} \qquad (n_x: 0, \pm 1, \pm 2, \cdots) \qquad (3.6)$$

となる．定在波解の(3.3)式と比較し，波数の間隔が2倍になるのに対し，正負の値が許されており，状態の数は変わっていないことに注意されたい．1次元で周期的境界条件の場合，波数は $\Delta k_x=2\pi/L$ ごとのとびとびの値をとり，おのおのが1つの状態に対応している．

3次元の場合でも，普通の大きさの金属の L は格子定数に比較して充分に大きいので表面の効果は無視して，周期的境界条件

$$\psi(x+L, y+L, z+L) = \psi(x, y, z) \qquad (3.7)$$

で取り扱うことができる．進行波解は

$$\psi(x,y,z) = \left(\frac{1}{\sqrt{L}}\right)^3 \exp(i\boldsymbol{k}\cdot\boldsymbol{r}) = \left(\frac{1}{\sqrt{L}}\right)^3 \exp\{i(k_x x + k_y y + k_z z)\} \qquad (3.5)'$$

となる．波数は以下のとびとびの値のみをとる．

$$k_x = \frac{2n_x \pi}{L}, \quad k_y = \frac{2n_y \pi}{L}, \quad k_z = \frac{2n_z \pi}{L} \qquad (n_x, n_y, n_z: 0, \pm 1, \pm 2, \pm 3, \cdots)$$

$$(3.6)'$$

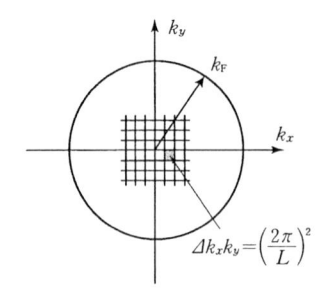

図 3.3 2次元波数空間
各正方形が1つのエネルギー状態に対応し，上向きと下向きスピンの電子がおのおの1個収納できる．

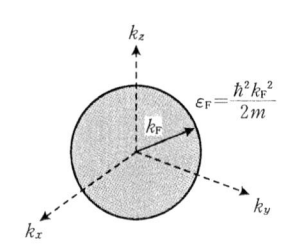

図 3.4 3次元の自由電子のフェルミ面

周期的境界条件では，1次元では $\Delta k_x = 2\pi/L$ が1つの状態に対応した．2次元では図3.3で示す微小面積 $\Delta k_x \cdot \Delta k_y = (2\pi/L)^2$ が，3次元では微小体積 $\Delta k_x \cdot \Delta k_y \cdot \Delta k_z = (2\pi/L)^3$ が1つの状態に対応することになる．

電子の位置の記述には位置ベクトル $(\boldsymbol{r})$ を使うが，金属中では，不確定性により，L^3 の大きさをもつ試料の中に存在すること以上に正確には指定できない．電子の状態を記述するには，波数 $\boldsymbol{k} = (k_x, k_y, k_z)$ で考えるのが不可欠なことが理解できたと思う．ここで，$\boldsymbol{k}$ の直感的意味は，波の進行方向を向き，2π あたりの波数 $(2\pi/\lambda)$ を大きさとするベクトルである．

それでは，多数個の電子がある場合に，電子のエネルギーはどうなるのだろうか．絶対零度では，総エネルギーが最低の状態をとる．ここで，大事なことは電子がフェルミ(Fermi)粒子なので，同じ固有状態に多数共存することはできないことである．つまり，同じ波数 (k_x, k_y, k_z) の状態には上向き$(\uparrow)$と下向き$(\downarrow)$スピンの電子がおのおの1つしか入れないのである(図3.1)．エネルギーはとびとびではあるが，L が大きいためにその間隔はきわめて小さく，多くの場合ほぼ連続と考えてよい．パウリ(Pauli)の原理に従い，$\uparrow$ と $\downarrow$ スピンの電子が1つずつ低いエネルギーから状態を占め，より高いエネルギー状態へと詰まっていく．金属中のすべての電子を詰めたときの最高エネルギーをフェルミエネルギー(Fermi energy: ε_F)と呼ぶ．3次元の自由電子モデルでは，フェルミエネルギーの状態は占有状態と空状態の界面は球面をなし，これをフェルミ球(Fermi sphere)と呼ぶ(図3.4)．より一般的には，これは多面体となり，フェルミ面(Fermi surface)と呼ぶ．フェルミ面はまさに金属の顔であり，これにより多く

の物性が支配されている．

エネルギーと，ほかの特徴的な物理量がどうなっているかを，いくつかの典型的金属を例に考える．自由電子の密度 n は，原子番号，質量密度と価数（おのおののイオンが何個の自由電子を吐き出しているか）から見積もることができる．Na，Cu，Al に対して，おおよそ $n=2.7,\ 8.5,\ 18\times 10^{22}$ 個/cm^3（$\times 10^{28}$ 個/m^3，SI）と見積もることができる．全電子（$N=n\times L^3$ 個）を低いエネルギーから詰めると，0 から ε_F まで詰めることになる．波数空間ではフェルミ波数 k_F まで詰まって，フェルミ球内の電子状態が一杯になるので

$$2\left\{\frac{\frac{4\pi}{3}k_F^3}{\left(\frac{2\pi}{L}\right)^3}\right\}=N \tag{3.8}$$

の関係が得られ，フェルミ波数 k_F（Fermi wave number）が決まる．先頭の因子 2 はスピン ↑ と ↓ の分として 2 倍してある．

これを k_F について解けば

$$k_F=(3\pi^2 N/L^3)^{1/3}=(3\pi^2 n)^{1/3} \tag{3.9}$$

であり，フェルミエネルギーに換算すれば

$$\varepsilon_F=\frac{\hbar^2 k_F^2}{2m}=\frac{\hbar^2(3\pi^2 n)^{2/3}}{2m} \tag{3.10}$$

となる．後に，温度による効果と比較するために温度に換算し，$T_F=\varepsilon_F/k_B$ をフェルミ温度（Fermi temperature）と呼ぶ．おのおのを上の 3 つの典型物質について計算したのが，表 3.1 である．

表 3.1 典型金属の電子密度とフェルミエネルギー，フェルミ波数，フェルミ温度の比較

物質	電子密度 n (10^{22}/cm^3)	フェルミ波数 k_F (10^8/cm)	フェルミエネルギー ε_F (eV)	フェルミ温度 T_F (10^4 K)
Na	2.5	0.9	3.2	3.7
Cu	8.5	1.36	7	8.2
Al	18	1.75	11.7	13.6

以後のために，フェルミエネルギーをもつ電子の速度，フェルミ速度（Fermi velocity, $v_F=\hbar k_F/m$）を見積もると，ほぼ 10^8 cm/s（10^6 m/s）となる．光速の約 1/100 という速い速度で走り回っていることになる．

3.2 状態密度と電子比熱

3.2.1 エネルギー状態密度

これから具体的に伝導電子に起因する物理量を見積もるにあたり，単位エネルギーあたりの状態の数が重要な役割を果たす．はじめに，この量を自由電子モデルで見積もるために，波数空間で波数が k と $k+dk$ の間にある状態数 $D(k)dk$ を求める．これは，半径 k と $k+dk$ の球で挟まれる球殻の体積を，1つの状態の占める体積で割ることによって得られる．

$$D(k)dk = \frac{4\pi k^2 dk}{\left(\frac{2\pi}{L}\right)^3} = \frac{1}{2}\pi k^2 L^3 dk \tag{3.11}$$

各々の k 状態を2つのスピンの向き（↑ と ↓）の電子が占有できることから，$D(\varepsilon)d\varepsilon = 2D(k)dk$ であり，波数とエネルギーの関係，$\varepsilon = \hbar^2 k^2/2m$ を用いてエネルギー ε と $\varepsilon + d\varepsilon$ の間にある状態数に書き直せば，以下の式が得られる．

$$D(\varepsilon)d\varepsilon = \frac{L^3\sqrt{2m^3}}{(\pi^2\hbar^3)}\sqrt{\varepsilon}\,d\varepsilon \tag{3.12}$$

$D(\varepsilon)$ は単位エネルギーあたりの状態数に対応するので，電子のエネルギー状態密度 (energy density of states)，または単に状態密度と呼ばれる．これを図示したのが，図 3.5 である．

絶対零度では，ε_F までエネルギー状態が詰まり，それ以上は空になるので，(3.12) 式をフェルミエネルギーまで積分すれば，総電子数 N になる．したがって，ε_F と電子密度 $n = N/L^3$ の関係として以下の式が得られる．

$$n = L^{-3}\int_0^{\varepsilon_F} D(\varepsilon)d\varepsilon = \frac{(2m\varepsilon_F)^{3/2}}{3(\pi^2\hbar^3)} \tag{3.13}$$

これを ε_F について解き，さらにフェルミ波数に書き換えれば，

$$\varepsilon_F = \frac{\hbar^2(3\pi^2 n)^{2/3}}{2m} \tag{3.14}$$

$$k_F = (3\pi^2 n)^{1/3} \tag{3.15}$$

が得られ，(3.9)，(3.10) 式と一致する．

自由電子モデルに限らず，状態密度について，(3.13) 式のはじめの等式はより一般的に成り立ち，

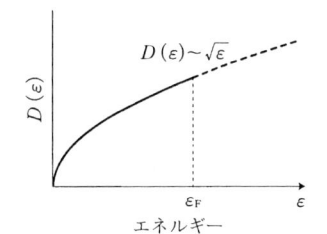

図 3.5 3次元自由電子モデルの状態密度

3.2.2 有限温度の電子分布

しかし,有限温度の金属の特性は状態密度を求めただけでは説明することはできない.つまり,波数空間での状態密度が決定されても,その状態に電子が存在するとは限らないからである.有限温度では,エネルギー状態の占められる確率は次のフェルミ分布関数(Fermi distribution function)で与えられる.

$$f(\varepsilon, T) = \frac{1}{e^{(\varepsilon-\mu)/k_B T}+1} \tag{3.16}$$

その,いくつかの温度におけるエネルギー依存性を図3.6に示す.

ここで,μは化学ポテンシャルであり,絶対零度ではε_Fに一致する.温度上昇とともにわずかに減少するが,多くの場合その温度依存性は無視できる.絶対零度では,ε_F以下の状態が占められる確率は1で,ε_F以上では確率は0である.有限温度では,μ近傍のほぼエネルギー幅$k_B T$程度にある状態は部分的に占められる(分布がぼけをもつ).通常金属のフェルミ温度は数万度であるから,室温でもε_Fのごく近傍の分布だけが影響を受けることになる.

3.2.3 電子比熱

電子がフェルミ粒子であることが,有限温度でのフェルミ分布の形を通して,電子の比熱への寄与に明白に現れることをこの節では述べよう.

比熱は,単位量(1g)の物質の温度を1度($=\Delta T$)上げるのに必要な熱量(ΔQ)で表され

$$C = \lim_{\Delta T \to 0} \frac{\Delta Q}{\Delta T} = \frac{dQ}{dT} \tag{3.17}$$

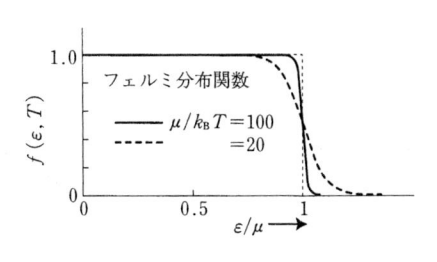

図 3.6　フェルミ分布関数

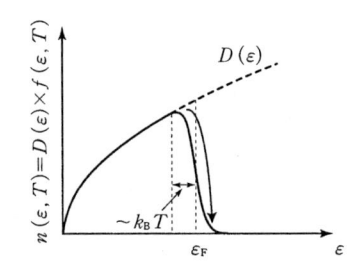

図 3.7　有限温度での電子状態

と書ける．温度を変える際の条件として，定積比熱，定圧比熱などを区別して考えることが必要である．固体の場合は，膨張率はそれほど大きくないので，通常，2つの条件下での比熱の差は小さい．(3.17)式の意味するところは，外界から熱を受け取れる物質は，有限の比熱を示すことである．通常金属の比熱の原因として，簡単には2つの寄与が考えられる．格子比熱は2章ですでに学んだ．ここでは金属ゆえの効果，電子比熱 (electronic specific heat) を考える．

金属では，電子も外界との熱エネルギーのやりとりを行い，比熱へ寄与するはずである．古典論 (エネルギー等分配則) に基づいて，簡単な Na，K，貴金属の比熱を考えてみる．1イオンあたり1つの自由電子を放出するので，格子の寄与 $3k_BT$ に加えて，3自由度分のエネルギー $(3/2)k_BT$ を分配されることになり，1モルあたりの比熱は，$4.5R$ になるはずである．しかし，室温での比熱の実験値は，ほぼ $3R$ となり電子の比熱への寄与はほとんど見えない．これは，電子がフェルミ分布をしていることによる．図3.6と図3.7に示されるように，フェルミ温度に比較し充分低温では，ほとんどの電子が外界とのエネルギーのやりとりができないのである．フェルミ面近傍の $\varDelta\varepsilon\sim k_BT$ 程度のエネルギー幅にある電子状態を除いて，状態は完全に詰まっている．電子がエネルギーを受け取って励起できるためには，初期状態に電子が存在していることに加え，終状態が空いていることがパウリの原理により要請される．この条件を満たさない電子は，存在しないに等しい．したがって，比熱に寄与できる電子は，フェルミ面近傍の $\sim D(\varepsilon_F)(k_BT)$ 程度の状態にあるものだけである．

その寄与を，おおよそ見積もってみよう．図3.7で，フェルミエネルギー以下の面積にしておおよそ $D(\varepsilon_F)\times k_BT$ 内にある電子が，古典的には $(3/2)k_BT$ 程度のエネルギーを受け取ってフェルミエネルギー以上の状態に励起される．これにより，電子系のエネルギーは0Kの場合に比べ

$$\varDelta U_e(T) \approx \left(\frac{3}{2}k_BT\right)\times D(\varepsilon_F)\times(k_BT) \tag{3.18}$$

程度増加している．したがって，電子比熱 $C_e(T)=dU_e/dT$ は

$$C_e(T) \approx D(\varepsilon_F)k_B^2 T = 3nk_B(T/T_F)/2 \tag{3.19}$$

となり，電子比熱は絶対温度に比例する．2つ目の等号では，(3.12)式の自由電子モデルの状態密度を代入し，さらにフェルミ温度に書き直した．

簡単な見積もりではあるが，物理的内容はここにすべて含まれている．金属中

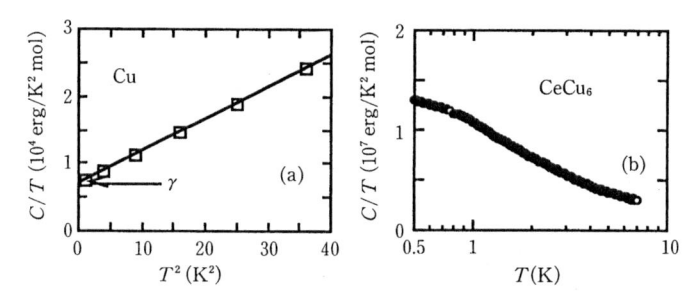

図 3.8 銅の C/T の T^2 依存性 (a) と重い電子系化合物の C/T (b)

には多数の自由電子が存在しているが，フェルミ縮退しているため，そのうちの (T/T_F) 程度の割合しか比熱には寄与しないのである．室温では，これは 1% 程度であるから，実験で比熱がほとんど格子比熱だけに見えるのは当然である．

しかし，低温で格子の寄与が小さくなると，電子の比熱への寄与が見えてくる．低温での温度依存性は，(3.19) 式で表される温度に比例する電子比熱 γT と，格子比熱 βT^3 の和として以下のかたちに書ける．

$$C(T) = \gamma T + \beta T^3 \tag{3.20}$$

実験的には，図 3.8 に示すように，(3.20) 両辺を T で割り，T^2 に対してプロットすれば線形になり，切片から電子比熱係数 γ が，勾配 β からデバイ温度 (θ_D) が見積もられる．通常金属では，電子比熱係数 γ は 10^4 erg/K^{2}mol (1 mJ/K^{2}mol) 程度であるが，Ce や U などを含む化合物では，図 (b) の CeCu$_6$ に例示されるように，10^7 erg/K^{2}mol (1 J/K^{2}mol) を越す物質が見いだされている．自由電子モデルでは，以下の (3.27) 式で示されるように，γ は電子質量に比例する．したがって，これら一群の物質では電子質量が重くなっていると解釈され，重い電子系と呼ばれ現在研究されている．

より正確に電子比熱を導出しよう．温度 T における電子系の全エネルギー U は

$$U = \int_0^\infty \varepsilon f(\varepsilon, T) D(\varepsilon) d\varepsilon \tag{3.21}$$

で与えられる．比熱はこれを温度で微分して以下の式になる．

$$C = \frac{dU}{dT} = \int_0^\infty \varepsilon \frac{\partial f(\varepsilon, T)}{\partial T} D(\varepsilon) d\varepsilon \tag{3.22}$$

一方，全電子数，$N = \int_0^\infty f(\varepsilon, T) D(\varepsilon) d\varepsilon$ の両辺を T で微分すると

$$0 = \int_0^\infty \frac{\partial f(\varepsilon, T)}{\partial T} D(\varepsilon) d\varepsilon \tag{3.23}$$

となり，両辺に ε_F をかけて (3.22) 式に加えると，

$$C = \frac{dU}{dT} = \int_0^\infty (\varepsilon - \mu_F) \frac{\partial f(\varepsilon, T)}{\partial T} D(\varepsilon) d\varepsilon \tag{3.24}$$

となる．さらに，フェルミ分布関数のエネルギー微分と温度微分の関係

$$\left[\frac{\partial f(\varepsilon, T)}{\partial T} \right] = \frac{[(\varepsilon - \varepsilon_F)/k_B T^2] \exp[(\varepsilon - \varepsilon_F)/k_B T]}{\{\exp[(\varepsilon - \varepsilon_F)/k_B T] + 1\}^2}$$

$$= \left(\frac{\varepsilon - \varepsilon_F}{T} \right) \left(\frac{\partial f}{\partial T} \right) \varepsilon_F \tag{3.25}$$

を (3.24) 式に代入して低温で展開すると

$$C = \frac{dU}{dT} = \frac{\pi^2}{3} k_B^2 D(\varepsilon_F) T \tag{3.26}$$

の関係が得られ，因子を除いて (3.19) 式の近似が妥当なことを示している．したがって，電子比熱係数 C/T を測定することにより，フェルミエネルギーでの電子状態密度 $D(\varepsilon_F)$ を知ることができる．

電子比熱係数は自由電子モデルで

$$\gamma = C/T = \frac{\pi^2}{2} \frac{n k_B^2}{\varepsilon_F} = \left(\frac{k_B^2}{3\hbar^2} \right) m k_F \tag{3.27}$$

とも書き直せ，電子質量に比例している．

熱力学では，熱量とエントロピー (S) の微小変化は $\delta S = \delta Q / T$ なので

$$dS = \frac{C}{T} dT \tag{3.28}$$

と書き直せる．比熱を温度の関数として測定して，C/T を積分するとエントロピー変化が求められる．比熱は物質の本質を理解するには最も重要な物理量の1つである．物性物理に現れる多くの興味深い現象が物質の相転移，状態(相)が突然変化する現象，にかかわっている．最低エネルギー状態(基底状態)を調べるためだけではなく，相転移の本質をとらえるにも比熱はなくてはならない物理量である．

3.3 電子輸送現象

3.3.1 電子の輸送

これまでは，温度による励起を除いては静的な自由電子を取り扱ってきた．こ

こでは，外場(電場，磁場，温度勾配)を加えたときに，電子がどのように応答するかを考える．外場を加えることにより，電子は運ばれるので，これを電子輸送現象 (electronic transport phenomena) と呼ぶ．

最初に，磁場 $H=0$, $\nabla T=0$ の条件下で，金属・半導体に電流 $\boldsymbol{I}$（電流密度 $\boldsymbol{j}$）を流して電圧 V_R（電場 $\boldsymbol{E}$）を測定することにしよう(図3.9)．$\boldsymbol{E}$ と $\boldsymbol{j}$ との比例係数が電気抵抗率(ρ electrical resistivity)である．しかし，一般的には電流と温度勾配が同時に存在するので，これに対する $\boldsymbol{E}$ と熱流密度 $\boldsymbol{q}$ の応答は

$$\boldsymbol{E}=\rho \boldsymbol{j}+S\nabla T \tag{3.29}$$
$$\boldsymbol{q}=\Pi \boldsymbol{j}-\kappa \nabla T \tag{3.30}$$

の形で書ける．温度勾配と熱流密度との比例係数が2.5節で述べた熱伝導度($\kappa=-\boldsymbol{q}/\nabla T$)である．金属の場合，熱伝導度は電子による熱伝導(κ_e)と格子振動による熱の伝導(κ_l)の和として，以下のように書ける．

$$\kappa=\kappa_e+\kappa_l \tag{3.31}$$

$\boldsymbol{j}=0$ で，有限の温度勾配があると，それによる熱流 $\boldsymbol{q}$ は電場 $\boldsymbol{E}=S\nabla T$ をともなうことになり，係数 S は熱電能と呼ばれる．つまり，試料の両端に温度差 ΔT があれば，高温側のエネルギーの高い電子の低温側への拡散が優勢であるため，電荷の移動が起こり，定常状態では電位差(ΔV)を生ずる．実験的には，その比 $S=\Delta V/\Delta T$ が熱電能(thermoelectric power)である．(3.30)式で左辺の第1項は，温度を一定にして電流を流すと，電流の向きにより，熱の発生・吸収が生じることを表しており，ペルチェ(Peltier)効果と呼ばれる．ペルチェ係数 Π はオンサーガー(Onsager)の相反定理により熱電能と，$\Pi=ST$ の関係で結ばれる．したがって，ゼロ磁場での電子輸送現象は3つの輸送係数で記述される．

一般的には，輸送係数はテンソル量である．立方対称結晶では，x, y, z 方向の抵抗率は等しく，非対角成分は消える．x 方向に電流を流して，y 方向に電圧が発生するようなことはない．これを抵抗率テンソルで表せば

$$\rho_{xx}=\rho_{yy}=\rho_{zz}, \qquad \rho_{ij}=-\rho_{ji}=0 \qquad (i\neq j) \tag{3.32}$$

となる．

磁場 H を z 方向に加える(電流を x 方向とする)と対称性は破れ，一般的に

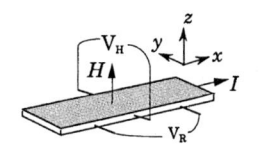

図 3.9　電流磁気効果の測定配置
I：電流，H：磁場，V_R：縦方向電圧，V_H：横方向(ホール)電圧．

は対角成分は磁場に依存するようになり，これを磁気抵抗効果と呼ぶ．また，非対角成分(ホール比抵抗) ρ_{xy} は有限の値をもち，$R_H = -\rho_{xy}/H$ はホール係数と呼ばれる．この非対角要素の成因は，電流および磁場の両方向に垂直にローレンツ力がはたらき，これを打ち消す電場 E_y が発生して定常状態になることによる．

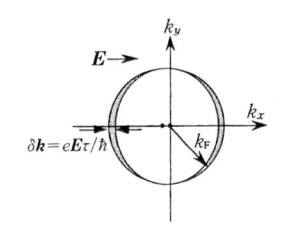

図 3.10 定状状態における電場(E)によるフェルミ面の移動．τ：電子の緩和時間．

3.3.2 電気抵抗

電子比熱の場合と同様に，電気伝導においてもフェルミ面近傍の電子のみが主役になる．図 3.10 に示すように，x 方向に電場を加えると，フェルミ面は $-k_x$ 方向に δk だけ移動して定常状態になる．図ではわかるように拡大して書いてあるが，実際のフェルミ面のずれはきわめて小さい．実際に，図 3.10 でのずれ δk を家庭用の電線を例に見積もってみる．10 A 用の平行線では，普通直径 0.2 mm 程度の銅線が 50 本集まり，総断面積 0.0125 cm^2 になっている．室温での銅の抵抗率は 1.7 $\mu\Omega$ cm 程度であるから，この線に 10 A 流したときの電場は，$E = 0.00136$ V/cm である．電子の平均自由行程は $l = 3.9 \times 10^{-6}$ cm 程度で，その距離にわたる電位差は 5.3×10^{-9} V である．したがって，電子の受け取るエネルギーは $\Delta\varepsilon = eEl = 5.3 \times 10^{-9}$ eV となり，$\varepsilon_F = 7.0$ eV に比較してきわめて小さいことがわかる．

簡単のために，金属中の電子を粒子像でとらえて，電気抵抗率を見積もる．電流密度は，電子の密度 n と平均速度 $\langle v \rangle$ を用いて

$$\boldsymbol{j} = -ne\langle \boldsymbol{v} \rangle \tag{3.33}$$

と書ける．

$E = 0$ の場合，フェルミ面上の電子はあらゆる方向にフェルミ速度 $v_F = \hbar k_F/m$ で動きまわっているが，全電子について平均すれば打ち消しあい

$$\langle \boldsymbol{v} \rangle = \langle \hbar \boldsymbol{k}/m \rangle = 0 \tag{3.34}$$

となり正味の電流は流れない．電場が加わると運動方程式

$$m\frac{d\boldsymbol{v}}{dt} = -e\boldsymbol{E} \tag{3.35}$$

に従って加速され

$$\bm{v}(t)-\bm{v}(0)=-\frac{e\bm{E}t}{m} \tag{3.36}$$

となる．全電子について平均すると，$\langle\bm{v}(t)\rangle=-e\bm{E}t/m$ となり，電流は時間とともに増加する．これは，オームの法則の下での電流が一定値になる実験結果と矛盾する．この矛盾は，現実の金属中での電子の散乱を無視したことによる．実際は，電子は加速されつづけるのではなく，散乱により減衰する成分とつりあい定常状態が生まれる．平均散乱時間（緩和時間）を τ とすると

$$\frac{d\langle\bm{v}\rangle}{dt}=-\frac{e\bm{E}}{m}-\frac{\langle\bm{v}\rangle}{\tau} \tag{3.37}$$

と書ける．ある時間に電場を切ると ($\bm{E}\Rightarrow 0$)

$$\frac{d\langle\bm{v}\rangle}{dt}=-\frac{\langle\bm{v}\rangle}{\tau} \tag{3.38}$$

となるので，速度は

$$\langle\bm{v}(t)\rangle=\langle\bm{v}(0)\rangle\exp(-t/\tau) \tag{3.39}$$

の形で指数関数的に時間とともに減衰する．定常状態では，$d\langle\bm{v}\rangle/dt=0$ なので，平均速度は

$$\langle\bm{v}\rangle=\frac{-e\tau}{m}\bm{E} \tag{3.40}$$

となり，これを (3.33) 式に代入すれば電流密度は

$$\bm{j}=\frac{ne^2\tau}{m}\bm{E} \tag{3.41}$$

と表され，電気抵抗率は

$$\rho=\frac{E}{j}=\frac{m}{ne^2\tau} \tag{3.42}$$

となる．その逆数の電気伝導率 (electrical conductivity)

$$\sigma=\frac{1}{\rho}=\frac{ne^2\tau}{m} \tag{3.42}'$$

を用いる場合も多い．

電子が緩和時間内に平均的に走る距離

$$l=\tau v_F \tag{3.43}$$

は平均自由行程 (mean free path) と呼ばれている．

3.3.3 電子散乱の原因とマティーセン則

自由電子は，結晶内に不純物や格子欠陥がなくて，イオンが完全に周期的に並んでいれば散乱は受けず，電気抵抗は生じない．それを正しく理解するための定理については，後に学ぶことにする．実際には様々な散乱があるが，ここでは，散乱の原因を大きく2つに分けて整理する．

a. 静的散乱（温度に依存しない抵抗への寄与）　現実には，理想的に周期性をもつ試料は存在せず，必ず異種不純物などが含まれている．通常は，高純度金属といっても，99.9999%（6-9と書く）の純度であり，例外的にSiなどの半導体素材で11-9がある程度である．不純物散乱による電気抵抗は，温度に依存しないと考えてよい．そのほかに，8章で述べる，直線状に原子が欠損した転位などの結晶欠陥も，温度に依存しない抵抗を与える．主要な散乱原因となる不純物が1種類でかつ濃度が薄い場合，電子が散乱される確率はその濃度 (c) に比例する．実験的にも，図3.11に示すように抵抗率は散乱体の濃度に比例することが知られている．

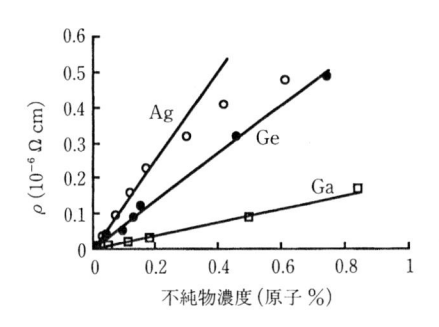

図 3.11 Al中の不純物散乱による抵抗率の濃度依存

$$\rho_{\mathrm{imp}} \propto c \tag{3.44}$$

b. 動的散乱（温度に依存する散乱）　もし，まったく不純物や欠陥のない完全な結晶ができても，有限温度では2章で学んだ格子振動が発生し電子を散乱する．この場合は，温度上昇とともに周期性からのずれ（フォノン数）は増大するので，抵抗も温度とともに増大する．デバイ温度 (θ_{D}) より高温では電子を散乱するフォノンの数 (n_{ph}) は (2.33) 式から絶対温度に比例するので ($n_{\mathrm{ph}}=\{\exp(\hbar\omega/k_{\mathrm{B}}T)-1\}^{-1}\approx k_{\mathrm{B}}T/\hbar\omega$)，電気比抵抗もおおよそ絶対温度に比例する．

$$\rho_{\mathrm{ph}}(T) \propto n_{\mathrm{ph}} \propto T \tag{3.45}$$

磁性体では，格子振動以外に磁気的な散乱（マグノンなど）も温度に依存する抵抗を与える．

c. マティーセン則　実際の金属試料では，2種以上の散乱体が共存する．不純物による散乱と格子振動による散乱が独立ならば，散乱確率はおのおのの散乱確率の和に書ける．したがって，抵抗はおのおのの散乱体が独立にある場合の

値の和の形に書け，これをマティーセン則 (Matthiesen's rule) と呼ぶ.

$$\rho(T) = \rho_{\text{imp}} + \rho_{\text{ph}}(T) \quad (3.46)$$

この関係は，多くの物質でかなりよく実験事実を説明することが知られている．

図 3.12 は純度の異なる銅の抵抗率の温度依存性で，高純度のものは絶対零度での抵抗率(残留抵抗率)はきわめて小さい．不純物の入った試料では，不純物に

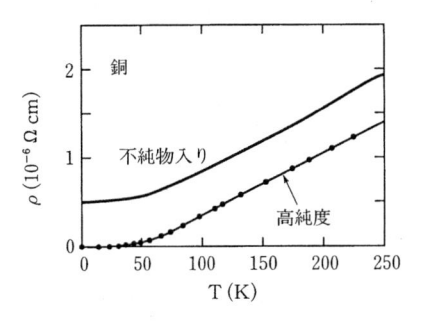

図 3.12 2 種類の銅の電気抵抗の温度依存性の比較

よる電子散乱により残留抵抗率(ρ_{imp})が大きくなっているが，カーブを平行移動すると誤差の範囲で重なり，(3.46)式の関係がほぼ成り立っている．単純には ρ_{imp} は不純物濃度に比例するので，室温での比抵抗 ρ_{RT} を基準として，$\rho_{\text{RT}}/\rho_{\text{imp}}$ を残留抵抗比 (RRR, residual resistance ratio) と呼び，金属の純度の目安として用いられている．高純度な金属では，数万を越えるものもある．

3.3.4 熱の伝導

金属試料に温度勾配があると，格子振動(フォノン)に加えて，電子も熱(エネルギー)を運ぶ．熱流 q は温度勾配 dT/dx に比例し，

$$q = -\kappa_e \frac{dT}{dx} \quad (3.47)$$

と書ける．比例定数 κ_e が電子による熱伝導度 (electronic thermal conductivity) を表す．κ_e は 2 章で学んだフォノンによる伝導の場合と同様に

$$\kappa_e = \frac{1}{3} v_F l C_e$$

と与えられる．

電気伝導と電子熱伝導には同じ電子が関与しているので，その比を計算すれば，

$$L_0 = \frac{\kappa_e}{\sigma T} = \frac{\pi^2}{3}\left(\frac{k_B}{e}\right)^2 = 2.72 \times 10^{-13} \text{ CGS} \quad (= 2.44 \times 10^{-8} \text{ W}\Omega/\text{K}^2) \quad (3.48)$$

と定数になる．この関係をヴィーデマン-フランツの法則 (Wiedemann-Franz law)，定数 L_0 をローレンツ数 (Lorenz number) と呼ぶ．単純金属の場合，室温での実験値はこの値によく合うことが知られている．

3.3.5 ホール効果と磁気抵抗効果

ゼロ磁場下での電流と電場の関係をこれまで考察してきた．磁場を加えると電子輸送特性が変化する．これを一般的に電流磁気効果 (galvanomagnetic effect) と呼ぶ．

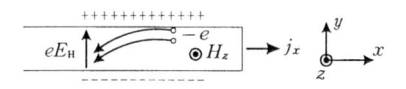

図 3.13 ホール効果の配置
ローレンツ力とホール電場による力 eE_H のつりあい．

図 3.13 にあるように，導体の x 方向に電流 (電流密度 j) を流し，それと垂直 (z 軸方向) に外部磁場 H を加えると，y 方向にはローレンツ力を受け y 方向に電場が発生する．この現象をホール (Hall) 効果，発生する電場をホール電場と呼ぶ．

この効果は，通常は薄板状の試料 (厚さ d) を用い，磁場を板面に垂直に加えて測定する．はじめに，自由電子モデルで考え，電子密度を n，電子のドリフト速度を v_x とする．電子にはたらくローレンツ力は

$$F_L = -\frac{e}{c}(\boldsymbol{v} \times \boldsymbol{H}) \tag{3.49}$$

であり，いまの場合，$-y$ 方向を向き，$F_L = |e|v_x H_z/c$ の大きさをもつ．

過渡的には，この力により電子流は図 3.13 のように曲げられるが，結果として側面に偏った電荷による電場 E_H とつりあい定常状態となる．

$$eE_H = \frac{ev_x H_z}{c} \tag{3.50}$$

ここで，$j_x = -nev_x$ を代入すれば，比抵抗テンソルの非対角成分として

$$\rho_{xy} = \rho_H = \frac{E_H}{j_x} = -\frac{H_z}{nec} \tag{3.51}$$

あるいは，y 方向のホール電圧で表現すると

$$V_H = -\left(\frac{1}{nec}\right) H_z I_x \frac{1}{d} \tag{3.51}'$$

が得られ，磁場に比例し，試料の厚さ d に反比例する．その比例係数

$$R_H = -\frac{1}{nec} \tag{3.52}$$

をホール係数と呼ぶ．つまり，ホール係数を測定することにより，導体中の自由電子数 n がわかる．典型的物質のホール係数の値を表 3.2 に示す．

3.3 電子輸送現象

表3.2 典型金属の室温でのホール係数(*印のみ,4.2K,高磁場での測定結果)

物質	ホール係数 (10^{-4} cm^3/C)		$-1/nec$ (10^{-4} cm^3/C)	n (電子数/イオン)
Na	-26		-26	1
Cu	-6.0		-7.4	1
Be	$-7.6\,(H /\!/ c),$	$+15\,(H \perp c)$	-0.26	2
Al	$-0.34,$	$(+1.02^*)$	-0.35	3
Sn	$-0.14\,(H /\!/ c),$	$+0.03\,(H \perp c)$	-0.42	4

$-1/nec$ はイオンあたりの価電子数 (n) に基づく自由電子モデルでの予想値.

実際の金属では,Naのように自由電子モデルの見積りとよく一致する場合もあるが,異なる方が多い.BeやSnのようにフェルミ面が単純な球で表現できない場合には,磁場の方向に依存する.同じ物質でも,温度や磁場の値により変化する.Alを例にとれば,室温では1原子あたり3価の電子数の予測とかなりよく一致するが,低温・高磁場では,絶対値は3倍(キャリヤー数では原子あたり1個)で,符号は正になる.このような事実は,自由電子のモデルの範囲では決して説明できない.後述する結晶の周期ポテンシャルから導かれる,波数空間に生じる周期性を考慮してはじめて説明できる.

電気抵抗率への磁場の効果については無視してきた.直感的には,ローレンツ力により電子の軌道が曲げられれば,散乱確率は増え電気抵抗は増加することが予想される.これは,磁気抵抗効果として知られている.ゼロ磁場での抵抗率 ρ_0 と磁場 H 中の抵抗率 $\rho(H)$ を用いて,磁気抵抗変化率が以下のように定義される.

$$\Delta\rho/\rho_0 = \{\rho(H) - \rho_0\}/\rho_0 \tag{3.53}$$

さらに,磁場が電流と平行か垂直かにより,おのおの,縦磁気抵抗 ($\Delta\rho_{/\!/}/\rho_0$) と横磁気抵抗 ($\Delta\rho_\perp/\rho_0$) とに区別される.

自由電子モデルで縦磁気抵抗は生じないことは,容易に理解できる.磁場により電子がサイクロトロン運動をしても,図3.14にあるように,電子速度の電流方向成分には何の影響も与えないからである.

ここで,電子が磁場中で行うサイ

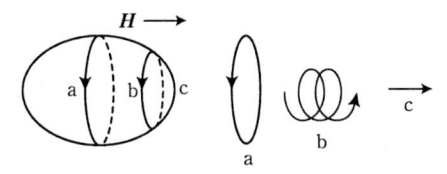

図 3.14 磁場による,典型的なフェルミ面の軌道上の電子のサイクロトロン運動
実空間では,赤道を通るa軌道は閉じた円,b軌道はらせん,先端のcでは直線運動を行う.電子の速度は常にフェルミ面に垂直である.

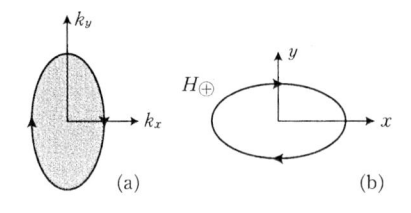

図 3.15 サイクロトロン運動
波数空間のフェルミ面に沿う軌道 (a) と，実空間の磁場に垂直な面への射影軌道 (b) の比較.

クロトロン運動と，波数空間の関係を考察しておく．ローレンツ力は速度と直角にはたらくので仕事をせず，伝導電子は等エネルギー面（フェルミ面）上で磁場に垂直な軌道上を回る（図3.14の太い実線）．一方，電子の群速度は，$\bm{v}=\partial\omega/\partial\bm{k}=\hbar^{-1}\partial\varepsilon/\partial\bm{k}$ で与えられるから，電子の速度ベクトルは常にフェルミ面に垂直である．したがって，波数空間上ではフェルミ面の磁場に垂直な面内で軌道運動を行い，実空間では磁場に巻き付くらせん運動をする．より一般的に，2つの空間での運動の関係は，運動方程式

$$\hbar\frac{d\bm{k}}{dt}=-\frac{e}{c}\frac{d\bm{r}}{dt}\times\bm{H} \tag{3.54}$$

からわかる．この式は，波数空間での微小変位 $d\bm{k}$ と実空間での微小変位 $d\bm{r}$ が，位相が $\pi/2$ 異なるだけで，比例していることを示す（比例係数 $eH/\hbar c$）．したがって，磁場に垂直な面に投影すれば，図3.15に示すように実空間と波数空間の軌道は 90°回転した相似形になっている．

横磁気抵抗の配置では，サイクロトロン運動により，電流方向の速度は大きく変わるはずである．しかし，(3.35)式からローレンツ力はホール電場による力と打ち消しあい，伝導電子の軌道は磁場により何の影響も受けない．したがって，横磁気抵抗効果も生じない．実際，フェルミ面が球に近く自由電子モデルがよく成り立つとされる Na, K などのアルカリ金属では実験的にも磁気抵抗効果はきわめて小さいことが知られている．しかし，通常の金属では磁気抵抗効果は無視できず，ときには，$\Delta\rho_{\perp}/\rho_0$ は 10^2 倍，10^3 倍以上にもなる．これは，金属中の電子が自由電子モデルでは記述できないことを示している．実際，結晶の周期性ゆえにフェルミ面は球からはずれ，ときには正孔的フェルミ面（中心が空で，外部に電子が詰まった）が存在することを以下に学ぶことになる．

そのような自由電子モデルからのはずれが，ホール効果や磁気抵抗に与える効果を考察するための最も簡単なモデルが2キャリヤーモデルである．

このモデルでは，電子的（電荷 $-e$）と正孔的（電荷 $e_{\mathrm{h}}=|e|$）な2つの球状のフェルミ面を考え，おのおののキャリヤーの密度，質量，緩和時間を，n_{e}, n_{h}, m_{e}, m_{h}, τ_{e}, τ_{h}（e：電子，h：正孔）とすると，ホール係数は

$$R_H = \frac{n_h \mu_h^2 - n_e \mu_e^2}{(n_h \mu_h + n_e \mu_e)^2 ec} \tag{3.55}$$

で与えられる．ここで，$\mu_i = e_i \tau_i / m_i$ $(i=e, h)$ は，キャリヤーの移動度(mobility)と呼ばれる．

したがって，2種のキャリヤーが存在すると，ホール係数はもはや単純にキャリヤー数に一致しない．(3.55)式より，分母の $n_h \mu_h^2$，$n_e \mu_e^2$ のどちらが大きいかで，ホール係数の符号は正にも負にもなる．結果として，ホール係数の測定により，電子的あるいは正孔的キャリヤーのどちらが伝導を支配しているかがわかる．

この場合も，おのおののフェルミ面は球状であるので縦磁気抵抗は生じないが，横磁気抵抗は発生する．自由電子モデルの場合，電子にはたらくローレンツ力はホール電場による力で打ち消され，定常状態では電子軌道は磁場の影響を受けない．しかし，2種類のキャリヤーがある場合，電子と正孔にはたらくローレンツ力の向きは同じであることに注意しよう．一方，ホール電場によりはたらく力は電子と正孔では逆向きになり，同時にローレンツ力を打ち消すことはできない．したがって，磁場によりキャリヤーの軌道は曲げられ，抵抗は磁場により増加する．低磁場では磁気抵抗は磁場の2乗に比例して増加することが導かれる．

3.4 周期ポテンシャル中の電子(バンド理論)

金属の多くの特性が，結晶の周期ポテンシャルを無視した自由電子モデルで理解できることを学んだ．しかし，正のホール係数や磁気抵抗など，自由電子モデルでは説明できない物質の個性があることも知った．実際の金属結晶ではイオンポテンシャルは決してゼロではなく，結晶の周期性をもち，電子はその周期性を感じている．次に，その周期ポテンシャル中の電子の振る舞いを学ぶことにする．

3.4.1 ブロッホの定理

周期的ポテンシャル中を運動する電子の運動は，シュレーディンガー方程式

$$\left\{-\left(\frac{\hbar^2}{2m}\right)\nabla^2 + V(\boldsymbol{r})\right\}\psi = \varepsilon\psi \tag{3.56}$$

で記述できる．周期ポテンシャルは，任意の結晶並進ベクトルを $\boldsymbol{R} = n_1 \boldsymbol{a} + n_2 \boldsymbol{b} + n_3 \boldsymbol{c}$ (n_j：整数) として

$$V(\boldsymbol{r}) = V(\boldsymbol{r} + \boldsymbol{R}) \tag{3.57}$$

という条件を満たす．ここで，$\boldsymbol{a}$, $\boldsymbol{b}$, $\boldsymbol{c}$ は，図 1.1 に示した基本並進ベクトルである．ブロッホ (Bloch) は，ポテンシャルがこのような周期性をもつ場合には，波動関数が次の形に書けることを示した．

$$\psi(\boldsymbol{r}) = \exp(i\boldsymbol{k}\cdot\boldsymbol{r})u_k(\boldsymbol{r}) \tag{3.58}$$

ここで，$u_k(\boldsymbol{r})$ は以下のようにポテンシャルと同様の周期性をもつ．

$$u_k(\boldsymbol{r}) = u_k(\boldsymbol{r}+\boldsymbol{R}) \tag{3.59}$$

このブロッホの定理は，結晶中の波動関数が平面波と周期関数との積で記述できることを保証している．(3.58) 式の形に書けることは，ポテンシャルが小さな場合には，波の重ね合せの原理を考えれば以下のように納得できる．$V(\boldsymbol{r})$ がゼロの自由電子の場合，波動関数は $\psi(\boldsymbol{r}) = L^{-3/2}\exp(i\boldsymbol{k}\cdot\boldsymbol{r})$ と書けた．ここに，小さな周期ポテンシャル $V(\boldsymbol{r})$ が加われば，結晶の周期をもつ定在波と平面波の重ね合せとして，(3.58) 式のかたちの波が生ずるのである．

ブロッホの関数は，(3.58)，(3.59) 式を考慮すれば

$$\psi(\boldsymbol{r}+\boldsymbol{R}) = \exp(i\boldsymbol{k}\cdot\boldsymbol{R})\psi(\boldsymbol{r}) \tag{3.60}$$

と書くこともできる．

この定理は結晶中の電子を考えるには重要な定理なので，1 次元の場合について証明を行うことにする．

格子点を隣に移動しても (格子定数 a)，物理的変化は生じないので，変化できるのは位相因子だけである．位相因子を ξ と書けば，

$$\psi(x+a) = \xi\psi(x) \tag{3.61}$$

であり，同じことを n 回繰り返せば

$$\psi(x+na) = \xi^n\psi(x) \tag{3.62}$$

となる．

一方，周期的境界条件 (3.7) を考慮し，格子点の数を $N = L/a$ とすると

$$\psi(x+Na) = \xi^N\psi(x) = \psi(x) \tag{3.63}$$

である．つまり，$\xi^N = 1$ となり，$\xi = \exp(i2\pi n_x/N) = \exp(i2\pi a n_x/L)$ ($n_x = 0, \pm 1, \pm 2, \pm 3, \cdots$) となる．したがって，ブロッホの条件は以下のように書ける．

$$\psi(x+a) = \exp(i2\pi a n_x/L)\psi(x) \tag{3.64}$$

波数 $k = 2\pi n_x/L$ ($n_x = 0, \pm 1, \pm 2, \pm 3, \cdots$) を用いて書き換えれば

$$\psi(x+an_x) = \exp(i k\cdot an_x)\psi(x) = \exp(i k\cdot X)\psi(x) \tag{3.65}$$

となる．さらに，$u_k(x+X) = u_k(x)$，$X = an_x$ という周期関数を用いれば

$$\psi(x) = \exp(i\boldsymbol{k} \cdot x) u_k(x) \tag{3.66}$$

の関係が証明できたことになる．3次元の場合もまったく同様に証明できる．

3.4.2 ブリルアンゾーン

a. 波数ベクトルの不定性　自由電子の場合，スピンを無視すれば，電子の波数ベクトル $\boldsymbol{k}$ の1つの値に対し1つのエネルギーが対応する．しかし，周期的ポテンシャル中の電子の場合はそうはいかない．

(3.58) 式で

$$\boldsymbol{k}' = \boldsymbol{k} + \boldsymbol{G} \tag{3.67}$$

($\boldsymbol{G}$：逆格子ベクトル) の置換を行えば

$$\psi(\boldsymbol{r}) = \exp(i\boldsymbol{k} \cdot \boldsymbol{r}) u_k(\boldsymbol{r}) = \exp(i\boldsymbol{k}' \cdot \boldsymbol{r})[u_k(\boldsymbol{r}) \exp(-i\boldsymbol{G} \cdot \boldsymbol{r})] \tag{3.68}$$

と書き直せる．$\exp(-i\boldsymbol{G} \cdot \boldsymbol{r})$ は格子の周期性をもつため，[ ] 内全体も $u_k(\boldsymbol{r})$ と同様に結晶格子の周期性をもつ．したがって，

$$\psi(\boldsymbol{r}) = \exp(i\boldsymbol{k}' \cdot \boldsymbol{r}) u_{k'}(\boldsymbol{r}) \tag{3.69}$$

とも書き直せ，これは (3.68) 式と同じ波動関数のまったく等価な表現になっている．つまり，波数ベクトルには，逆格子ベクトル $\boldsymbol{G}$ の不定性があることになる．したがって，エネルギー分散関係 ($\varepsilon(\boldsymbol{k})$ カーブ) にも

$$\varepsilon(\boldsymbol{k} + \boldsymbol{G}) = \varepsilon(\boldsymbol{k}) \tag{3.70}$$

の関係が常に成り立つことがわかる．

b. ブリルアンゾーンの拡張，還元，周期的ゾーン形式　逆格子ベクトルにより与えられる波数ベクトルの任意性から，分散関係の表示法について3つの形式が使われている．その様子を，格子定数 a をもつ1次元の場合 $\{V(\boldsymbol{x}) \approx 0\}$ を例に，図示したのが，図 3.16 である．

図 3.16 (a) は，波数のとりうる領域を限定しない場合で，拡張 (extended) ゾーン形式と呼ばれる．図 3.16 (b) は，特定の逆格子ベクトル (図では $k=0$) のまわりの1周期分の領域 $-\pi/a \sim +\pi/a$ (逆格子の単位胞で，ブリルアンゾーンと呼ぶ) のみに波数を限定した場合で，還元 (reduced) ゾーン形式と呼ぶ．この場合，1つの波数ベクトルに対し，シュレーディンガー方程式は複数の解をもつことになる．その複数の解を区別する指標がバンド指数 n (①②などで図 (b) 中に表示) と呼ばれるものである．したがって，周期ポテンシャル中の電子状態

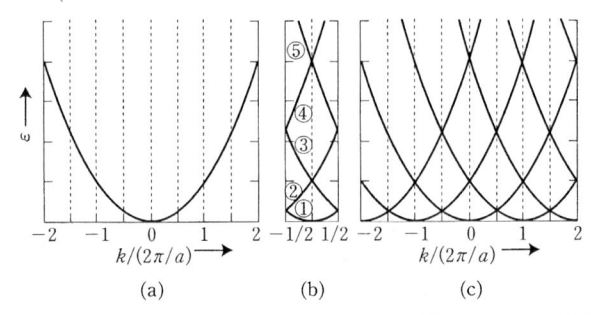

図 3.16 結晶の周期性を考慮に入れた，1次元自由電子モデルでの分散関係 格子定数を a とすると，逆格子は $G=2\pi n/a$ ($n=0, \pm 1, \pm 2, \cdots$) であるから，ブリルアンゾーンを対称的に，$k=\pm \pi/a$ の領域にとるのが最も単純である．

は，1つのブリルアンゾーン内で，波数ベクトル $\boldsymbol{k}$ とバンド指数 n を指定することにより決定される．図 3.16(c) では，各逆格子点が等価であることを考慮して，全波数空間に周期的に繰り返したもので，周期的 (periodic) ゾーン形式と呼ばれる．おのおのの形式に利点があり，適宜使い分けられている．

ここで，図 3.16(a) と (b) の関係を復習しておこう．(b) の第2バンドは以下のように理解できる．(a) の $\pi/a < k < 2\pi/a$ の領域は，$G=2\pi/a$ として，(3.70) 式を考慮すれば，(b) の $-\pi/a < k = k' - (2\pi/a) < 0$ の領域に還元でき，$-2\pi/a < k < -\pi/a$ の領域は $G=-2\pi/a$ として，図 3.16(b) の $0 < k = k' + (2\pi/a) < \pi/a$ の領域に還元できる．これは，図 3.16(a) の $\varepsilon(\boldsymbol{k})$ カーブを，おのおの $G=2\pi/a$ あるいは $G=-2\pi/a$ だけ平行移動することに対応している．さらに外側の領域も同様に $-\pi/a < k \leq \pi/a$ 内に還元できる．

3.4.3 ブラッグ反射とブリルアンゾーン

境界，$k=-\pi/a, +\pi/a$ では何が起きているか．または，逆格子ベクトルの意味は何かを考える必要がある．直感的な理解を得るために，逆格子ベクトルと入射電子波・反射電子波の波数ベクトルの関係，および波の重ね合せの原理を考える．例として，実空間のある方向 (単位ベクトル $\boldsymbol{i}$ で表す) に周期を a とする格子面を考える (図 3.17)．この面に，波数ベクトル $\boldsymbol{k}_i$ の電子波 (波長 $\lambda=2\pi/k$, なす角度を θ とする) が入射して格子と相互作用し，波数ベクトル $\boldsymbol{k}_r$ の反射波となる．逆格子ベクトルは，格子の周期 (a) の波長をもつ定在波の波数ベクトルと考えられる．いまの場合は，$\boldsymbol{G}_\mathrm{L}=(2\pi/a)\boldsymbol{i}$ である．

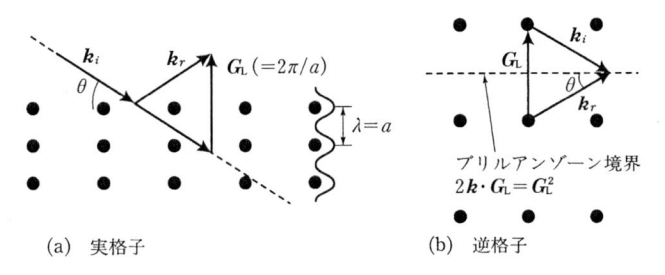

図 3.17 電子波の結晶格子によるブラッグ反射 (a) と，ブリルアンゾーンとブラッグ反射との関係 (b)

波の重ね合せの原理によれば，
$$\boldsymbol{k}_r = \boldsymbol{k}_i + \boldsymbol{G}_L \tag{3.71}$$
である．さらに弾性散乱，$|\boldsymbol{k}_r|=|\boldsymbol{k}_i|=k$ であるとして，両辺を2乗すれば
$$k^2 = k^2 + G_L^2 \pm 2kG_L \sin\theta, \quad G_L = \pm 2k\sin\theta \tag{3.72}$$
となる．これを満たす波数ベクトルは，図3.17(b)に示すように，逆格子ベクトルの垂直二等分面を与えることに注意しよう．ここで，おのおの，$k=2\pi/\lambda$，$G_L=2\pi/a$ であることを思い出せば，$2a\sin\theta=\lambda$ となる．

実際には，一般的に逆格子ベクトルは，G_L の整数 (n) 倍でよいから，
$$2a\sin\theta = n\lambda = 2n\pi/k \tag{3.73}$$
となる．これはブラッグの条件にほかならない．

つまり，ブリルアンゾーンの境界は，ブラッグの条件を満たす波数の集合になっている．

3.4.4 2次元，3次元のブリルアンゾーン

ブリルアンゾーンに関する理解を深めるために，2次元の場合について，正方格子(格子定数 a)を例に説明する．この場合には，逆格子も正方格子になる．

図3.18(a)で，$k_x=\pi/a$ を満たす線は，$\boldsymbol{G}_{L1}=(2\pi/a, 0)$ を代表とする最隣接逆格子点と $\boldsymbol{k}=0$ の垂直二等分線になっており，これに四方を囲まれた領域が第1ブリルアンゾーンである．これは，一度のブラッグ反射も含まない波数ベクトルの集合を表している．次に，破線は $\boldsymbol{k}=0$ と $\boldsymbol{G}_{L2}=(2\pi/a, 2\pi/a)$ を代表とする第2隣接逆格子点との垂直二等分線になっており，これで囲まれた領域から第1ブリルアンゾーンを除いた斜線で示される領域が第2ブリルアンゾーンとなっている．同様に，第3隣接逆格子点に対応する逆格子ベクトルの垂直二等分線か

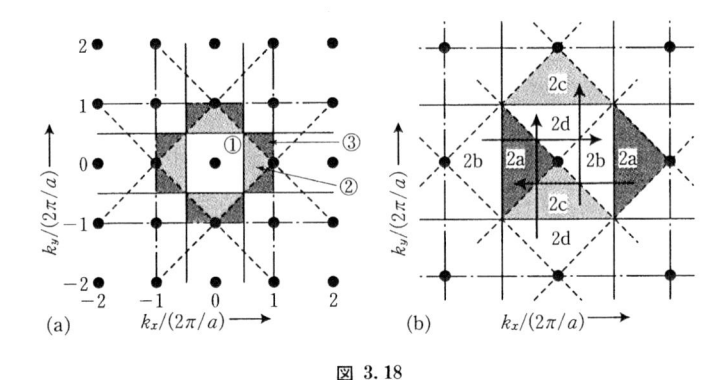

図 3.18
(a) 2次元正方格子のブリルアンゾーン，数字 $n=$①,②,③ は拡張ゾーン形式での第 n ゾーンを表す．(b) 還元ゾーン形式の第2ブリルアンゾーン，矢印は還元する逆格子ベクトルを示す．

ら，陰をつけた第3ブリルアンゾーンが定義され，より高次のブリルアンゾーンも同様に定義される．図3.18(b)では，還元の手法を示すために，第2ゾーンに注目して拡大して示してある．2a, 2c で表される領域は，おのおの，逆格子ベクトル $\boldsymbol{G}_{x1}=(-2\pi/a, 0)$, $\boldsymbol{G}_{y1}=(0, -2\pi/a)$ だけ移動すれば，第1ブリルアンゾーン内に還元される．

　3次元の場合は，ブラッグ反射の条件，(3.72)式を満たす波数の集合は面になる．ブリルアンゾーンは面で囲まれた空間を表し，波数空間におけるウィグナー–サイツ (Wigner-Seitz) 胞になっている．実格子が立方格子の場合，逆格子も立方格子であり，実格子が体心立方，面心立方格子の場合，逆格子では面心，体心立方格子になっている．

　一般的な逆格子ベクトルの定義は次の通りである．逆格子ベクトルは，実格子のつくる周期的原子面 (面間隔 a) を定在波と見なせば，その波数ベクトルに対応する．したがって，その面に垂直で大きさが $1/a$ のベクトルが対応する逆格子ベクトルとなる．より形式的には，実格子の基本並進ベクトル (primitive translation vector) を，$\boldsymbol{a}$, $\boldsymbol{b}$, $\boldsymbol{c}$ とすれば，逆格子の基本並進ベクトルは

$$\begin{aligned}
\boldsymbol{a}^* &= \frac{2\pi(\boldsymbol{b}\times\boldsymbol{c})}{\boldsymbol{a}\times\boldsymbol{b}\cdot\boldsymbol{c}} \\
\boldsymbol{b}^* &= \frac{2\pi(\boldsymbol{c}\times\boldsymbol{a})}{\boldsymbol{a}\times\boldsymbol{b}\cdot\boldsymbol{c}} \\
\boldsymbol{c}^* &= \frac{2\pi(\boldsymbol{a}\times\boldsymbol{b})}{\boldsymbol{a}\times\boldsymbol{b}\cdot\boldsymbol{c}}
\end{aligned} \tag{3.74}$$

で与えられる．分子はおのおの2つの並進ベクトルで定義される面に垂直であることを示し，分母の3重積で，面間隔の逆数という大きさを保証している．これを用いて，一般的逆格子ベクトルは

$$G = h\boldsymbol{a}^* + k\boldsymbol{b}^* + l\boldsymbol{c}^* \tag{3.75}$$

で定義される．

3.4.5 エネルギーギャップ

有限の周期ポテンシャルの場合，ブリルアンゾーン境界ではエネルギーギャップが生じることを，1次元の場合を例について考える．(3.58)式で$u_k(r)$は周期関数なのでフーリエ展開できる．

$$u_k(\boldsymbol{r}) = \sum c_G \exp(-i\boldsymbol{G}\cdot\boldsymbol{r}) \tag{3.76}$$

ポテンシャルが弱い場合，展開の低次の項のみで近似でき，ここではゾーン境界の近傍のみを考えることにすれば，展開の2項のみを取り上げればよい．具体的に，$k=\pi/a$ の近傍を例にすれば，

$$\psi(x) = c_0 e^{ikx} + c_{2\pi/a} e^{i(k-2\pi/a)x} \tag{3.77}$$

のように，波数空間の原点と $G=2\pi/a$ を中心とした2つの平面波のみを考えれば充分である．ポテンシャルのフーリエ成分では，最低次の項である $V_{2\pi/a}$ のみで近似できる．

これをシュレーディンガー方程式に代入すると，次の永年方程式が得られる．

$$\begin{aligned}[\varepsilon_0(\boldsymbol{k})-\varepsilon]c_0 + V_G c_G &= 0 \\ [\varepsilon_0(\boldsymbol{k}-\boldsymbol{G})-\varepsilon]c_G + V_G c_0 &= 0 \end{aligned} \tag{3.78}$$

ここで，$\varepsilon_0(\boldsymbol{k}) = \hbar^2 \boldsymbol{k}^2/2m$ は自由電子の場合のエネルギーである．これを解くと

$$\varepsilon^{\pm}(\boldsymbol{k}) = \frac{\varepsilon_0(\boldsymbol{k})+\varepsilon_0(\boldsymbol{k}-\boldsymbol{G})}{2} \pm \{[\varepsilon_0(\boldsymbol{k}-\boldsymbol{G})-\varepsilon_0(\boldsymbol{k})]^2 + V_G^2\}^{1/2} \tag{3.79}$$

となり，エネルギーは分裂する．つまり同じ $\boldsymbol{k}$ に対し2つの値をとる．この様子を示したのが，図3.19である．ちょうどブリルアンゾーンの境界 ($k=G/2=\pi/a$) では

$$\varepsilon^{\pm}\left(\frac{G}{2}\right) = \varepsilon_0\left(\frac{G}{2}\right) \pm |V_G| \tag{3.80}$$

であり，ポテンシャルがゼロの場合の値を中心に $2|V_G|$ だけ分裂する．

この分裂の原因を直感的に考える．ゾーン境界での2つの波動関数は，

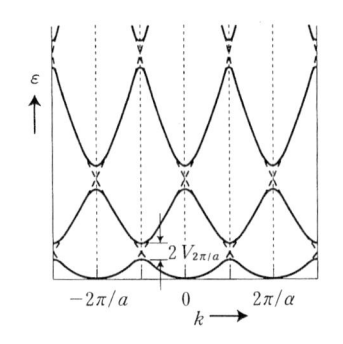

図 3.19 周期的ゾーン形式での，1次元電子の分散関係　ゾーン境界でのエネルギーギャップ $2V_{2\pi/a}$.

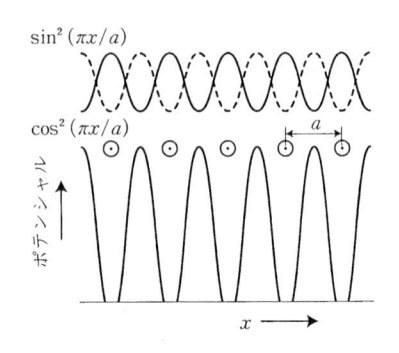

図 3.20 1次元周期ポテンシャルおける，ブリルアンゾーン境界波動関数(定在波)の電子密度

$$\psi^{\pm}(x) = \frac{e^{i\pi x/a} \pm e^{-i\pi x/a}}{\sqrt{2}} = \sqrt{2}\cos(\pi x/a)$$
$$= \sqrt{2}i\sin(\pi x/a) \qquad (3.81)$$

となる．逆向きの進行波がゾーン境界では定在波をつくり，sin波，cos波になっているのである．対応する電子密度 $\rho^{\pm}(x) = |\psi^{\pm}(x)|^2$ と結晶ポテンシャルの関係を表したのが，図 3.20 である．

自由電子モデルではポテンシャルが平らなため，2つの波動関数にエネルギー差は生じない．しかし，通常正に帯電するイオン位置では電子に対しポテンシャルは引力的になっているので，イオン位置に密度の大きい cos 波の方が，逆にイオン間に密度の高い sin 波に比較してエネルギーは低くなる．2つの定在波のこのエネルギー差が，エネルギーギャップの原因である．この効果は，定在波性が大きなゾーン境界では大きく，離れて進行波成分が増大すると小さくなる．

3.4.6　電子と正孔 (ハリソンの自由電子モデル)

a. 電子的フェルミ面と正孔(ホール)的フェルミ面　結晶に周期性があるかぎり，たとえポテンシャルがゼロの極限でも，波数空間には逆格子ベクトルで繰り返される周期性が生じる．これはフェルミ面を考えるうえでも考慮しなければならない．このことを理解する巧妙な手法がハリソン(Harrison)により提案された．1価金属の場合は，普通，フェルミ面は第1ブリルアンゾーンの境界から離れているため，周期性の影響は実質的に考えなくともよい．しかし，電子数

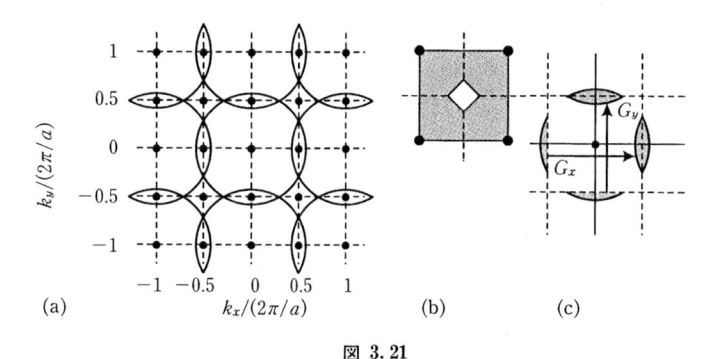

図 3.21
(a) 2次元正方格子の2価金属フェルミ面(周期的ゾーン形式), (b) 第1ゾーンホール面, (c) 第2ゾーン電子面(還元ゾーン形式). G_x, G_y は還元逆格子ベクトル.

が増加し,フェルミ波数がブリルアンゾーンの境界に達すると周期性が問題になる.簡単のために,すでにブリルアンゾーンについて学んだ2次元正方格子の場合について,2価の金属を仮定して考える.

図 3.21 (a) に示すように,周期的ゾーン形式で逆格子空間を記述し,2価のフェルミ面(円)を各逆格子点を中心に描く.このときの k_F の値は,ブリルアンゾーンに電子が2つ入れることを考慮して,$\pi k_F^2 = (2\pi/a)^2$ から決定できる.ブリルアンゾーンの四角はどの円から見ても外側にあり,電子状態は満たされていない.一方,ブリルアンゾーンの4辺からは電子があふれ出し,隣のゾーンからの円と2重に重なっている.このことから,第1ブリルアンゾーンは四角が空で,第2ブリルアンゾーンは4つの辺に沿ってのみ電子状態が占められていることがわかる.第1ゾーンについては,図 3.21 (b) に示されるようにゾーンの角を中心に描き直せば,中心が空の正孔的フェルミ面(ホール面)ができる.第2ゾーンでは,図 3.21 (c) のように逆格子ベクトル G_x, G_y を用いて還元すれば,長細い電子的フェルミ面ができる.電子数の保存を考えれば,第2ゾーンの2つの電子面の面積が第1ゾーンのホール面の面積と等しい.

ここで,図 3.21 (b) で,正孔フェルミ面という言葉を用いた理由を説明しよう.3.3.2項では平均速度を用いて電気伝導度を計算した.しかし,電流密度をより一般的に計算するには,状態 k にある電子の電流への寄与 $-e v_k$ を足し合わせて

$$j = -\sum_k e v_k f_k \tag{3.82}$$

を計算することが必要である．ここで，f_k は k 状態が満たされている確率を表す分布関数である．簡単のために，ここではフェルミエネルギー以下の状態では $f_k=1$，以上では $f_k=0$ とする．(3.82)式の和はすべての k 状態について行う．図 3.21 の (b)，(c) を例に考えると，

$$j=j_1+j_2=-\sum_{k1}ev_{k1}f_{k1}-\sum_{k2}ev_{k2}f_{k2} \tag{3.83}$$

のように，状態 k についての和は第 1 ゾーンと第 2 ゾーンについての和に分けられる．第 2 ゾーンについては，そのままレンズ型の占められた電子状態についての和を計算すればよい．しかし，第 1 ゾーンについて考えれば，

$$j_1=-\sum_{k1}ev_{k1}f_{k1}=-\sum_{k1}ev_{k1}+\sum_{k1}ev_{k1}(1-f_{k1}) \tag{3.84}$$

と書き直せば，右辺の第 1 項は満ちたゾーンの状態の和なのでゼロになる．また，空の状態は，$1-f_{k1}=f_{k1}^{\text{empty}}$ と書き直せば第 2 項は，

$$j_1=\sum_{k1}|e|v_{k1}f_{k1}^{\text{empty}} \tag{3.85}$$

となり，第 2 ゾーンの電流密度への寄与は，図 3.21 (b) 図の空いた状態を正の符号をもつキャリヤー（正孔）として計算してもよいことになる．これは電気抵抗の場合だけではなく，磁場に対する応答を考えても同様になる．図 3.22 に示されるように，還元ゾーン形式でフェルミ面上の電子の磁場に対する応答を考える．図 3.22 (b) の第 2 ゾーンでは，レンズ状の軌道の中心に対し，自由電子と同様に時計回りに回る．一方，第 1 ゾーンでは図 3.22 (a) の空の領域の中心から見て反時計回りに回り，正の電荷をもつ粒子のように振る舞う．このように，還元ゾーンや周期的ゾーン形式において，空状態が囲まれたフェルミ面は外場（電場，磁場など）に対してあたかも正孔のように振る舞うので，正孔（ホール）フェルミ面と呼ぶのである．

b. 開いたフェルミ面 現実の金属で重要なもう 1 つの典型例として，開いたフェルミ面 (open Fermi surface) を理解するために，2 次元の例を考える．簡単のため，長方格子を考える．k_x と k_y 方向のブリルアンゾーンの寸法比が約 2：3 として，2 価金属を想定し，周期的ゾーン形式で表示したのが，

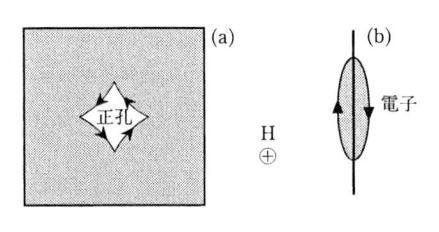

図 3.22 磁場に対する，フェルミ面上の電子の応答
矢印は，電子の回転方向を表す．

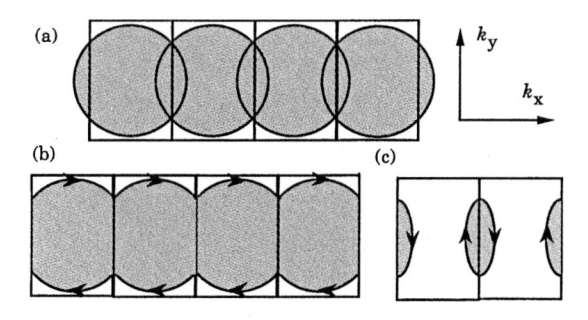

図 3.23 2次元長方格子のフェルミ面 (2価金属)
(a) 周期ゾーン形式. (b) 第1ゾーン：開いたフェルミ面と, (c) 第2ゾーン：電子面 (還元ゾーン形式). (b) と (c) で紙面に垂直な磁場を加えると矢印のようにサイクロトロン運動をする. (b) のように閉じない軌道を開軌道と呼ぶ.

図 3.23 (a) である. 第1, 第2ブリルアンゾーンを独立に示したのが, おのおの, (b), (c) 図である. 第2ゾーンのフェルミ面は閉じた電子面になり, 正方格子の場合と本質的な差はない. しかし, 第1ゾーンはもはや閉じたフェルミ面にはならず, k_x 方向に無限に続く"開いたフェルミ面 (線)"を形成する. (b) と (c) で, 紙面に垂直に磁場を加えると矢印のようにサイクロトロン運動をする. (b) のような閉じない軌道を開軌道 (open orbit) と呼ぶ.

このような開いたフェルミ面は, 3次元金属でも, 貴金属をはじめとする多くの物質で見いだされている. 一例として, 図 3.24 に示したのが銅のフェルミ面であり, 金や銀のフェルミ面も, ほぼ同様のかたちをしている. 1価金属ではあるが, 3d 電子成分の影響で, ブリルアンゾーンの {111} 面で隣のゾーンと接触している. したがって, 周期ゾーン形式では, 〈111〉方向に無限につながる開いたフェルミ面となる.

開いたフェルミ面は電流磁気効果に大きな影響を及ぼす. (3.54) 式で示したように, 磁場に垂直な面に射影した実空間での軌道は, 波数空間の軌道と 90°傾いた相似形になっている. つまり, フェルミ面上で開軌道を動く電子は, 実空間でも, 磁場と波数空間の開軌道と垂直な方向 (図 3.23 の場合は y 方向) に無限に動くことになり, 大きな磁気抵抗の原因となる.

3.4.7 金属・半導体・絶縁体の区別

周期律表を見ると, イオン化傾向の差により一般的に表の右側では絶縁体的に

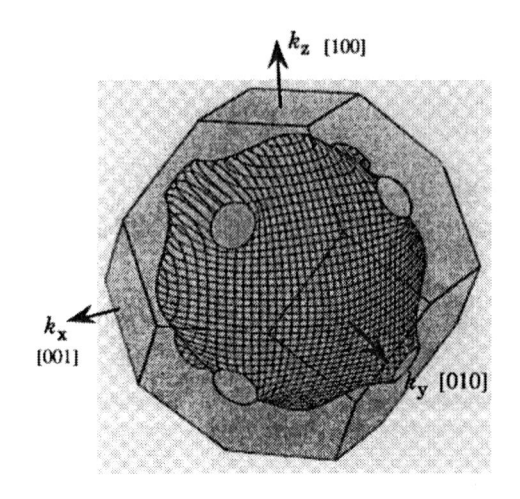

図 3.24 銅のフェルミ面
電子は⟨111⟩方向に伸びて詰まっていて，面心立方格子のブリルアンゾーンの{111}面に接触している．

なるが，結晶固体の場合には，その電気的特性はイオンの価数に応じて系統的に変わっている．しかし，液体状態にするとその個性は消え，多くの場合金属として振る舞う．このことは，金属，半導体，絶縁体の違いが結晶の周期ポテンシャルゆえに生じていることを示している．これまで，周期ポテンシャルが有限の場合，ブリルアンゾーンの境界でエネルギーギャップが生ずることを学んだ．1次元の $\varepsilon(\boldsymbol{k})$ を周期ゾーン形式で描くと，図 3.19 のようになった．これをさらに模式化して描くと，図 3.25 のようになる．

1つのブリルアンゾーンの大きさは，1次元で考えると $2\pi/a$ である．一方，電子状態は $2\pi/L$ あたり1個なので，スピンを考えると $2\pi/a$ には電子は，$2(2\pi/a)/(2\pi/L)=2L/a=2N$ だけ占有できる．3次元の単純立方格子でも同様に，$2(2\pi/a)^3/(2\pi/L)^3=2N$ つまり，ブリルアンゾーンには1つのバンドあたり電子を2つ入れるので，1つのイオンあたりいくつの電子を放出するかが問題になる．電子は，アルカリ金属のように1価の場合に第1バンドの半分まで，2価では図 3.25 (a) のように第1バンドが一杯になり，3価では図 3.25 (b) のように第2バンドの半分まで，という具合に詰まっていく．結晶は，図 3.25 (b) のようにフェルミエネルギーがバンドの中間にあれば金属になり，図 3.25 (a) のように禁制帯 (band gap) にかかれば絶縁体・半導体になる．

3.4 周期ポテンシャル中の電子（バンド理論）

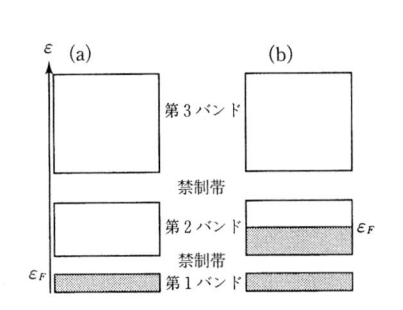

図 3.25 エネルギーバンドの模式図
(a), (b) はおのおの，2価と3価の場合を想定している．

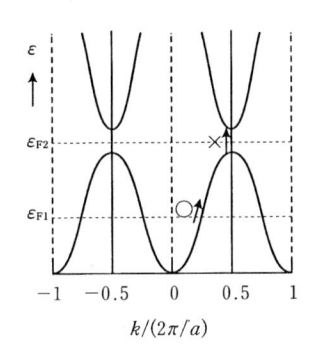

図 3.26 1次元電子系の分散関係
（周期ゾーン形式）
フェルミエネルギーが ε_{F1} にある場合は，ε_{F1} をもつ電子は電場により加速されエネルギーの高い状態に連続的に移れる（○印）．しかし，下のバンドがちょうど詰まりフェルミエネルギーが ε_{F2} の場合は，通常の電場では×印のような禁制帯を越える加速は許されない．

　これはどのように理解できるだろうか．電流が流れるためには，電子は電場で加速される．あるいは電場からエネルギーを受け取ることが必要である．これは，自由電子モデルや，バンドが部分的に満たされている場合には可能である．図 3.26 に示すように，バンドが部分的に満たされている場合は，フェルミエネルギーをもつ電子は，エネルギーがすぐ上の状態に空きがあるので，微小時間 δt 内に電場により加速され，波数が $\delta k = eEdt/\hbar$ だけ変化した状態に移ることができる（図 3.26 に○で示されるように）．しかし，バンドが詰まっている場合は，エネルギーがすぐ上の状態は詰まっており，電子は加速されない．電場によるエネルギーは通常きわめて小さく，図 3.26 の×で示されたような禁制帯を越える遷移には不充分だからである．

　こうして，電子がバンドの中途まで詰まり電場により加速されうる場合は金属になり，あるバンド（価電子バンド）まで電子が一杯に詰まり次の空のバンド（伝導バンド）との間にエネルギーギャップがある場合には，絶縁体または半導体になる（図 3.25）．絶縁体と半導体の違いはそれほど本質的ではなく，エネルギーギャップの大きさで決まる．

　それでは，原子の価数だけで，伝導性は決められるだろうか．通常の条件では奇数価の結晶が金属になることは間違いないが，2次元，3次元の場合，偶数価だからといって絶縁体・半導体になるとは限らない．これは結晶の対称性から生

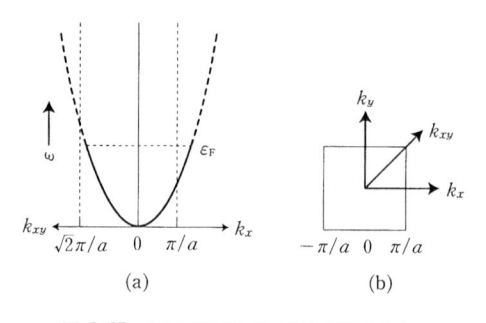

図 3.27 2次元正方格子の分散関係(a)と，ブリルアンゾーン(b)

じており，2次元の正方格子を例に考えても容易に理解できる．

図 3.27 の分散関係に示すように，k_x, k_{xy} 方向のブリルアンゾーン境界までの波数は，おのおの π/a, $\pm\sqrt{2}\pi/a$ と異なっている．この場合，1次元の場合と異なり，偶数個の電子を詰めていったとき，k_x 方向では第2バンドまで滲みだし，k_{xy} 方向では逆に第1ブリルアンゾーン内に空き(ホール)ができる．したがって，エネルギーギャップがよほど大きくならないかぎり，偶数価であってもバンドが完全に詰まるようなことはなく，金属伝導を示す．ダイヤモンドや Si, Ge では，共有結合性が強い．別の言い方をすれば，周期ポテンシャルが大きいため，エネルギーギャップは大きくなり，価電子帯と伝導帯の間に明白なギャップ(禁制帯)ができる．

3.4.8 低次元物質のフェルミ面(線・点)

通常の金属は3次元的であるが，ある種の有機導体などで，電子の運動方向が1次元方向，あるいは2次元面内に限られた電気伝導物質が見いだされ，低次元導体として研究されている．低次元系では次元の低さゆえに，フェルミ面の効果が顕著に現れてくることが多い．その典型例として，擬1次元導体の示す金属・非金属転移，2次元電子系での量子ホール効果が上げられる．

a. 擬1次元導体 自然界に完全な1次元導体は存在しないが，ある種の有機物結晶(TTF-TCNQ など)で，1つの方向の伝導度に比較し他の方向の伝導がほぼ無視できる物質が見いだされ，擬1次元導体と呼ばれている．この場合のフェルミ面は，実質的には板と考えてよい．図 3.28 (a) の場合，フェルミ電子の速度 ($\boldsymbol{v}_k = \hbar^{-1}\partial\varepsilon/\partial\boldsymbol{k}$) は y 方向を向いており，y 方向にのみ伝導がある．現実の系では板は多少歪んでおり，x, z 成分も存在する．

このような1次元金属は本質的に不安定であることがパイエルス(Peierls)によって指摘された．すでに学んだように，格子ポテンシャル(周期：a)が有限の場合，ブリルアンゾーン境界($\pm\pi/a$)にエネルギーギャップが生じ，ギャップ

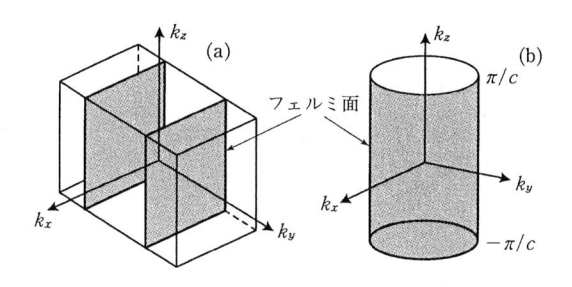

図 3.28 1次元金属のフェルミ面 (a) と，2次元金属のフェルミ面 (b)

以下の状態を占める電子のエネルギーは自由電子に比較し得をする．1次元物質で，第1ゾーンの途中まで電子が詰まり，金属になっている場合を考える．もし図3.29のように，フェルミ波数 k_F の位置にエネルギーギャップが生ずると電子は矢印で示されるようにエネルギーを得することになる．エネルギーギャップが生ずる原因として，結晶が $d = \pi/k_F$ の周期で歪むことがあげられる．あるいは新たに $2k_F$ の逆格子の周期が現れたと考えられる．結晶が歪むために弾性エネルギーを消費するが，1次元の場合は図3.28(a)に示されるようにすべてのフェルミ電子が同じ k_F をもつため，電子系のエネルギーの利得が打ち勝つ．新しいブリルアンゾーンでは，下のゾーンは満たされ上のゾーンは空になるため，絶縁体となる．これにともない，電子密度の定在波が生ずることになり，これを電荷密度波 (charge density wave) と呼ぶ．現実に，温度低下にともなう，このような金属から絶縁体への転移は多くの擬1次元導体で見いだされ，パイエルス転移と呼ばれている．

b. 2次元電子と量子ホール効果 最近では，Metal/Oxide/Semiconductor (MOS) 界面や，GaAs/Al$_x$Ga$_{1-x}$As ヘテロ構造界面で，かなり理想に近い2次元電子系を現実的に得ることが可能になっている．この場合，電子は界面内 (xy 平面) でのみ自由に動き，フェルミ面は図3.28(b)のようにフェルミ円(柱)になる．

この2次元面に垂直に磁場 (H) を加え，極低温でホール抵抗率 ρ_{xy} を測定すると，自由電子模型で期待される依存性 ($\rho_{xy} = -H/nec$) と異なり，周期をもつ階段状の振る舞いが観測される．測定結果の模式図をホール伝導度で比較すると，以下のようになる．高温では，自由電子の予測どおり磁場に線形に依存するが，極低温では，ホール伝導度は正確に e^2/h おきに階段状になり，量子ホール

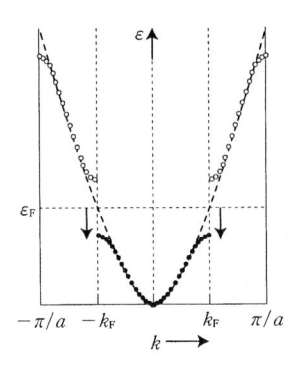

図 3.29 1次元金属で期待されるパイエルス転移 ±k_Fにエネルギーギャップが生じる．

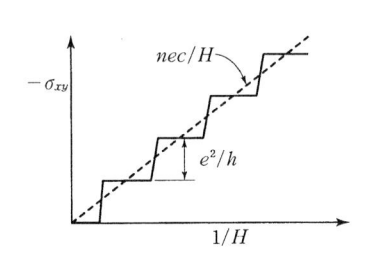

図 3.30 2次元電子系のホール伝導度の$1/H$依存性

効果 (quantum Hall effect) と呼ばれている．階段の値 (e^2/h の整数倍) がきわめて正確に決定できるため，抵抗標準にも使われている．

磁場中での電子のエネルギーは，$\omega_c = eH/mc$ を電子のサイクロトロン角振動数として，以下のようにランダウ (Landau) 準位に量子化される．

$$\varepsilon_n = \left(n + \frac{1}{2}\right)\hbar\omega_c \qquad (3.86)$$

磁場変化にともなう，ランダウ準位とフェルミエネルギーの共鳴が種々の物理量で観測される．その典型例の，ド・ハース-ファン・アルフェン (de Haas-van Alphen) 効果については，7章で取り扱われる．

さて，1つのランダウ準位の縮重度 (入れる電子数) は，単位面積あたりにサイクロトロン軌道を重ならずに敷き詰められる数を考えれば，eH/ch で与えられるので，磁場を変化させてちょうど N 番目のランダウ準位がフェルミエネルギーを通過するときに，電子密度は $n = NeH/ch$ と表される．これをホール伝導度の変化に換算すれば，$-\sigma_{xy} = nec/H = N(e^2/h)$ となる．したがって，$\Delta H = \hbar\omega_c$ の周期でランダウ準位がフェルミエネルギーを通過するたびに，ホール伝導度は (e^2/h) だけ変化することは理解できる．しかし，図3.30の量子ホール効果において，ある磁場範囲で一定値をとる説明は簡単ではない．ここでは，(1) 2次元界面は理想とは異なり乱雑さをもつため，ランダウ準位は有限の幅をもつこと，(2) 広がった幅の外側の状態は局在すること，の2点が量子ホール効果が観測される主要な原因であることだけを述べておこう．さらに，(3) 2次元電子

系ではすべての伝導電子が同じサイクロトロン角振動数をもつために顕著な効果として観測できることになる．

c. 量子細線　通常の導体は巨視的な大きさでは，量子現象はなかなか顔を見せない．2つの2次元電子系を細いチャンネルでつなぎ，このチャンネルの幅を減少すると，コンダクタンス(抵抗の逆数)は連続的に変化するのではなく，$2(e^2/h)$ を単位として不連続に減少することが観測される．また，通常金属の場合でも，電気抵抗を測定しながらどんどん引き延ばして細くしていくと，コンダクタンスは上と同様にとびとびの変化をすることが観測されている．つまり，伝導のコンダクタンスは $2(e^2/h)$ を単位として量子化されていることを示している．ここで2の因子は電子のスピン自由度を反映しており，量子ホール効果と同じ単位が現れている．最近，強磁性(Ni)の細線のコンダクタンスが，磁場中では (e^2/h) を単位として量子化されることも報告されている．このような実験事実は，電子を古典的な粒子と考えては説明不可能であり，上記の微細な領域に存在しうる量子状態がとびとびでしか存在できないことを反映している．

4. 半導体と光物性

4.1 半導体のエネルギーバンド

4.1.1 エネルギーバンドの起源

　これまで学んだように，1 cm³の結晶には10^{22}〜10^{23}個の原子が周期的に並んでいて，たがいに相互作用をしている．このような結晶中を運動する電子のエネルギー状態を考える．図1.13のように，おたがいの距離が充分離れて弧立している原子の場合，原子内の電子は離散的なエネルギー固有値をとる．しかし，2個の原子を近づけると相互作用によって，エネルギー準位はそれぞれ2つに分裂する．この様子を図1.14に示した．ある距離でエネルギーが極小値となる状態を結合状態，距離が小さくなればなるほどエネルギーが高くなる状態を反結合状態という．結合状態では2個の電子のスピンはたがいに逆向きであり，図1.15のように，結合状態の軌道を表す波動関数は対称である．反結合状態ではスピンが平行であるので，軌道の波動関数は反対称になっている．水素分子の電子状態は，ハイトラー–ロンドン(Heitler-London)の方法を用いて計算される．この近似法では，水素原子の1s軌道の1次結合を分子の変分波動関数としてエネルギー固有値を求める．原子数が3個の場合には3つの準位に分裂し，さらにN個になるとエネルギー準位はN個に分裂することになる．Nが10^{22}個程度の結晶では，結合状態と反結合状態のエネルギー差程度のエネルギーがN個に分裂することになり，エネルギー固有値はほとんど連続的に分布する．これがバンドの起源であり，それぞれのバンドの間で状態が存在しないエネルギーの範囲をバンドギャップ(禁制帯，band gap)と呼ぶ(図1.17参照)．

　水素分子を扱うハイトラー–ロンドンの方法から推測されるように，結晶になってもそれを構成する原子の固有状態の性質が，電子状態に強く反映されてい

る. そのような考えに基づいてバンド構造を計算する方法が「強い結合の近似」,あるいは LCAO 近似 (linear combination of atomic orbital) である. この近似では, ブロッホ関数を原子軌道の波動関数 a_j の1次結合

$$\Psi_{jk}(r)=\frac{1}{\sqrt{N}}\sum_R e^{ik\cdot R}a_j(r-R) \tag{4.1}$$

で表す. 電子が原子またはイオンに強く束縛されている場合には, 電子の波動関数は原子軌道とほとんど同じであるので, この近似はバンド構造の理解に役立つ.

4.1.2 代表的な半導体のバンド構造

周期律表でIV族に属する Si と III-V 族の化合物である GaAs が応用の観点からも代表的な半導体である. まず, 閃亜鉛鉱型の結晶構造をもつ GaAs のバン

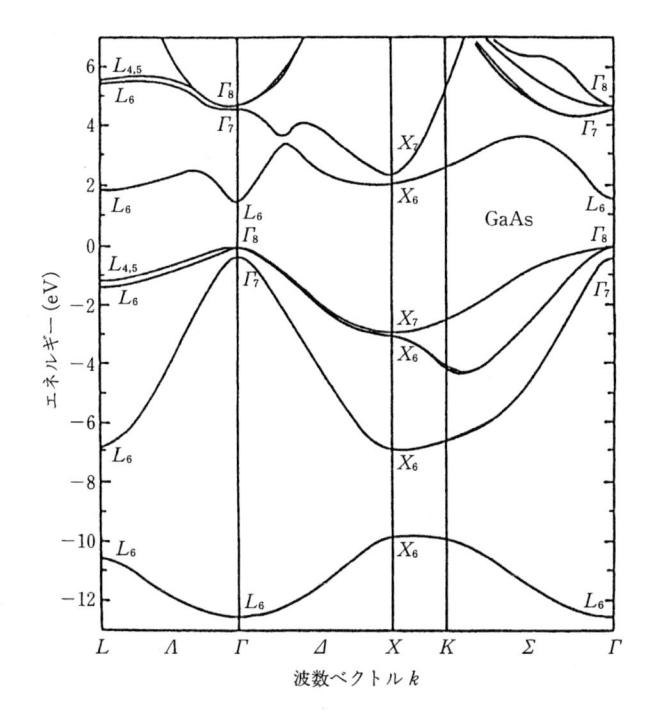

図 4.1 GaAs のバンド構造
Γ_6 などの記号は群論の既約表現を表す記号であり, 0 eV が価電子帯の頂上のエネルギーを示す (M. L. Cohen and J. R. Chelikowsky : Electronic Structure and Optical Properties of Semiconductors, Springer, 1988).

ド構造を考えよう．Ga 原子と As 原子の電子配置は，それぞれ，$(3p)^6(4s)^2$ $(4p)^1$，$(3p)^6(4s)^2(4p)^3$ であるから，As から電子が 1 個 Ga に移ると $(4s)^2(4p)^2$ の配置になる．これは Ge の電子配置と同じであるので，sp^3 混成軌道によって隣り合う 4 個の原子は共有結合をつくることができる．また，Ga 原子から 3 個の電子を As 原子に移すと Ga^{3+}，As^{3-} イオンとなり，その電子配置はそれぞれ $(3p)^6$，$(4s)^2(4p)^6$ となる．この配置は希ガス原子のそれと同じであるので，GaAs はイオン結合としての性格も持つことになる．バンド構造を図 4.1 に示す．Γ 点は $(\pi/a)(0,0,0)$，X 点は $(\pi/a)(1,0,0)$，L 点は $(\pi/a)(1,1,1)$ というブリルアンゾーンの特別な点である．価電子帯の頂上は Γ 点にあり，そのエネルギーを原点 (0 eV) にとってある．伝導帯の極小値も Γ 点にあるので，このエネルギーがバンドギャップ E_G に相当する．このように，価電子帯 (valence band) の頂上と伝導帯の底がブリルアンゾーンの同じ点にある半導体を直接ギャップ半導体 (direct gap semiconductor)，または直接遷移型半導体 (direct transition type semiconductor) と呼ぶ．

　イオン結合の描像で見ると，Ga 原子から電子を受け取った As^{3-} イオンの 4p 軌道が，電子が充満した価電子帯をつくり，Ga^{3+} イオンの 4s 軌道が伝導帯 (conduction band) をつくることがわかる．p 軌道は 3 重に縮退しているので価電子帯は 3 つのバンドから構成されているが，それらはスピン-軌道相互作用 (spin-orbit interaction) によって，2 重縮退の Γ_8 と軌道縮退のない Γ_7 の価電子帯の 2 つに分かれている．スピンを考慮すると，Γ_8，Γ_7 価電子帯はそれぞれ 4 重と 2 重に縮退する．スピンをもっている電子が軌道を回ると，磁場が発生してその磁場とスピンとが相互作用をする．このようなスピン-軌道相互作用によって縮退が解けたことによる分裂の大きさは 0.34 eV である．GaAs の単位胞には 8 個の価電子があるが，4 重縮退の Γ_8 バンド，2 重縮退の Γ_7 と Γ_6 バンドにすべての価電子を詰めることができる．

　次に，Si のバンド構造を見よう．図 4.2 に示されるように価電子帯の極大 (Γ_{25}') は Γ 点にあるが，伝導帯は Γ_{15}-X_1 バンドの途中に極小をもつ．このように価電子帯の極大と伝導帯の極小を与える波数ベクトルが異なる半導体を，間接ギャップ半導体 (indirect gap semiconductor)，または間接遷移型半導体 (indirect transition type semiconductor) と呼ぶ．スピン-軌道相互作用を考慮すると，Γ_{25}' のバンドはスピン縮退度を含めて 4 重縮退と 2 重縮退のバンドに分裂す

4.1 半導体のエネルギーバンド

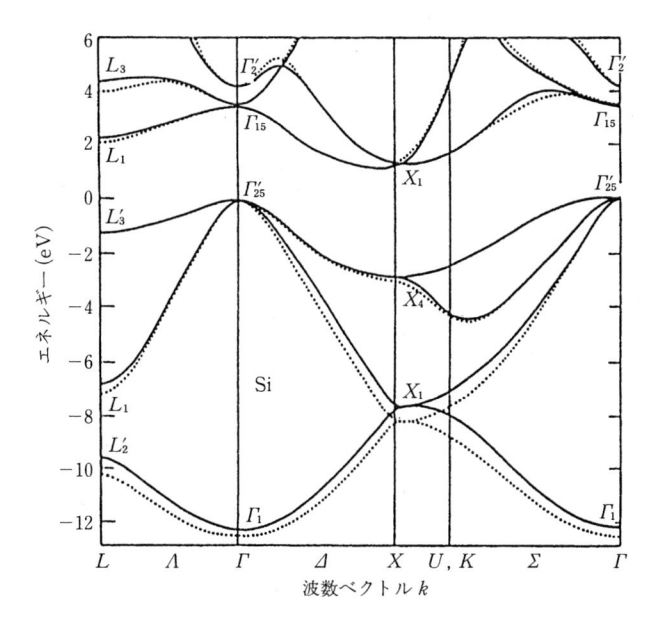

図 4.2 Si のバンド構造
点線はバンド計算の擬ポテンシャルとして局所ポテンシャルを使った計算，実線は非局所性ポテンシャルを使った計算を示す．非局所性ポテンシャルはエネルギーの最も低い価電子帯の構造をよく再現している (M. L. Cohen and J. R. Chelikowsky).

表 4.1 代表的な半導体のバンドギャップ

半導体	E_G (0 K) eV	E_G (300 K) eV	直接/間接
Si	1.1695	1.110	間接
Ge	0.744	0.664	間接
GaN	3.50	3.39	直接
GaP	2.350	2.272	間接
GaAs	1.519	1.411	直接
GaSb	0.812	0.70	直接
InP	1.4226	1.34	直接
InAs	0.418	0.356	直接
InSb	0.2352	0.180	直接
ZnS	3.78	3.68	直接
ZnSe	2.822	2.715	直接
ZnTe	2.391	2.26	直接
CdS	2.582	2.41	直接
CdSe	1.841	1.751	直接
CdTe	1.606	1.529	直接

る．2重縮退のより深い価電子帯 $\varGamma_1$ を含めると，単位胞にある8個の価電子で価電子帯がすべて満たされる．

　代表的な半導体のバンドギャップを表4.1にまとめて示す．バンドギャップの値は温度によって変化し，一般に，温度が高い方がバンドギャップは小さくなる．これは熱膨張によって格子間距離が増加することと，電子が格子振動と相互作用することによる．Si の室温におけるバンドギャップは 1.110 eV で，それに相当する光の波長は 1.12 μm である．III-V 族半導体の GaAs の場合，バンドギャップは 1.411 eV，光の波長に換算すると 879 nm であるが，GaN ではバンドギャップは 3.39 eV，光の波長では紫外光の 365 nm になる．GaAs と InAs や GaSb などの固溶体が，コンパクトディスクや光通信用の半導体レーザ (semiconductor laser) や発光ダイオード (light emitting diode) として利用されている．

4.2 真 性 半 導 体

4.2.1　電子の運動方程式と有効質量

　電子は粒子と波動の2重性をもっているので，粒子のエネルギー ε と波の振動数 ν との間には，プランク定数を h としてアインシュタイン (Einstein) の関係

$$\varepsilon = h\nu \tag{4.2}$$

があり，運動量 p と波長 λ との間には，ド・ブロイの関係

$$p = \frac{h}{\lambda} = \hbar k \tag{4.3}$$

がある．電子のエネルギーは

$$\varepsilon = \frac{p^2}{2m} = \frac{\hbar^2 k^2}{2m} \tag{4.4}$$

であるから，電子の速度 v は

$$v = \frac{\hbar k}{m} = \frac{1}{\hbar}\frac{d\varepsilon}{dk} \tag{4.5}$$

と書ける．これは波動の群速度を表す式に相当し，電子を波動と見なしたときの波束の進む速度になっていることがわかる．したがって，上式を一般化して

$$\boldsymbol{v} = \frac{1}{\hbar}\nabla_k \varepsilon(\boldsymbol{k}) \tag{4.6}$$

と書くことができる．

次に，外力が加わったときの電子の運動を考えよう．外力 F のために，時間 Δt の間に系のエネルギーが $\Delta \varepsilon$ だけ増加すると，エネルギー保存則より

$$\Delta \varepsilon = (F \cdot v) \Delta t \tag{4.7}$$

の関係がある．エネルギーの変化分 $\Delta \varepsilon$ は k の変化 Δk によって引き起こされると考えると

$$\begin{aligned}(F \cdot v) \Delta t = \Delta \varepsilon &= \nabla_k \varepsilon(k) \cdot \Delta k \\ &= \hbar(v \cdot \Delta k)\end{aligned} \tag{4.8}$$

となる．したがって

$$F = \hbar \frac{dk}{dt} \tag{4.9}$$

が得られる．電子の波動ベクトルは，外力に対して上式にしたがって変化することになる．一方，次式のニュートンの運動方程式

$$F = m \frac{dv}{dt} \tag{4.10}$$

も成立している．

ここで，(4.6)式を時間で微分して，(4.9)式を用いると

$$\begin{aligned}\frac{dv}{dt} &= \frac{1}{\hbar} \nabla_k \nabla_k \varepsilon(k) \frac{dk}{dt} \\ &= \frac{\nabla_k \nabla_k \varepsilon(k)}{\hbar^2} \cdot F\end{aligned} \tag{4.11}$$

となる．さらに

$$\frac{\nabla_k \nabla_k \varepsilon(k)}{\hbar^2} = \frac{1}{m^*} \tag{4.12}$$

とおけば，ニュートンの運動方程式(4.10)に一致する．m^* を電子の有効質量と呼び，一般に有効質量はテンソルで表される量である．これを成分で表すと

$$\frac{1}{m^*_{ij}} = \frac{1}{\hbar^2} \frac{\partial^2 \varepsilon}{\partial k_i \partial k_j} \tag{4.13}$$

である．ε と k の関係が

$$\varepsilon = \frac{p^2}{2m} = \frac{\hbar^2 k_x^2}{2m^*} \tag{4.14}$$

のような1次元の放物線の場合，有効質量はその曲率の逆数に比例する．

次に，正孔とその有効質量について考えよう．図4.3は，Γ点近傍 ($k \sim 0$) に

おける GaAs のバンド構造の模式図である．価電子帯の頂上付近の電子に注目すると，電子は負の有効質量 $(-m^*)$ をもつ．電子が充満したバンドの中で，k という状態が1つだけ欠けている場合に，$\bm{E}$ という電場を外力として加えると，電子の運動方程式は

$$(-e)\bm{E}=(-m^*)\frac{d\bm{v}}{dt} \quad (4.15)$$

と書ける．状態 k の電子が抜けた孔を正の電荷をもった粒子，すなわち正孔と呼ぶ．この正孔に働く力は $(+e)\bm{E}$ であるから，運動方程式は

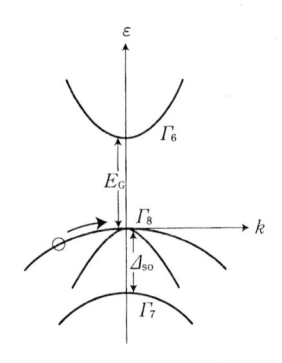

$$(+e)\bm{E}=(+m^*)\frac{d\bm{v}}{dt} \quad (4.16)$$

図 4.3 GaAs の Γ 点近傍のバンド構造
Δ_{so} はスピン-軌道相互作用の大きさを表す．

と書かれ，正孔は正の電荷と正の有効質量をもって運動することになる．価電子帯の電子状態を正孔の概念で記述するときは，価電子帯の頂上から下向きにエネルギーが高くなる．GaAs の2重縮退している Γ_8 のバンドは，放物線の曲率の小さい「重い正孔バンド」と曲率の大きい「軽い正孔バンド」から構成されているが，$k\neq 0$ の場合，重い正孔のエネルギーの方が低い．

4.2.2 真性半導体の電子，正孔の分布

不純物がドープ(dope)されていない純粋の半導体を真性半導体(intrinsic semiconductor)と呼ぶ．0 K にある真性半導体では，図 4.4 のように価電子帯はすべて電子で満たされ，伝導帯は完全に空の状態になっている．図 4.5 は有限温度における伝導帯の電子と正孔のフェルミ分布関数 $f_e(\varepsilon)$, $f_h(\varepsilon)$ とフェルミ準位を示す．温度が上がると，フェルミ分布関数と状態密度に重なる部分が生じるので，伝導帯と価電子帯にそれぞれ電子と正孔が分布する．$D_e(\varepsilon)$, $D_h(\varepsilon)$ を伝導帯と価電子帯の状態密度とすると，単位体積あたりの電子と正孔の数は

$$\begin{aligned}n(\varepsilon)d\varepsilon &= D_e(\varepsilon)f_e(\varepsilon)d\varepsilon \\ p(\varepsilon)d\varepsilon &= D_h(\varepsilon)[1-f_e(\varepsilon)]d\varepsilon = D_h(\varepsilon)f_h(\varepsilon)d\varepsilon\end{aligned} \quad (4.17)$$

で与えられる．電子と正孔の有効質量を，それぞれ m_e^*, m_h^* とし，伝導帯の底のエネルギーを E_c，価電子帯の頂上のエネルギーを E_v とすると，それぞれのバンドのエネルギーは

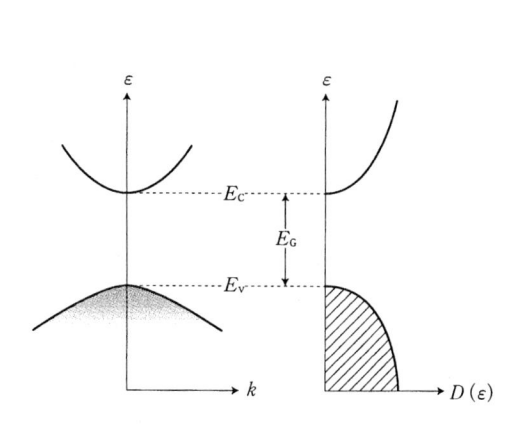

図 4.4 半導体のバンド構造と状態密度

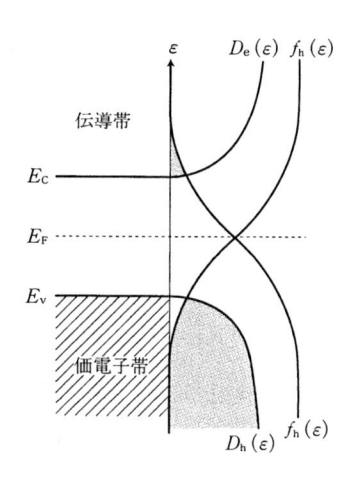

図 4.5 真性半導体の電子と正孔の分布

$$\varepsilon = E_c + \frac{\hbar^2 k^2}{2m_e^*}$$
$$\varepsilon = E_v - \frac{\hbar^2 k^2}{2m_h^*} \quad (4.18)$$

で表される．したがって，状態密度は (3.12) 式を使って

$$D_e(\varepsilon) = \frac{\sqrt{2}}{\hbar^3 \pi^2} m_e^{*3/2} (\varepsilon - E_c)^{1/2}$$
$$D_h(\varepsilon) = \frac{\sqrt{2}}{\hbar^3 \pi^2} m_h^{*3/2} (E_v - \varepsilon)^{1/2} \quad (4.19)$$

となる．また，分布関数は

$$f_e(\varepsilon) = \frac{1}{1 + \exp\{(\varepsilon - E_F)/k_B T\}}$$
$$f_h(\varepsilon) = \frac{1}{1 + \exp\{(E_F - \varepsilon)/k_B T\}} \quad (4.20)$$

である．そこで，(4.17) 式に (4.19) 式と (4.20) 式を代入して積分すると，温度 T における伝導帯の電子密度 n と価電子帯の正孔密度 p が求められる．

$$n = \int_{E_c}^{\infty} D_e(\varepsilon) f_e(\varepsilon) d\varepsilon = \frac{\sqrt{2}}{\hbar^3 \pi^2} m_e^{*3/2} \int_{E_c}^{\infty} \frac{(\varepsilon - E_c)^{1/2}}{1 + \exp\{(\varepsilon - E_F)/k_B T\}} d\varepsilon$$
$$p = \int_{-\infty}^{E_v} D_h(\varepsilon) f_h(\varepsilon) d\varepsilon = \frac{\sqrt{2}}{\hbar^3 \pi^2} m_h^{*3/2} \int_{-\infty}^{E_v} \frac{(E_v - \varepsilon)^{1/2}}{1 + \exp\{(E_F - \varepsilon)/k_B T\}} d\varepsilon \quad (4.21)$$

ここで，図 4.5 のようにバンドギャップが熱エネルギー $k_B T$ に比べて充分大き

い場合には，フェルミ分布関数(4.20)式が次のように近似できる．すなわち，伝導帯に対しては

$$\frac{\varepsilon-E_\mathrm{F}}{k_\mathrm{B}T} \geq \frac{E_\mathrm{c}-E_\mathrm{F}}{k_\mathrm{B}T} \gg 1 \tag{4.22}$$

なので，フェルミ分布関数は

$$\begin{aligned}f_\mathrm{e}(\varepsilon) &\sim \exp\left\{-\frac{\varepsilon-E_\mathrm{F}}{k_\mathrm{B}T}\right\} \\ f_\mathrm{h}(\varepsilon) &\sim \exp\left\{\frac{\varepsilon-E_\mathrm{F}}{k_\mathrm{B}T}\right\}\end{aligned} \tag{4.23}$$

と近似される．これを用いて(4.21)式の積分を計算すると，電子と正孔の密度は，それぞれ

$$\begin{aligned}n &= N_\mathrm{c}\exp\left\{\frac{E_\mathrm{F}-E_\mathrm{c}}{k_\mathrm{B}T}\right\} \\ p &= N_\mathrm{v}\exp\left\{\frac{E_\mathrm{v}-E_\mathrm{F}}{k_\mathrm{B}T}\right\}\end{aligned} \tag{4.24}$$

となる．ここで，N_c, N_v は伝導帯と価電子帯の有効状態密度と呼ばれ

$$\begin{aligned}N_\mathrm{c} &= 2\left(\frac{m_\mathrm{e}^* k_\mathrm{B}T}{2\pi\hbar^2}\right)^{3/2} \\ N_\mathrm{v} &= 2\left(\frac{m_\mathrm{h}^* k_\mathrm{B}T}{2\pi\hbar^2}\right)^{3/2}\end{aligned} \tag{4.25}$$

である．

フェルミ準位は中性条件 $n=p$ を用いて，(4.24)式から

$$\begin{aligned}E_\mathrm{F} &= \frac{E_\mathrm{c}+E_\mathrm{v}}{2} + \frac{k_\mathrm{B}T}{2}\log\frac{N_\mathrm{v}}{N_\mathrm{c}} \\ &= \frac{E_\mathrm{c}+E_\mathrm{v}}{2} + \frac{3k_\mathrm{B}T}{4}\log\frac{m_\mathrm{h}^*}{m_\mathrm{e}^*}\end{aligned} \tag{4.26}$$

となる．一般に正孔の有効質量は電子のそれより数倍程度大きい．また，室温における熱エネルギーが 0.027 eV であることから，第2項が第1項に比べて小さいので，フェルミ準位はバンドギャップのほぼ中央に位置することになる．また

$$np = n_i^2 = N_\mathrm{c}N_\mathrm{v}\exp\left\{\frac{E_\mathrm{v}-E_\mathrm{c}}{k_\mathrm{B}T}\right\} \tag{4.27}$$

から，$E_\mathrm{c}-E_\mathrm{v}=E_\mathrm{G}$ の関係を用いて，真性半導体のキャリヤー密度(キャリヤー数) n_i は，次式の関係で表される．

$$n_i = \sqrt{N_\mathrm{c}N_\mathrm{v}}\exp\left\{-\frac{E_\mathrm{G}}{2k_\mathrm{B}T}\right\} \tag{4.28}$$

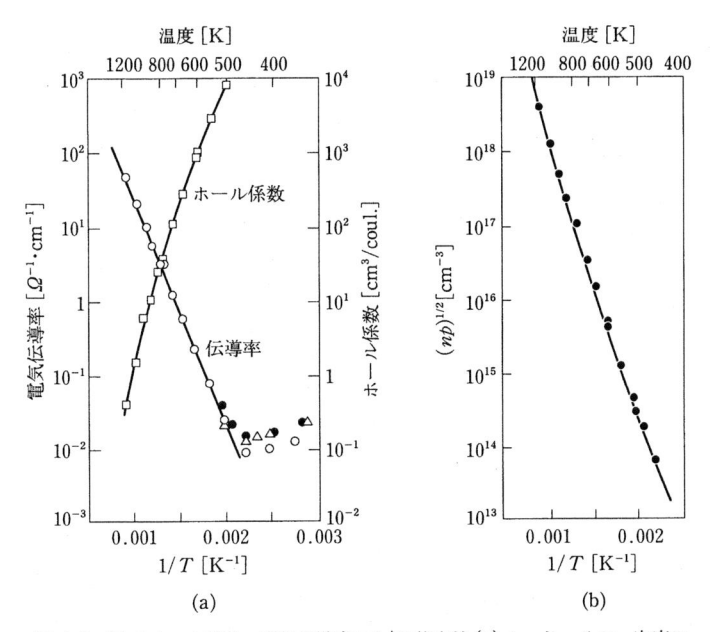

図 4.6 Si のホール係数,電気伝導度の $1/T$ 依存性 (a) と,キャリヤー密度の $1/T$ 依存性 (b)
直線の傾きからバンドギャップの値が得られる (F. J. Morin and J. P. Matia: *Phys. Rev.*, **96** (1954) 28).

 上式からわかるように,温度を上げていくとキャリヤー密度が増加するのでホール係数や電気伝導率の温度依存性からバンドギャップの値を知ることができる.

 図 4.6 (a) に Si のホール係数と電気伝導率を,温度の逆数 $1/T$ の関数として示す.(3.52) 式を用いてホール係数からキャリヤー密度を求めると,図 4.6 (b) のようにキャリヤー密度の対数は $1/T$ に比例する.その傾きからバンドギャップの値として 1.21 eV が得られる.この値は,表 4.1 の値にほぼ一致していることがわかる.真性半導体では,電子と正孔の両者が電気伝導に寄与するので,電気伝導率 σ は,

$$\sigma = ne\mu_e + pe\mu_h \tag{4.29}$$

と書ける.ここで,電子と正孔の移動度,μ_e, μ_h は

$$\mu_e = \frac{e\tau_e}{m_e^*}, \quad \mu_h = \frac{e\tau_h}{m_h^*} \tag{4.30}$$

であり,τ_e, τ_h は,それぞれ,電子と正孔の平均散乱時間である.一般に,電子の有効質量が正孔のそれに比べて軽いことなどの理由から真性半導体の σ は,

電子の伝導率で主として決められている．移動度があまり大きく変化しない温度範囲では，図4.6(a)のように電気伝導度の対数は$1/T$に比例し，その傾きからもバンドギャップが求まる．

4.3 不純物半導体

4.3.1 ドナーとアクセプター

不純物(impurity)となる微量の原子は結晶中の格子点にある原子と置き換わったり，格子の隙間に入ると，ドナー(donor)やアクセプター(acceptor)を形成する．不純物の原子ポテンシャルは格子をつくっている原子のそれとは異なるので，不純物のまわりには局在した電子状態ができる．このようなドナーやアクセプターになる不純物を意図的にドープすることによって，様々な機能をもつ半導体デバイス(semiconductor device)がつくられている．

周期律表のIV族に属するSi結晶では，AsのようなV族元素がSi原子と置き換わってその格子点に入り込む．図4.7に示されるように，Asの5個の価電子のうち4個はまわりにある4個のSiの価電子と結合するが，価電子1個が余ってしまう．この余分な1個の電子は，価電子帯に入りきらないので，伝導帯に入ることになる．すなわち，4価元素からなる結晶に入り込んだ5価の原子は，電子を供与しやすい"ドナー"になる．価電子数が1個少ないBなどのIII族元素がSi中に入った場合には，Siと結合する価電子が足りないので，B原子のまわりは電子を受容しやすい状態になる．これがアクセプターである．ドナーを例にとって，不純物がつくるエネルギー準位を考えよう．余分な1個の電子をAs原子から遠くに引き離すと，As原子は＋に帯電しているように見える．$+e$

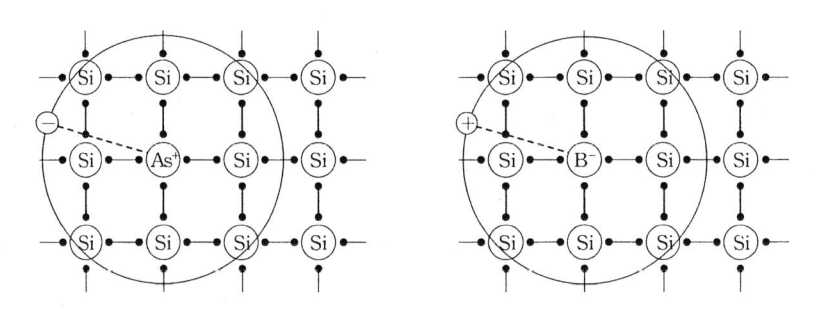

図 4.7 Si中のドナー(a)とアクセプター(b)の概念図

の電荷はクーロン場をつくるので，電子はクーロン引力で引きつけられる．これは，陽子のクーロンポテンシャルに束縛された水素原子の電子状態に類似している．結晶中では，クーロンポテンシャルは，比誘電率 $\varepsilon_r(=\varepsilon/\varepsilon_0)$ で遮蔽されていること，伝導帯の電子の質量は m_e^* であることを考慮すると，ドナーに電子が束縛されるエネルギー (binding energy) E_D は

$$E_D = \frac{m_e^* e^4}{2\hbar^2 \varepsilon_r} = \frac{m_e^*}{m_0 \varepsilon_r^2} E_H \tag{4.31}$$

で与えられる．ここで，E_H は水素原子のリュードベリ定数 (13.56 eV) である．Si の場合，$m_e^* \sim 0.4\, m_0$, $\varepsilon_r = 11.7$ であるので，ドナー電子の束縛エネルギーは 40 meV となり，水素原子に比べて，1/340 程度と小さい．波動関数の広がりの目安を与える"有効ボーア半径" (a_D) は，

$$a_D = \frac{\hbar^2 \varepsilon_r}{m_e^* e^2} = 0.53 \frac{m_0}{m_e^*} \varepsilon_r \tag{4.32}$$

と書ける．Si のドナー電子の場合，$a_D = 15$ Å であり，原子間距離の5倍程度の広がりをもっていることがわかる．ドナーの場合，束縛されていた電子が熱エネルギーをもらってイオン化すると，伝導帯の自由電子となるので，図 4.8 のようにエネルギー準位は，伝導帯の下側に位置する．アクセプターは電子を受容するという意味であるが，正孔の概念では正孔がアクセプター原子に束縛されていて，熱エネルギーをもらうと価電子帯の自由正孔になると言える．したがって，アクセプターは価電子帯の上側に準位をつくる．

4.3.2 不純物半導体中の電子，正孔の分布

ドナーとアクセプターの濃度が，それぞれ，N_D, $N_A (<N_D)$ である n 形半導体のフェルミ準位を求めよう．図 4.9 に示されるように，ドナー準位にある電子の密度 n_D は

$$n_D = N_D f_e(E_c - E_D) \tag{4.33}$$

で与えられる．伝導帯の電子密度 n は，電気的中性条件より

$$n = N_D - n_D \tag{4.34}$$

であるから，(4.24) と (4.34) 式を用いて

$$N_c \exp\left\{\frac{E_F - E_c}{k_B T}\right\} = N_D\{1 - f_e(\varepsilon)\} \tag{4.35}$$

が得られる．上式より E_F を求めると

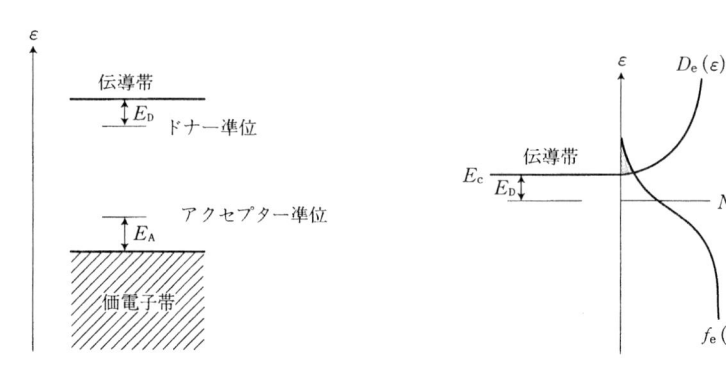

図 4.8 ドナーとアクセプターの
エネルギー準位

図 4.9 n形半導体の電子分布

$$E_F = \frac{2E_c - E_D}{2} + \frac{k_B T}{2} \log \frac{N_D}{N_c} \tag{4.36}$$

となる.充分な低温では,上式の第2項は無視できるので,n形半導体のフェルミ準位は,伝導帯の底とドナー準位とのほぼ中間に位置する.しかし,温度が上がるとドナー電子がイオン化して,バンドギャップの中心の方向にフェルミ準位は移動する.

フェルミ準位を決める(4.36)式を(4.24)式に代入すると,電子密度を求めることができる.すなわち,電子密度は,ドナーには電子は1個しか入らないことを考慮して

$$\frac{n(n+N_A)}{N_D - N_A - n} = \frac{N_c}{2} \exp\left\{-\frac{E_D}{k_B T}\right\} \tag{4.37}$$

で与えられる.また,$N_A > N_D$であるp形半導体の場合も,同様に正孔密度が

$$\frac{p(p+N_D)}{N_A - N_D - p} = \frac{N_v}{2} \exp\left\{-\frac{E_A}{k_B T}\right\} \tag{4.38}$$

と求められる.

(4.37)式に基づいて,キャリヤー密度と温度との関係を考えよう.温度が低い場合には,nはN_Aや$N_D - N_A$に比べて充分小さいとして省略すると,(4.37)式は

$$n = \frac{N_D - N_A}{N_A} \frac{N_c}{2} \exp\left\{-\frac{E_D}{k_B T}\right\} \tag{4.39}$$

と近似できる.もう少し温度が高くなると,$N_D \gg n \gg N_A$となるような領域が現

れる．このとき，

$$\frac{n(n+N_A)}{N_D-N_A-n} \simeq \frac{n^2}{N_D} \tag{4.40}$$

とおけるので，

$$n = \left(\frac{N_c N_D}{2}\right)^{1/2} \exp\left\{-\frac{E_D}{2k_B T}\right\} \tag{4.41}$$

となる．さらに温度が上がり，$E_D < k_B T$ となる領域になると，(4.37)式の右辺は N_c 程度となるが，n は N_D の程度である．したがって，左辺の分母が充分小さくなるように

$$n \simeq N_D - N_A \tag{4.42}$$

でなければならない．温度に対するこのような電子密度の振る舞いを，図 4.10 に模式的に示す．縦軸を電子密度の対数，横軸を温度の逆数 $1/T$ で示してあるので，横軸を右の方に行くほど温度は低くなる．温度の低い領域では，電子密度は温度に対して指数関数に従って変化するので，図 4.10 のような片対数グラフでは直線的に変化する．直線の傾きは，より低温ではドナーの束縛エネルギー E_D であるが，少し温度が上がると，$E_D/2$ となる．この領域を不純物領域 (impurity regime) と呼ぶ．さらに温度が上がっても電子密度があまり大きく変化しない領域があり，これを出払い領域 (extrinsic saturating regime) という．これは，熱エネルギーが E_D と同程度になる領域である．さらに温度が高くなって熱エネルギーがバンドギャップ程度になると，真性半導体の場合と同様に価電子帯の電子が伝導帯に励起されるようになる．この領域は真性領域 (intrinsic regime) と呼ばれる．

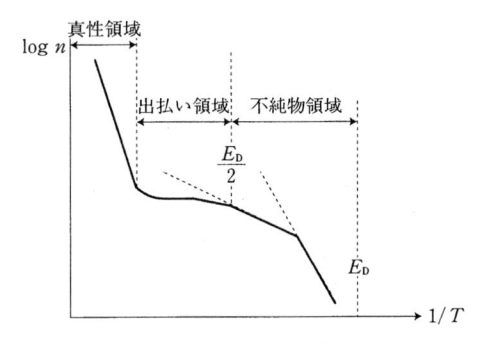

図 4.10 対数で示したキャリヤー密度と $1/T$ の関係

4.4 物質の光に対する応答

光は電磁波の一種であるが，その波長が数 nm から数百 μm の範囲の電磁波を光と呼ぶ場合が多い．目に見える可視光 (visible light) というのは，およそ 400

nm から 800 nm の波長をもつ光であり,それより波長の長い光は赤外光(infrared light),短い光は紫外光(ultraviolet light)と呼ばれる.ここでは,可視光を中心にしてそれに近い波長範囲の光に対して,物質がどのように振る舞うかを考えよう.

4.4.1 物質中の電磁波

光の波長が原子の大きさや格子定数より充分大きいので,物質中の光は次式のマクスウェル方程式で記述される.物質の誘電率(dielectric constant)を ε,透磁率(magnetic permeability)を μ とすると,電場 E,磁場 H,電流密度 j が満たすマクスウェル方程式は SI 単位系では

$$\nabla \times E = -\mu \frac{\partial H}{\partial t}, \quad \nabla \cdot E = \frac{\rho}{\varepsilon}$$
$$\nabla \times H = \varepsilon \frac{\partial E}{\partial t} + j, \quad \nabla \cdot H = 0 \tag{4.43}$$

である.光学では光学定数などが CGS 単位系で定義されることも多い.この単位系のマクスウェル方程式は

$$\nabla \times E = -\frac{\mu_\mathrm{r}}{c} \frac{\partial H}{\partial t}, \quad \nabla \cdot E = 4\pi\rho$$
$$\nabla \times H = \frac{\varepsilon_\mathrm{r}}{c} \frac{\partial E}{\partial t} + \frac{4\pi}{c} j, \quad \nabla \cdot H = 0 \tag{4.44}$$

と書ける.ここで,CGS 単位系の誘電率 ε_r と透磁率 μ_r は,SI 単位系の誘電率 ε,透磁率 μ,真空の誘電率 ε_0 と次の関係がある.

$$\varepsilon_\mathrm{r} = \frac{\varepsilon}{\varepsilon_0}, \quad \mu_\mathrm{r} = \frac{\mu}{\mu_0} \tag{4.45}$$

光に対して透明な絶縁体の場合には,$j \sim 0$,$\rho \sim 0$ であるので,マクスウェル方程式は簡単になり,真空中の電磁波に対する方程式の ε_0,μ_0 をそれぞれ,ε,μ に置き換えた形である.すなわち,物質中でも電磁波は波動方程式に従って伝搬し,その速さは $1/\sqrt{\varepsilon\mu}$ で与えられる.しかし,光の振動数が高いので物質の応答は磁場の変化に追従できず,物質の μ の値は μ_0 にほぼ等しい.したがって,物質中の光の速さは $1/\sqrt{\varepsilon\mu_0}$ と考えてよい.物質の屈折率(refractive index)は,物質中の光の速さ c/n から

$$n = \sqrt{\frac{\varepsilon}{\varepsilon_0}} = \sqrt{\varepsilon_\mathrm{r}} \tag{4.46}$$

で与えられる．

4.4.2 誘電率と光学定数

光の電場によって物質には電気分極が誘起される．電場が弱く線形応答 (linear response) の範囲では，分極の大きさ (polarization) P は電気感受率 (electric susceptibility) を χ として

$$P = \varepsilon_0 \chi E \quad \text{(SI)}, \quad P = \chi E \quad \text{(CGS)} \tag{4.47}$$

と書ける．電束密度 (electric displacement) D は

$$D = \varepsilon_0 E + P = \varepsilon E \quad \text{(SI)}, \quad D = E + 4\pi P = \varepsilon_r E \quad \text{(CGS)} \tag{4.48}$$

であるので，電場に対する応答係数である電気感受率と誘電率には以下の関係が成り立つ．

$$\chi = \varepsilon_r - 1 \quad \text{(SI)}, \quad \chi = \frac{\varepsilon_r - 1}{4\pi} \quad \text{(CGS)} \tag{4.49}$$

ここで，誘電率を複素数に拡張しよう．CGS 単位系の誘電率 ε_r (比誘電率) を用いることにして

$$\varepsilon_r = \varepsilon_1 + i\varepsilon_2 \tag{4.50}$$

とする．また，光学定数である屈折率も複素数に拡張して，複素屈折率 $\tilde{n}$ を導入する．

$$\tilde{n} = n + i\kappa = \sqrt{\varepsilon_r} \tag{4.51}$$

ここで，n は屈折率，κ は消衰係数 (extinction coefficient) である．誘電率や光学定数は光の振動数と波数の関数であるが，ここでは振動数の依存性のみを考えることにする．(4.50) と (4.51) 式から，誘電率は光学定数を使って次式で与えられる．

$$\varepsilon_1 = n^2 - \kappa^2, \quad \varepsilon_2 = 2n\kappa \tag{4.52}$$

また，屈折率，消衰係数は

$$\begin{aligned} n &= \sqrt{\frac{1}{2}(\sqrt{\varepsilon_1^2 + \varepsilon_2^2} + \varepsilon_1)} \\ \kappa &= \sqrt{\frac{1}{2}(\sqrt{\varepsilon_1^2 + \varepsilon_2^2} - \varepsilon_1)} \end{aligned} \tag{4.53}$$

である．

4.4.3 吸収係数, 透過率, 反射率

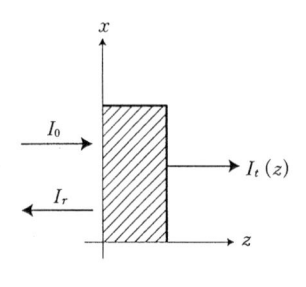

図4.11のように, 強度 I_0 の光が z 方向に進んで物質を透過するとき, 光の強度の変化分 dI は次式で与えられる.

$$dI = -\alpha I_0 dz \tag{4.54}$$

ここで α は吸収係数 (absorption coefficient) と呼ばれ, 光強度が減衰する割合を表す. この微分方程式の解は

$$I_t = I_0 e^{-\alpha z} \tag{4.55}$$

図 4.11 物質を透過する光と反射する光の強度

である. 光が物質を透過する割合を表す透過率 (transmittance, transmissivity) T は

$$T = \frac{I_t}{I_0} = e^{-\alpha z} \tag{4.56}$$

で定義される. さらに, 次式で定義される吸光度 A (absorbance), または光学密度 (optical density) は物質の厚さ z_0 と吸収係数 α の積に比例する.

$$A = -\log_{10} T = 0.434\, \alpha z_0 \tag{4.57}$$

物質中を進む光が平面波の場合, その電場成分は複素表示を用いて

$$\begin{aligned} \boldsymbol{E} &= \boldsymbol{E}_0 \exp\{i(kz - \omega t)\} \\ &= \boldsymbol{E}_0 \exp\left\{i\omega\left(\frac{n}{c}z - t\right) - \frac{\omega\kappa}{c}z\right\} \end{aligned} \tag{4.58}$$

と書ける. ここで, $k = \omega/v$, $v = c/n$ を用いた. (4.58) 式より n は波の位相速度を決め, $\kappa(>0)$ は振幅の大きさが波の進行とともに減衰する割合を決めていることがわかる. 光の1サイクルあたりの平均強度が

$$I = \frac{1}{2}\varepsilon_0 n c |\boldsymbol{E}_0|^2 \tag{4.59}$$

であることを考慮すると, 消衰係数と吸収係数との間には次式の関係がある.

$$\alpha = \frac{2\omega\kappa}{c} \tag{4.60}$$

次に, 反射率 (reflectance, reflectivity) を考えよう. α^{-1} が物質の厚さに比べて充分に小さい場合には, $T \sim 0$ であるので, 光が入射した面からの反射光のみを考えればよい. このとき, 垂直に入射した光の反射率 R は

$$R=\frac{I_\mathrm{r}}{I_0}=\left|\frac{\tilde{n}-1}{\tilde{n}+1}\right|^2=\frac{(n-1)^2+\kappa^2}{(n+1)^2+\kappa^2} \tag{4.61}$$

で与えられる．可視光に対して透明であるガラスのような物質では $\kappa\sim0$ であるので，反射率は屈折率のみで決まる．ガラスの屈折率はおよそ1.5であるので，反射率はおよそ4%になる．

4.5 光と物質との相互作用

4.5.1 ローレンツモデル

物質に電場を印加すると物質中には電気分極 (electric polarization) が誘起されるわけであるが，これは，ミクロには物質を構成する原子の原子核が電場の向き，電子雲の重心が電場の向きとは反対の向きに移動することによる．図4.12のように，電荷の重心位置がたがいにずれた原子は電気双極子 (electric dipole) になるので，物質を双極子の集まりと見なすことができる．固体の場合には原子の密度が高いので，まわりの原子のつくる双極子との相互作用を考えなければならない．まわりの双極子からの作用を有効な電場に置き換えて，これと外部から印加した電場とを含めて，注目している原子に作用する局所電場 (local field) を考えればよい．しかし，ここでは簡単のために双極子間の相互作用を無視して，外部から加えられた光電場で直接誘起される分極を扱うことにする．

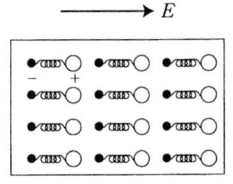

図4.12 光の電場で誘起される分極
固体を電気双極子の集まりと見なす．

原子核の質量は電子の質量に比べて充分大きいので，可視光の領域では電場に対する電子の運動のみに注目すればよい．原子核とバネで結ばれた電子には，変位に比例した復元力が，はたらくとする．光電場は，x 方向に偏った直線偏光 (linearly polarized light) とし，バネの固有振動数 (characteristic frequency) を ω_0 とすると，電子の運動方程式は

$$m\frac{d^2x}{dt^2}+m\omega_0^2x=-eE=-eE_0e^{-i\omega t} \tag{4.62}$$

で与えられる．ここで，x は電子の平衡位置からの変位であり，光電場を $E=E_0\exp(-\omega t)$ とした．このような調和振動子 (harmonic oscillator) の強制振動 (forced vibration) の解は，$x=x_0\exp(-\omega t)$ とおいて

$$x = -\frac{e/m}{\omega_0^2 - \omega^2} E \tag{4.63}$$

となる.さらに,現実の物質では電気双極子のエネルギー損失を考慮する必要がある.振動の減衰として速度に比例する摩擦力を考えると,運動方程式は,

$$m\frac{d^2 x}{dt^2} + m\omega_0^2 x + m\Gamma \frac{dx}{dt} = -eE_0 e^{-i\omega t} \tag{4.64}$$

と書かれる.ここで,Γ は摩擦による減衰定数 (damping constant) である.この運動方程式に対する解は

$$x = -\frac{e/m}{\omega_0^2 - \omega^2 - i\omega\Gamma} E \tag{4.65}$$

である.物質中には,単位体積あたりに N 個の電気双極子がたがいに相互作用しない程度に希薄に存在すると考えると,分極の大きさ P は

$$P = -Nex \tag{4.66}$$

となる.したがって,(4.47) 式を用いて,電気感受率 χ

$$\begin{aligned} \chi &= \frac{1}{\varepsilon_0} \frac{Ne^2/m}{\omega_0^2 - \omega^2 - i\omega\Gamma} \quad \text{(SI)} \\ \chi &= \frac{Ne^2/m}{\omega_0^2 - \omega^2 - i\omega\Gamma} \quad \text{(CGS)} \end{aligned} \tag{4.67}$$

が得られる.電気感受率は複素数であり,光の角振動数の関数になる.

4.5.2 屈折率と消衰係数の分散

分極率と誘電率を結ぶ関係式 (4.49) から,誘電率は

$$\begin{aligned} \varepsilon(\omega) &= \varepsilon_0 + \frac{Ne^2/m}{\omega_0^2 - \omega^2 - i\omega\Gamma} \quad \text{(SI)} \\ \varepsilon_r(\omega) &= 1 + \frac{4\pi Ne^2/m}{\omega_0^2 - \omega^2 - i\omega\Gamma} \quad \text{(CGS)} \end{aligned} \tag{4.68}$$

となる.ここで,誘電率は光の角振動数 ω の関数であることを考慮して,$\varepsilon(\omega)$,$\varepsilon_r(\omega)$ とした.したがって,複素屈折率は $|\boldsymbol{P}/\boldsymbol{E}|$ が ε_0 に比べて充分に小さいとすると,テーラー展開を用いて

$$\begin{aligned} \tilde{n}(\omega) &= 1 + \frac{Ne^2/2m\varepsilon_0}{\omega_0^2 - \omega^2 - i\omega\Gamma} \quad \text{(SI)} \\ \tilde{n}(\omega) &= 1 + \frac{2\pi Ne^2/m}{\omega_0^2 - \omega^2 - i\omega\Gamma} \quad \text{(CGS)} \end{aligned} \tag{4.69}$$

となるので,屈折率と消衰係数は

$$n(\omega) = 1 + \frac{(Ne^2/2m\varepsilon_0)(\omega_0^2 - \omega^2)}{(\omega_0^2 - \omega^2)^2 + \omega^2 \Gamma^2} \quad \text{(SI)}$$

$$n(\omega) = 1 + \frac{(2\pi Ne^2/m)(\omega_0^2 - \omega^2)}{(\omega_0^2 - \omega^2)^2 + \omega^2 \Gamma^2} \quad \text{(CGS)}$$

$$\kappa(\omega) = \frac{(Ne^2/2m\varepsilon_0)\omega\Gamma}{(\omega_0^2 - \omega^2)^2 + \omega^2 \Gamma^2} \quad \text{(SI)}$$

$$\kappa(\omega) = \frac{(2\pi Ne^2/m)\omega\Gamma}{(\omega_0^2 - \omega^2)^2 + \omega^2 \Gamma^2} \quad \text{(CGS)}$$

(4.70)

と書ける.

図 4.13 に示されるように，消衰係数 κ は固有振動数 ω_0 で共鳴的に増大し，物質による光吸収が起こることがわかる．吸収が小さい領域では，角振動数が低くなるほど屈折率は減少し，このような角振動数依存性を正常分散 (ordinary dispersion) と呼ぶ．それに対して吸収の強い領域では，固有振動数 ω_0 で屈折率は 1 となるが，角振動数が低くなるほど屈折率は増加する．このような依存性は異常分散 (anomalous dispersion) と呼ばれる．ガラスの場合，固有振動数 ω_0 が紫外光領域になるので，赤色に比べて波長が短い青色の光に対する屈折率の方が大きい．ガラスでつくられたプリズムで光を七色に分けることができるのは，ガラスの屈折率が図 4.13 のような分散をもつからである.

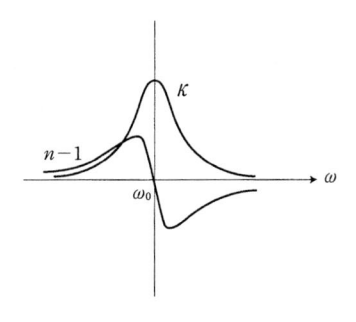

図 4.13 屈折率と消衰係数の分散

前節で述べたローレンツモデル (Lorentz model) では，電子雲と原子核がつくる電気双極子を考えたが，結晶格子を組んでいる正負のイオンも外部電場によって電気双極子を形成する．前者の分極は電子分極 (electronic polarization)，後者はイオン分極 (ionic polarization) と呼ばれるが，イオンの質量が電子のそれに比べて 3 桁ほど大きいので，固有振動数はおよそ 1/50 になる．電子分極の場合，可視光領域で光と分極の共鳴が現れるのに対して，イオン分極は，波長がおよそ 10 μm の赤外光に対して共鳴する．すなわち，光学型格子振動 (optical vibration) による吸収や反射は赤外光領域で観測されることがわかる．これらについては，次章で詳述する.

4.5.3 金属電子のプラズマ振動と光学応答

プラズマ振動 (plasma oscillation) は，自由に動ける荷電粒子の集まりで見られる振動であるので，金属中の電子に限らず半導体中の伝導電子の場合でも生ずる．金属には電荷が負の自由電子に対して正の金属イオンが同時に存在するので，結晶全体として電気的に中性である．プラズマ振動は，この電気的中性が局所的に破れることによって発生する．結晶中に電子密度の高い領域と低い領域ができたとしよう．正イオンはほとんど動けないのでイオンの密度は空間的に一定である．その結果，空間電荷が発生し，電子には密度の空間的な変動を抑えるような力がはたらいて，密度の周期的な振動が生ずる．すなわち，プラズマ振動は音響型振動 (acoustic vibration) と同じように疎密波 (compression wave) である．プラズマ振動数 ω_p は，単位体積あたりの電子数を n として次式で与えられる．

$$\omega_p = \sqrt{\frac{ne^2}{\varepsilon_0 m}} \quad \text{(SI)}$$
$$\omega_p = \sqrt{\frac{4\pi ne^2}{m}} \quad \text{(CGS)} \tag{4.71}$$

光に対する金属の応答はプラズマ振動数を境にして大きく変わる．ローレンツモデルと同じような考え方で金属の誘電率を求めよう．金属中の自由電子は原子核に束縛されていないので，復元力ははたらかない．したがって，電子の運動方程式は

$$m\frac{d^2x}{dt^2} = -eE = -eE_0 e^{-i\omega t} \tag{4.72}$$

と書ける．上式の特殊解として

$$x = -\frac{e}{m\omega^2} E \tag{4.73}$$

が得られる．したがって，電気感受率と誘電率はローレンツモデルの場合と同様にして

$$\chi = -\frac{ne^2}{\varepsilon_0 m\omega^2} \quad \text{(SI)}, \quad \chi = -\frac{ne^2}{m\omega^2} \quad \text{(CGS)}$$

$$\varepsilon(\omega) = \varepsilon_0 - \frac{ne^2}{m\omega^2} = \varepsilon_0\left(1 - \frac{\omega_p^2}{\omega^2}\right) \quad \text{(SI)}, \quad \varepsilon_r(\omega) = 1 - \frac{4\pi ne^2}{m\omega^2} = 1 - \frac{\omega_p^2}{\omega^2} \quad \text{(CGS)} \tag{4.74}$$

となる．図 4.14 に示されるように $\omega > \omega_p$ の場合，金属の誘電率は正の値である

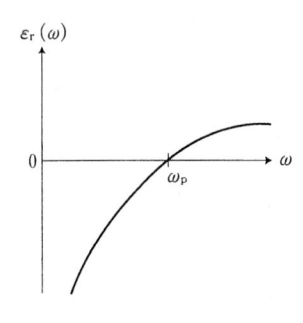

図 4.14 金属の誘電率の角振動数依存性

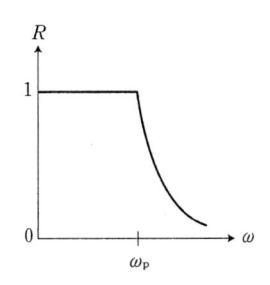

図 4.15 金属の反射スペクトルの模式図

が，$\omega<\omega_p$ では負の値となる．(4.74)式の誘電率から屈折率

$$n=\sqrt{1-\frac{\omega_p^2}{\omega^2}} \tag{4.75}$$

が得られる．$\omega<\omega_p$ では，$\varepsilon_r<0$ であるので屈折率は虚数になる．そこで，$n=in'$ として平面波の式に $k=n\omega/c$ を代入すると

$$\boldsymbol{E}=\boldsymbol{E}_0\exp\left(-\frac{n'\omega}{c}z-i\omega t\right) \tag{4.76}$$

となり，金属中を光は振動する波としては伝搬しないことがわかる．しかし，このような領域でも，$c/n'\omega$ 程度の深さには光が侵入していることに注意すべきである．

屈折率が虚数であるので，$\omega<\omega_p$ では反射率は $R=|(n-1)/(n+1)|^2$ より $R=1$ となる．図 4.15 のように $\omega<\omega_p$ では光は全反射されるが，プラズマ振動数より高い角振動数の光に対しては反射率は急激に減少する．反射する光の色が金属によって異なるのは，プラズマ振動数の違いによる．銅のプラズマ振動のエネルギーは 2.1 eV であるので，このエネルギーに対応する光の波長は 590 nm になる．したがって，これより波長の長い赤色の光が全反射されるので，銅は赤く見えるわけである．銀の場合には，この波長が紫外光の 320 nm になるので，可視光がすべて全反射される結果，白い光沢を示すことになる．

4.5.4 光の吸収と放出

図 4.16 に示すようなエネルギーが E_1 と E_2 である 2 つの準位からなる原子の集まりを考える．角振動数が $\omega=(E_2-E_1)/\hbar$ の光が入射した場合，準位 1 の電

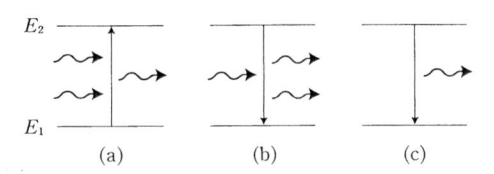

図 4.16 光の吸収と放出の過程
(a) 吸収, (b) 誘導放出, (c) 自然放出.

子が準位2に励起されて光の一部が原子系に吸収される. 一方, 光の放出には2つの過程がある. すでに準位2に電子が励起されている原子が準位1にもどるときに光を放出する過程があり, これを自然放出 (spontaneous emission) という. また, 原子系に光が入射したことによって, 電子が励起されている原子が準位1にもどり, 入射光が増幅されるのが誘導放出 (stimulated emission) である. 吸収と誘導放出は入射光によって引き起こされるので, その確率は光のエネルギー密度に比例するのに対して, 自然放出は入射光とは無関係であるのでその確率はエネルギー密度にはよらないと考えられる. 熱平衡状態にある原子系におけるこの3つの過程の釣り合いを考えたのがアインシュタインのモデルである.

温度 T で熱平衡にある空洞の中に多数の原子がおかれている. 準位1, 準位2にある原子数を, それぞれ N_1, N_2 とすると, 熱平衡にある原子数はボルツマン分布

$$\frac{N_2}{N_1} = \exp\left(-\frac{E_2-E_1}{k_B T}\right) \tag{4.77}$$

に従う. 吸収と放出の確率は電磁波のエネルギー密度 $U(\omega)$ に比例するので, その比例係数をそれぞれ, B_{21}, B_{12} とし, 自然放出の確率の係数を A_{12} とする. 放出量と吸収量とが釣り合って, 空洞内の原子が熱平衡状態にあるので

$$A_{12}N_2 + B_{12}U(\omega)N_2 = B_{21}U(\omega)N_1 \tag{4.78}$$

の関係が成り立つ. T が充分大きい場合には, 上式の第1項は第2項に比べて無視でき, さらに (4.77) 式より $N_1 = N_2$ となるので, $B_{12} = B_{21}$ が成り立つ. この関係を用いてエネルギー密度 $U(\omega)$ を求めると

$$U(\omega) = \frac{A_{12}}{B_{12}} \left[\exp\left(-\frac{\hbar\omega}{k_B T}\right) - 1\right]^{-1} \tag{4.79}$$

となる. $A_{12}/B_{12} = \hbar\omega^3/\pi^2 c^3$ とすれば, 上式はプランクの輻射公式 (Planck's radiation formula) に一致する.

A_{12}, B_{12}, B_{21} はアインシュタインの A 係数, B 係数と呼ばれ, 具体的な形は量子論を使った遷移確率の計算から求められる. 遷移の双極子モーメントを μ_{21} として, A 係数は

$$A_{12} = \frac{\omega^3 |\mu_{21}|^2}{3\pi\varepsilon_0 \hbar c^3} \tag{4.80}$$

B 係数は

$$B_{12} = \frac{\pi |\mu_{21}|^2}{3\varepsilon_0 \hbar^2} \tag{4.81}$$

と書ける. B 係数は ω に依存しないが, A 係数は ω^3 に比例するので, 自然放出は光の波長が短くなるほど高くなる. レーザ (laser) が発振するためには, 誘導放出があることと共振器によって増幅されることが必要であるが, 波長が短くなると自然放出が優勢になるために, 波長の短い光のレーザー発振がむずかしくなることがわかる.

4.6 半導体の光物性

4.6.1 反射・吸収スペクトル

反射や吸収のスペクトルから半導体のバンド構造の様子を知ることができる. 反射率は n と κ の両方に依存しているので, 反射スペクトル (refrectivity spectrum) だけから光学定数や誘電率を求めることができない. しかし, 厚さの薄い薄膜試料を用いて吸収スペクトル (absorption spectrum) を同時に測定するならば, (4.60) と (4.61) 式から n と κ が得られ, さらに, (4.52) 式から物質の性質を表す誘電率が求まる. 吸収スペクトルが測定できないような物質の場合でも, クラマース-クローニヒ変換 (Kramers-Kronig transformation) を利用することによって反射スペクトルから誘電率を求めることができる.

図 4.17 に示されるように, GaAs の反射スペクトルには図 4.1 のバンド構造を反映して, 特別なエネルギーでピークが観測される. たとえば, 1.5 eV と 2.8 eV 付近のピークは, それぞれ, Γ_8 バンドから Γ_6 バンドへの光学遷移と $L_{4,5}$ バンドから L_6 バンドへの光学遷移に対応している. バンド構造を用いて ε_1, ε_2 を計算し, さらに (4.53), (4.61) 式から反射スペクトルを計算したのが, 図 4.17 の実線のスペクトルである. このような実験から得られるスペクトルと計算とを比較することによって, バンド構造をより正確に決めることができる.

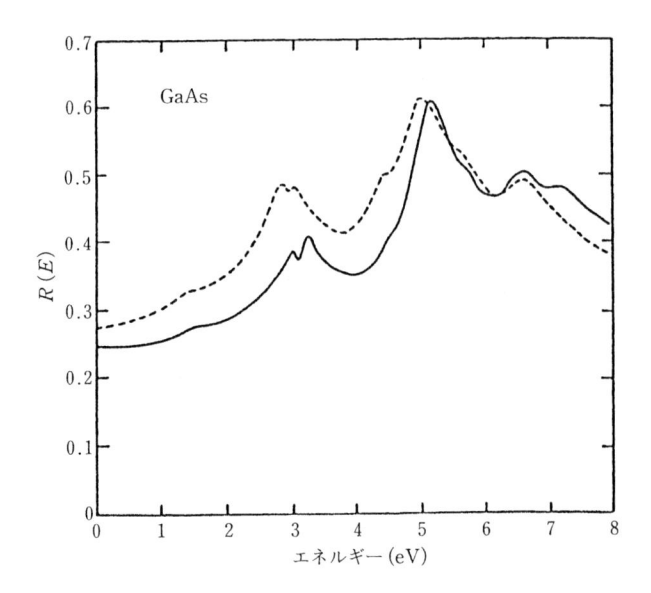

図 4.17 GaAs の反射スペクトル
実線は理論,破線は実験を示す (H. R. Philip and E. Ehrenreich : *Phys. Rev.*, **127** (1963) 1550).

次に,バンドギャップ近傍の吸収スペクトルを考えよう.可視光の波数の大きさ k は,10^5 cm^{-1} 程度であるのに対して,ブリルアンゾーン端の電子の波数は 10^8 cm^{-1} 程度の大きさをもつ.光学遷移に際して,電子と光との間にはエネルギーと運動量の保存則が成り立つ.運動量保存則は波数の保存則に相当するので価電子帯の波数 k_v の状態から伝導帯に励起された電子は,$k_c = k_v + k$ の波数をもつことになる.k_v に比べて k は充分小さいので,$k_c \sim k_v$ となり,図 4.18 に示すように,電子はほぼ垂直に遷移することになる.価電子帯の頂上と伝導帯の底がブリルアンゾーンの同じ点にある場合には,バンドギャップに相当する光子エネルギーをもつ光によって伝導帯に"直接"電子を励起することができる.これが,このような半導体が直接ギャップ半導体,または直接遷移型半導体と呼ばれる所以である.

価電子帯の電子と光との相互作用を量子論を使って計算して,吸収スペクトルを求めることができる.直接ギャップ半導体の基礎吸収に対する吸収係数は,フォトンのエネルギーを $\hbar\omega$ として次式で与えられる.

4.6 半導体の光物性

$$\alpha = \frac{A}{\omega}(\hbar\omega - E_G)^{1/2} \tag{4.82}$$

ここで，A は有効質量やバンド間の遷移行列要素などで決まる係数である．バンドギャップ近傍のフォトンエネルギー領域では ω の変化が相対的に小さいので，α は $\sqrt{\hbar\omega - E_G}$ にほぼ比例する．また，(4.82)式を

$$(\alpha\hbar\omega)^2 = (A\hbar)^2(\hbar\omega - E_G) \tag{4.83}$$

と書き換えると，$(\alpha\hbar\omega)^2$ は $\hbar\omega$ に比例する．図4.19のように，$(\alpha\hbar\omega)^2$ を縦軸，$\hbar\omega$ を横軸として描いたグラフの横軸と直線との交点がバンドギャップの値を与える．

　間接ギャップ半導体の場合には，光によって価電子帯の頂上付近の電子を伝導帯の底に直接励起することができない．図4.20に示されるように，波数の保存則のために，光学遷移はフォノンの吸収や放出を必要とする．このような間接遷移に対する吸収係数は，フォノンのエネルギーを $\hbar\Omega$ として

$$\alpha = B\left[\frac{(\hbar\omega - E_G + \hbar\Omega)^2}{\exp(\hbar\Omega/k_B T) - 1} + \frac{(\hbar\omega - E_G - \hbar\Omega)^2}{1 - \exp(-\hbar\Omega/k_B T)}\right] \tag{4.84}$$

と書ける．第1項は，価電子帯の電子がフォノンとフォトンを同時に吸収して伝導帯に励起される過程を示し，図4.21に示すように $\hbar\omega = E_G - \hbar\Omega$ から吸収が始まる．第2項は，フォノンを放出しながら同時にフォトンが吸収される過程であり，$\hbar\omega = E_G + \hbar\Omega$ より大きいエネルギーの光が吸収される．(4.84)式の分母は，フォノンがボルツマン分布していることに由来する．低温では，フォノン分布が非常に小さくなって第1項の分母が充分大きくなるので，フォノン放出をともなった光吸収が支配的になる．

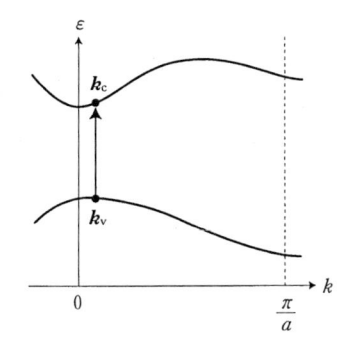

図 4.18 直接ギャップ半導体の光学遷移

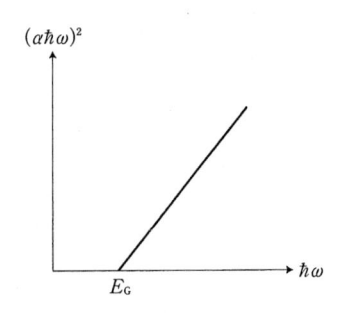

図 4.19 直接遷移における吸収係数とフォトンエネルギーの関係

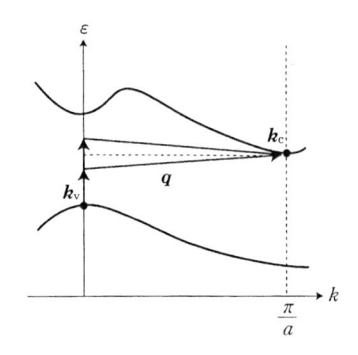

図 4.20 間接ギャップ半導体の光学遷移

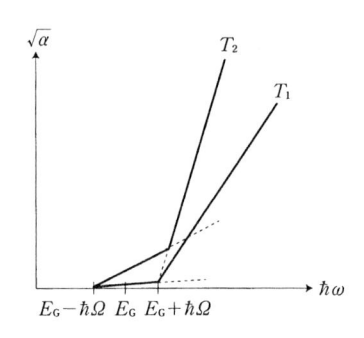

図 4.21 間接遷移における吸収係数とフォトンエネルギーの関係 $T_2 > T_1$. $\hbar\Omega$ はフォノンのエネルギーである.

4.6.2 ルミネセンス

　高温にある物質は，プランクの輻射公式に従って熱放射 (thermal emission) する．白熱電球の光はこのような熱放射によって放出された光である．しかし，物質が低い温度にあっても，外部から何らかのエネルギーを受けて励起状態がつくられて，光が放出される場合がある．このような現象，または放出される光をルミネセンス (luminescence) という．外部から入射した光によって生じるルミネセンスをフォトルミネセンス (photoluminescence)，外部刺激が電子線の場合をカソードルミネセンス (cathodoluminescence) と呼ぶ．電圧を加えた場合に発生するルミネセンスを電界発光またはエレクトロルミネセンス (electroluminescence) と呼び，広い意味では，発光ダイオードのルミネセンスもこれに分類される．また，ホタルの光は化学反応によって生じるので，ケミルミネセンス (化学発光，chemiluminescence) と呼ばれる．

　半導体結晶中には，意識的にドーピングを行わなくとも微量の不純物や格子欠陥が存在する．図 4.22 に示されるように，それらは禁制帯中に様々な電子準位をつくる．バンドギャップより大きいフォトンエネルギーをもつ光で価電子帯の電子を伝導帯に励起した場合を考えよう．伝導帯の電子は伝導帯の底へ，また価電子帯の電子が1個抜けた状態は伝導帯の頂上へ，それぞれフォノンを放出しながら緩和する．このように光によって励起状態がつくられているが，最終的には電子は光を放出して価電子帯にもどる．これが図 4.22 のルミネセンス過程 a で

4.6 半導体の光物性

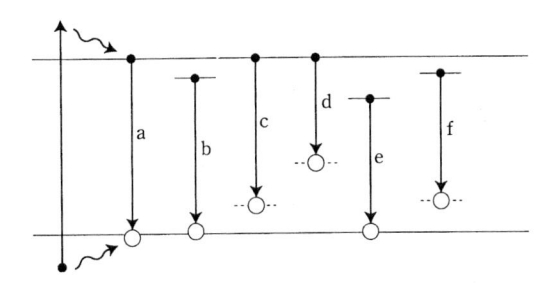

図 4.22 半導体のいろいろなルミネセンス過程

ある．これを正孔の概念を使っていうならば，波数 k_e の電子と k_h の正孔が再結合して，波数 $k=|k_e-k_h|$ のルミネセンスを出すことになる．さらに，ドナーの電子と価電子帯の正孔の再結合 (recombination, 過程 b)，伝導電子とアクセプターの正孔との再結合 (過程 c)，伝導電子と格子欠陥がつくる深い準位の正孔との再結合 (過程 d)，価電子帯の正孔と深い準位の電子との再結合 (過程 e) がある．また，ドナーとアクセプターの距離が，それぞれの波動関数に重なりが生じる程度に近い場合には，ドナーの電子とアクセプターの正孔間の再結合も起こる (過程 f)．

次に，n 形半導体に光を照射した場合の少数キャリヤーの振る舞いを考えよう．光励起する前の熱平衡状態にある電子と正孔の密度を，それぞれ，n_0, p_0 とし，光励起された電子と正孔の密度を Δn, Δp とすると，電子と正孔の密度，n, p は

$$n=n_0+\Delta n, \quad p=p_0+\Delta p \tag{4.85}$$

である．光の強度があまり強くなく，$\Delta n \ll n_0$ の場合，$n_0 \gg p_0$ を考慮すると，少数キャリヤーである正孔のレート方程式 (rate equation) を考えればよい．レート方程式は

$$\frac{d\Delta p}{dt}=-\frac{\Delta p}{\tau_p} \tag{4.86}$$

と書ける．τ_p は正孔の寿命であり，その大きさは多数キャリヤーの電子との再結合で決められる．

4.6.3 発光ダイオード

n 形と p 形の半導体を接合して電流を流すと，電子と正孔が注入されてルミネ

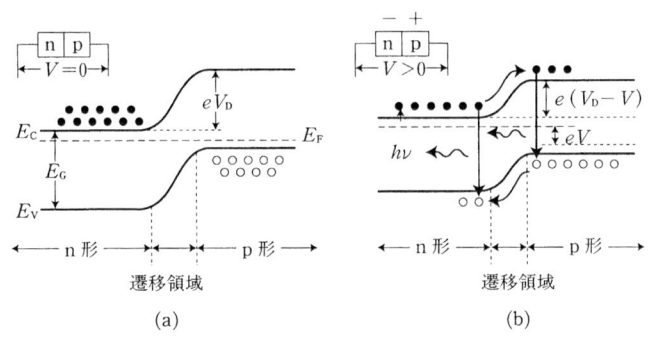

図 4.23 p-n 接合のバンド図
(a) バイアス電圧 = 0, (b) バイアス電圧 = $V > 0$.

センスが生じる．これが発光ダイオード (LED) である．図 4.23 は p-n 接合のエネルギーバンド図を示す．接合部には電子と正孔の密度差があるので，p 形領域から正孔が n 形領域に拡散し，n 形領域からは電子が p 形領域に拡散する．したがって，n 形領域の接合部付近では電子が不足して正に帯電したイオン化ドナーによる空間電荷が現れ，反対に，p 形領域にはイオン化アクセプターの空間電荷が現れる．このようなキャリヤーの拡散によって電気 2 重層 (electro static dipole layer) ができ，その電場がキャリヤーのそれ以上の拡散を妨げる．図 4.23 (a) のように，外部から電圧を加えない場合には，n 形と p 形領域のフェルミ準位は一致し，遷移領域に電位差 V_D が生じる．

p 形が正になるように順方向のバイアス電圧 (bias voltage) $V(>0)$ を加えると，遷移領域の電位差は $V_D - V$ に減少する．図 4.23 (b) のように障壁が低くなるので，n 形領域から p 形領域へ電子が注入され，p 形領域からは正孔が n 形領域へ注入される．それぞれの領域に入った少数キャリヤーは，遷移領域との境界の近くで多数キャリヤーと再結合して光を放出する．

ここで，p-n 接合の電流-電圧特性について考えよう．順方向バイアスの場合，遷移領域の障壁 (barrier) が低くなるので，ボルツマン因子 $\exp(eV/k_B T)$ に従って電流は増加する．反対に，逆方向バイアスの場合には，バイアス電圧の増加とともに障壁が高くなり，電流はあまり流れない．p-n 接合を流れる電流密度は

$$J = J_s \left(\exp\frac{eV}{k_B T} - 1 \right) \tag{4.87}$$

で与えられる．ここで，J_s は飽和電流密度 (saturation current density) である．図 4.24 に示されるように，順方向に電圧を加えると電流は指数関数に従って増加するが，逆方向の場合には電流の V に対する依存性は弱く，$-J_s$ に近づく．これが p-n 接合の整流特性 (rectification characteristic) である．

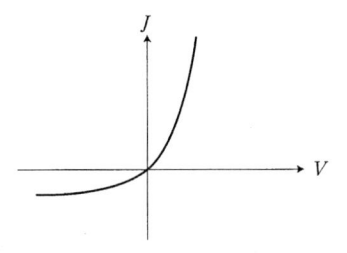

図 4.24 p-n 接合の電流-電圧特性

4.7 物質の非線形な光学応答

4.4.2 項では光電場で誘起される線形な分極を考えたが，光電場が強くなると非線形な分極も重要となる．光電場が弱い場合には屈折率は光の強度に依存しないが，電場が強くなるとこれらの光学定数は定数として扱えなくなる．また，入射した光の振動数の 2 倍や 3 倍の振動数をもつ光が発生する現象が起こる．ここでは，非線形分極に注目して非線形光学現象 (nonlinear optical phenomenon) について考えよう．

4.7.1 非線形分極

ローレンツモデルでは光電場で誘起された分極をバネの振動に見立てたが，バネにはたらく復元力として変位の高次の項に依存した力も考えることができる．非線形分極はこのような非線形項を考慮することに基づく．分極として電場の高次の項を考慮すると

$$\begin{aligned} \boldsymbol{P} &= \varepsilon_0 [\chi^{(1)}\boldsymbol{E} + \chi^{(2)}\boldsymbol{E}^2 + \chi^{(3)}\boldsymbol{E}^3 + \cdots] \quad \text{(SI)} \\ \boldsymbol{P} &= [\chi^{(1)}\boldsymbol{E} + \chi^{(2)}\boldsymbol{E}^2 + \chi^{(3)}\boldsymbol{E}^3 + \cdots] \quad \text{(CGS)} \end{aligned} \quad (4.88)$$

と書ける．$\chi^{(1)}$ がこれまでの線型応答の χ であり，$\chi^{(2)}\boldsymbol{E}^2$ 以下の項を非線形分極と呼び，$\chi^{(2)}$ と $\chi^{(3)}$ は 2 次と 3 次の非線形電気感受率である．電気感受率 $\chi^{(1)}$ が 2 階のテンソル量で表されるように，$\chi^{(2)}$ は 3 階のテンソル量，$\chi^{(3)}$ は 4 階のテンソル量で表される．$\chi^{(2)}$ は一般に 27 個の要素をもつが，物質の対称性によって 0 でない要素の数は減り簡単になる．反転対称性をもつ物質では，位置座標を (x, y, z) から $(-x, -y, -z)$ に書き直しても物質としては変化がないので，$\chi^{(2)}$ は不変である．しかし，この置き換えによってベクトルである 2 次の分極 $\boldsymbol{P}^{(2)}$ は $-\boldsymbol{P}^{(2)}$ となり，$\boldsymbol{E}$ は $-\boldsymbol{E}$ となる．したがって，$\chi^{(2)} = -\chi^{(2)}$ になるので，$\chi^{(2)}$

$=0$ でなければならない．このように反転対称性のある物質では偶数次の非線形分極は現れないことがわかる．

4.7.2 2次と3次の非線形光学現象

角振動数 ω_1 と ω_2 の光を物質に入射した場合に誘起される2次の非線形光学現象について考えよう．入射光の電場を

$$\begin{aligned}\boldsymbol{E}_1(\boldsymbol{r}, t) &= \boldsymbol{E}_{10}\cos(\omega_1 t - \boldsymbol{k}_1\cdot\boldsymbol{r} + \varphi_1) \\ \boldsymbol{E}_2(\boldsymbol{r}, t) &= \boldsymbol{E}_{20}\cos(\omega_2 t - \boldsymbol{k}_2\cdot\boldsymbol{r} + \varphi_2) \\ \boldsymbol{E}(\boldsymbol{r}, t) &= \boldsymbol{E}_1(\boldsymbol{r}, t) + \boldsymbol{E}_2(\boldsymbol{r}, t)\end{aligned} \qquad (4.89)$$

とすると，CGS 単位系の $\boldsymbol{P}^{(2)}$ は三角公式などを使って

$$\begin{aligned}\boldsymbol{P}^{(2)} = &\frac{1}{2}\chi^{(2)}\boldsymbol{E}_{10}^2[1+\cos(2\omega_1 t - 2\boldsymbol{k}_1\cdot\boldsymbol{r} + 2\varphi_1)] \\ &+ \frac{1}{2}\chi^{(2)}\boldsymbol{E}_{10}\boldsymbol{E}_{20}\{\cos[(\omega_1-\omega_2)t-(\boldsymbol{k}_1-\boldsymbol{k}_2)\cdot\boldsymbol{r}+\varphi_1-\varphi_2] \\ &+ \cos[(\omega_1+\omega_2)t-(\boldsymbol{k}_1+\boldsymbol{k}_2)\cdot\boldsymbol{r}+\varphi_1+\varphi_2]\} \\ &+ \frac{1}{2}\chi^{(2)}\boldsymbol{E}_{20}^2[1+\cos(2\omega_2 t - 2\boldsymbol{k}_2\cdot\boldsymbol{r} + 2\varphi_2)] \quad \text{(CGS)} \qquad (4.90)\end{aligned}$$

と書ける．角振動数がゼロの成分は電磁波の整流作用，$2\omega_1$ と $2\omega_2$ の成分は ω_1 と ω_2 の光の第2高調波発生を表す．また，$\omega_1-\omega_2$ は差周波発生，$\omega_1+\omega_2$ は和周波発生を示す．このように波長の異なる2つの光から任意の波長の光がつくれることがわかる．2次の非線形光学現象が顕著に現れる物質として，KH_2PO_4 (KDP) や $LINbO_3$ など異方性のある誘電体結晶が知られている．

次に，3次の非線形光学現象について考えよう．3次の非線形分極は電場が3回作用したものであるから，3つの光の角振動数を ω_1 とすれば2次の場合と同様の議論により，角振動数が $3\omega_1$ の成分と $2\omega_1-\omega_1=\omega_1$ の成分があることがわかる．$3\omega_1$ の成分は第3高調波発生であり，ω_1 の成分は屈折率や吸収係数の強度依存性を示す．

簡単のために等方的な物質を仮定すると，3次の非線形分極 $\boldsymbol{P}^{(3)}$ は，

$$\boldsymbol{P}^{(3)}(\boldsymbol{r}, t) = \chi^{(3)}|\boldsymbol{E}|^2\boldsymbol{E}_0\cos(\omega_1 t - \boldsymbol{k}_1\cdot\boldsymbol{r}) \quad \text{(CGS)} \qquad (4.91)$$

と書ける．2次の非線形電気感受率が小さい物質の場合，3次の非線形分極まで考慮した全分極は

$$\boldsymbol{P}(\boldsymbol{r}, t) = \chi^{(1)}\boldsymbol{E}_0\cos(\omega_1 t - \boldsymbol{k}_1\cdot\boldsymbol{r}) + \chi^{(3)}|\boldsymbol{E}|^2\boldsymbol{E}_0\cos(\omega_1 t - \boldsymbol{k}_1\cdot\boldsymbol{r}) \quad \text{(CGS)} \quad (4.92)$$

となる．$\chi^{(3)}$ は複素数であるから，

$$\chi^{(3)} = \mathrm{Re}\,\chi^{(3)} + \mathrm{Im}\,\chi^{(3)} \tag{4.93}$$

として，3次の非線形分極を考慮した屈折率 n_{NL}

$$n_{\mathrm{NL}} = n + \frac{2\pi\,\mathrm{Re}\,\chi^{(3)}}{n}|\boldsymbol{E}|^2 \quad (\mathrm{CGS}) \tag{4.94}$$

が得られる．また，吸収係数 α_{NL} は

$$\alpha_{\mathrm{NL}} = \alpha + \frac{4\pi\omega\,\mathrm{Im}\,\chi^{(3)}}{nc}|\boldsymbol{E}|^2 \quad (\mathrm{CGS}) \tag{4.95}$$

である．上式から，屈折率や吸収係数が，光の強度に依存することがわかる．

3次の非線形性を利用した光トランジスターの原理を紹介しよう．大きな $\chi^{(3)}$ をもつ物質を内部に入れたファブリー-ペロー共振器 (Fabry-Pérot resonator) を図 4.25 に示す．左側から入射した波長 λ の光は，2枚の平面鏡の間で多数回反射を繰り返すが，多重干渉によって特定の条件を満たしたときのみ，光は共振器を透過することができる．平面鏡の反射率を R，共振器の長さを d，物質の屈折率を n，入射角を θ とすると，共振器の透過率 T は

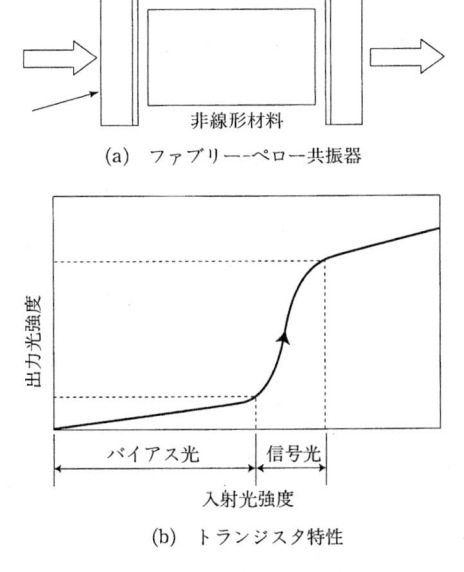

図 4.25 ファブリー-ペロー共振器 (a) と光トランジスタの原理 (b)

$$T=\frac{(1-R)^2}{(1-R)^2+4R\sin^2(\delta/2)}$$
$$\delta=(4\pi nd/\lambda)\cos\theta$$
(4.96)

で与えられる．ここで，δ は反射による位相差で，この値によって透過率は0から1まで変化する．λ, θ, d が一定の場合，入射光の強度によって物質の屈折率が変化するならば，δ が変化して透過率が変わる．そこで，図4.25のように適当なバイアス光を加えておいて信号光を入射させるならば，屈折率変化が非線形であるので透過率を急激に変えることができる．信号光の入射によって出力光強度が0に近い状態から1に近い状態に変化して，トランジスター作用が起こる．共振器内に半導体を入れて，そのバンド間遷移に関係した非線形分極を利用する方法などが考えられている．

5. 誘電的性質

5.1 誘 電 性

すでに学んできたように物質は結晶格子とそのまわりの電子から構成される．導体内には自由電子が存在し，導体を電場内におくと導体内部の電場を完全に打ち消すように自由電子が表面に分布する(静電誘導，electrostatic induction)(図5.1(a))．一方，絶縁体では電子は結晶の格子点周辺に局在していることによって正負の電荷の重心は一致しているが，電場を印加するとその重心は少し変位し，表面に電荷が滲み出て内部の電場を打ち消そうとする．しかし完全に打ち消すことはできない(図5.1(b))．このように外部電場により絶縁体内の正負の電荷がずれて内部の電場が弱められる現象を誘電分極(dielectric polarization)，あるいは分極(polarization)，またこのような性質全般を誘電性(dielectric property)という．物理学や電気・電子工学では分極を起こす物質を誘電体(dielectric)と呼ぶ．分極は電場のみならず外部からの応力によって発生することもある．誘電体は電流の流れを阻止する絶縁体以外に，回路要素としてのコンデンサー，電気機械変換素子としてのアクチュエータ，コンピュータの不揮発メモリなど，先端技術を支える材料として用途は広い．

物性物理学としての誘電体の研究は外場(周波数は直流から光の領域まで)に対する物質中の結晶格子や電子からの応答を種々の手段で調べ，それらの誘電性における役割を調べるものである．誘電性は電子と結晶格

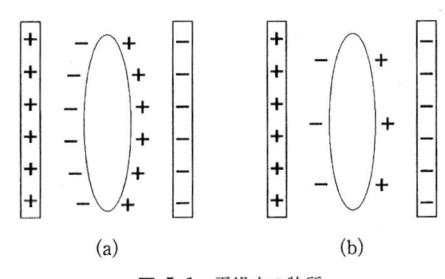

図 5.1 電場中の物質
(a) 導体の静電誘導，(b) 誘電分極の発生．

子の両者に同程度に支配される複雑な現象であり,誘電性を統一的に説明する普遍的理論があるわけではない.しかし誘電体の物性物理には量子論的な固体物理の確立以前から発展してきた長い歴史があり,そこから物質をとらえるための重要な考え方が生まれてきた.本章では,そのような誘電性を考えるうえでの基本概念を解説する.

5.2 誘電体の電磁気学

すでに4章で物質の光に対する応答という立場から誘電性の基本概念のいくつかは導入されているが,本節では誘電体に関係した初歩的な電磁気学の立場から用語の復習をする.図5.2(a),(b),(c)のような平行平板コンデンサー(面積 S m², 隙間 d m)を使い説明しよう.

5.2.1 電場,電束密度,分極,誘電率

図5.2(a)のように極板上に面密度 $\pm\sigma_f$ (C/m²)の真電荷が存在するとき,隙間の空間は電束密度(electric flux density)という量で特徴づける.電束密度はベクトル量として $\boldsymbol{D}$ で表し,方向は + から - の真電荷の向きにとる.その大きさを D (C/m²)とすると $D=\sigma_f$ である.一方,コンデンサーの面積が充分広いとき,隙間の電場の大きさ E は

$$E = \frac{\sigma_f}{\varepsilon_0} \tag{5.1}$$

である.ε_0 を真空の誘電率(dielectric constant)と呼び,8.854×10^{-12} F/m である.電場はベクトルとして $\boldsymbol{E}$ で表すと,真空中の電場と電束密度の関係はベクトル形式では

$$\boldsymbol{D} = \varepsilon_0 \boldsymbol{E} \tag{5.2}$$

である.

次にコンデンサーの隙間を誘電体で満たす(図5.2(b)).誘電体は電場を感じて分極電荷が表面に現れる.その密度を σ_p とする.この単位は D と同じく C/m² である.符号は真電荷とは逆で $|\sigma_f|$

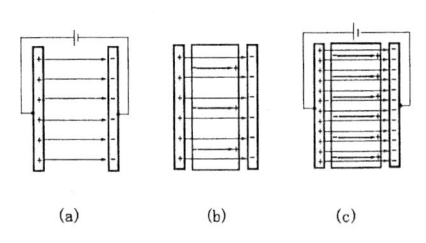

図 5.2 平行板コンデンサ
比誘電率が2の誘電体を挿入したときの模式図である.分極 P は太い線,電束密度 D は細い線で表している.誘電体内の電場は書いていないが,(a)と(c)は同じ,(b)では(a)の1/2である.(a)隙間が真空の場合,(b)誘電体が満たされたとき(電荷を(a)と同じに保つ),(c)誘電体が満たされたとき(電圧を(a)と同じに保つ).

$>|\sigma_p|$ である.ここで分極をベクトル量として P で表し,以下のように定義する. P の大きさは σ_p であり(または P と書く),方向は負から正の分極電荷の向きにとる.そうすると誘電体の中では D と P の向きは同じになる.

ところで誘電体の中の観測者には極板上の電荷が単に $\sigma_f - \sigma_p$ のように減じて見える.したがって誘電体内の電場の大きさは $E = (\sigma_f - \sigma_p)/\varepsilon_0 = (D-P)/\varepsilon_0$ であり真空中よりも小さい. D について整理してベクトル形式で表すと

$$D = \varepsilon_0 E + P \tag{5.3}$$

を得る.(5.2)式と(5.3)式の D は同じであるが(5.3)式の電場 E の大きさは(5.2)式のそれより小さい.すなわち分極 P が発生して誘電体中の電場が弱くなると考える.なお分極 P がつくる電場 $(-P/\varepsilon_0)$ のことを反電場(depolarizing field)という.

一方,そのようには考えずに,誘電体が満たされたことで空間の性質が変わり電場が弱くなるとしてもよい.それを表現するには(5.2)式の ε_0 をその誘電体固有の値に置き換える.すなわち

$$D = \varepsilon E \tag{5.4}$$

と書き, ε をその物質の誘電率という.もちろん $\varepsilon > \varepsilon_0$ である. $\varepsilon = \varepsilon_r \varepsilon_0$ のような ε_r を導入してこれを比誘電率(specific dielectric constant)という.また分極の大きさは誘電体が感じる電場の強さに比例するので,比例定数 χ を導入して

$$P = \varepsilon_0 \chi E \tag{5.5}$$

と書き, χ を電気感受率(electric susceptibility)という.図5.2(b)からも明らかなように P と E は同方向であるので $\chi > 0$ である.なお電場の印加なしで分極をもつ物質があるがこのときは(5.5)式は成立しない.後に述べるが,これを強誘電体(ferroelectric)という.

(5.5)式を(5.3)式に入れると,

$$\varepsilon = \varepsilon_0 (1 + \chi) \tag{5.6}$$

を得る.比誘電率 ε_r との関係は $\varepsilon_r = 1 + \chi$ である.

本章は主に SI 単位系で記述する.CGS 単位系では, $D = E + 4\pi P = \varepsilon_r E = (1 + 4\pi \chi) E$ である.また ε_r はどちらの単位系でも同じである.

5.2.2 誘電体とコンデンサーの容量

極板上の真電荷の総量と極板間電圧の比を,コンデンサーの静電容量(electrostatic capacity) C と定義する．そうすると図 5.2 (a) の場合は

$$C=\sigma_{\mathrm{f}}\frac{S}{V}=\varepsilon_0\frac{S}{d} \tag{5.7}$$

である．ところで図 5.2 (c) のように極板間電圧 V を一定に保ち（電池をつないだまま）誘電体を満たすと極板上に分極電荷 σ_{p} が現れるが，それを打ち消すために真電荷 σ_{b} が電池から補給される．極板上の真電荷密度 (true charge density) は $\sigma_{\mathrm{f}}+\sigma_{\mathrm{b}}$ であり電束密度は $D=\sigma_{\mathrm{f}}+\sigma_{\mathrm{b}}$ となる．誘電体内の電場 E は (5.4) 式より $(\sigma_{\mathrm{f}}+\sigma_{\mathrm{b}})/\varepsilon$ であるが，これは電場 $E(=V/d)=\sigma_{\mathrm{f}}/\varepsilon_0$ に等しい．これより $(\sigma_{\mathrm{f}}+\sigma_{\mathrm{b}})/\sigma_{\mathrm{f}}=\varepsilon/\varepsilon_0=\varepsilon_{\mathrm{r}}$ でありコンデンサーに溜まる電荷は比誘電率倍になる．したがって容量 C は

$$C=\varepsilon\frac{S}{d}=\varepsilon_{\mathrm{r}}\varepsilon_0\frac{S}{d} \tag{5.8}$$

となる．C を大きくするには誘電率の高い材料を間に満たせばよい．また物質の誘電率は整形した誘電体の両端に電極を付けコンデンサーを構成しその容量を測り，(5.8) 式より求める．そのような誘電率は直流から数 100 kHz までの測定周波数のものである．表 5.1 にその程度の周波数で測ったいくつかの物質の誘電率を示す．

表 5.1 種々の物質の比誘電率（とくに指定がないものは，1 気圧で室温付近の値）

物質 (方向)	測定周波数 (Hz)	比誘電率	物質 (方向)	測定周波数 (Hz)	比誘電率
(無機固体)			(高分子)		
NaCl	$10^2 \sim 10^7$	5.9	硬質塩化ビニル	10^6	2.3~3.1
KBr	2×10^6	4.8	ポリエチレン	10^6	2.2~2.4
ZnO (a)	10^5	8.4			
(c)	10^5	9.9	(液体)		
SiO$_2$ (a)	—	4.5	C$_6$H$_6$	3×10^9	2.28
(c)	—	4.6	CCl$_4$	3×10^9	2.24
TiO$_2$ (a)	10^6	85.8	C$_2$H$_5$OH	3×10^9	4.67
(c)	10^6	170	H$_2$O	9.3×10^9	61.5
Al$_2$O$_3$ (a)	$10^2 \sim 3\times 10^8$	8.6			
(c)	$10^2 \sim 3\times 10^8$	10.6	(気体，1 気圧，0 ℃)		
GaAs	$2\times 10^4 \sim 3\times 10^6$	12.5	Ar	24×10^9	1.0005557
BaTiO$_3$ (a)	10^6	2920	O$_2$	9×10^9	1.0005320
(c)	10^6	168	N$_2$	9×10^9	1.0005870
LiNbO$_3$ (a)	10^6	約 80	He	9×10^9	1.0000705
(c)	10^6	約 30			
石英ガラス	10^6	3.5~4.0			

一般に誘電率は, (5.5)式の分極が電場の時間変化に追随できないことがあるために, その測定周波数に依存する. その周波数依存を調べることは物質の内部構造を探る有力手段であり, これが誘電体の物性物理学そのものといってよいだろう.

5.3 分極の微視的起源

物質の分極は(5.5)式の電気感受率 χ により決まるが, ここまでの分極は電磁気学における巨視的量である. 微視的には分極は物質を構成する正負の電荷の重心が変位して発生する電気双極子モーメント (electric dipole moment) m により定義される. m は, 電荷を $\pm q(C)$, 負から正電荷の重心への方向のベクトルを l (長さを l(m) とする) として

$$m = ql \tag{5.9}$$

とする (図5.3参照). ところで m は位置ベクトル r の場所に

$$E_m = \frac{1}{4\pi\varepsilon_0}\left\{\frac{(3m\cdot r)r}{r^5} - \frac{m}{r^3}\right\} \tag{5.10}$$

のような電場をつくる. 物質中には多数の m が存在し, その間には複雑な相互作用が発生する. このような相互作用をまともに取り込むことはできないので様々な工夫が必要になる. 本節ではこのような分極の微視的な起源について述べる.

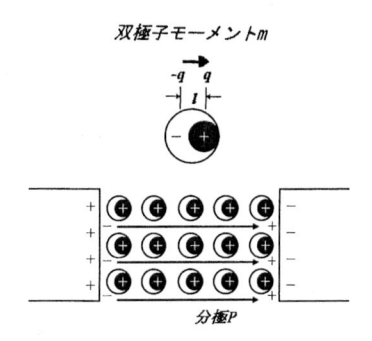

図 5.3 電気双極子モーメント m の向きは負電荷から正電荷にとる.

5.3.1 電気双極子モーメントと分極, 分極率

誘電体の中で, 電場の印加により発生した平均の電気双極子モーメントを m (Cm), 単位体積中の数を $N(1/m^3)$ とすると, 分極の定義は

$$P = Nm \tag{5.11}$$

であり, 当然巨視的な分極の次元と一致する. 現実には異なる種類の双極子が複数含まれるので, (5.10)式は $P = \sum N_i m_i$ のように書くべきであるが, 以下では簡略化する. さらに m は, それが感じる電場 E と1個の電気双極子モーメントによる分極率 α という量を使い

$$m = \alpha E \tag{5.12}$$

のように表す.物質の誘電的性質はこの α で決まり,α の微視的起因を論ずることが誘電性の議論である.なお電場や分極はベクトル,分極率はテンソルであり,方向に依存した量であるが,以下ではその大きさのみを問題とする.なお SI 単位系の α_{SI} と CGS 単位系の α_{CGS} の関係は,$\alpha_{SI} = 4\pi\varepsilon_0 \times 10^{-6} \alpha_{CGS}$ である.

5.3.2 分極率の分類

物質の分極率 α は,電子分極率(electronic polarizability)α_e,イオンの分極率 α_i,永久双極子モーメント μ の配向分極率 α_p の和 $\alpha = \alpha_e + \alpha_i + \alpha_p$ からなると考える.

まず電子分極率を説明する.電場のない状態では原子やイオン内の正負の電荷の重心は一致しているが電場を印加するとそれがずれる(図 5.4(a) 参照).そのために発生する電気双極子モーメントを m_e とすると,電子分極率 α_e とは

$$m_e = \alpha_e E \tag{5.13}$$

のような α_e のことである.

次にイオン分極率(ionic polarizability)α_i とは,正負のイオンが電場方向にそれぞれ変位することで発生する分極 m_i(図 5.4(b) 参照)に関係しており

$$m_i = \alpha_i E \tag{5.14}$$

のように表した α_i のことである.電子分極やイオン分極は変位分極(displacive polarization)とも呼ばれ,後述する調和振動子のモデルで表される.

次に配向分極率(orientational polarizability)α_p について説明する.永久双極子モーメント μ をもつ気体や液体では

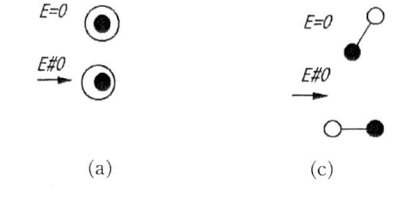

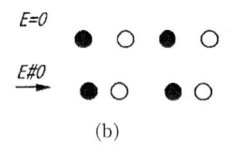

図 5.4 物質中の双極子モーメントの種類 黒丸は正電荷の部分,白丸は負電荷の部分を表す.(a) 電子分極,(b) イオン分極,(c) 配向分極.

μ は全方向に同等に向いているが,電場を印加するとその方向に配向する(図 5.4(c)).μ の間に相互作用がないとき温度 T での電場方向の平均値 $\langle \mu \rangle$ は

$$\langle \mu \rangle = \frac{\int_0^\pi \mu E\cos\theta e^{\mu E\cos\theta\pi/k_B T} 2\pi\sin\theta d\theta}{\int_0^\pi e^{\mu E\cos\theta\pi/k_B T} 2\pi\sin\theta d\theta} \fallingdotseq \frac{\mu^2 E}{3k_B T} \tag{5.15}$$

である．θ は電場と μ の間の角，k_B はボルツマン定数である．したがって配向分極率 α_p は

$$\alpha_p = \frac{\mu^2}{3k_B T} \tag{5.16}$$

となる．

表5.2には単原子イオンの電子分極率を，また表5.3に分子の永久双極子モーメント μ の値を示した．CGS単位での素電荷 4.8×10^{-10} cgsesu が $1\,\text{Å}$ ($= 10^{-8}$ cm) 程度変位したときの μ は 1×10^{-18} のオーダであるので，1×10^{-18} を単位として μ を測り，これをデバイ単位 (DU) と呼ぶ．

表 5.2 単原子イオンの電子分極率（単位は 10^{-24}cm^3）*

Li$^+$	0.029	Ca^{2+}	1.1	Cl$^-$	3.06
Na$^+$	0.312	Sr^{2+}	1.6	Br$^-$	4.28
Cs$^+$	3.02	Ba^{2+}	2.5	I$^-$	6.52

* SI単位への換算は $4\pi\varepsilon_0\times 10^{-6} = 1/9\times 10^{-15}$ をかける．

表 5.3 分子の永久双極子モーメントの値（単位は 1×10^{-18} cgsesu = 1DU）*

NH$_3$	1.46	CHCl$_3$	1.02
NO$_2$	0.3	CH$_3$Cl	1.8
SO$_2$	1.7	HCOOH	1.51
H$_2$O	1.84	CH$_3$COOH	1.73

* SI単位系への換算は $1/3\times 10^{11}$ をかける．

5.3.3 局所電場

物質の中の分子が感じる微視的な電場は，真空中の1個の分子が感じる電場とは異なる．5.3.2項のような議論をする場合は，微視的な電場を使わなければならない．等方体や立方晶系の結晶では，そのような微視的電場 E_{loc} を

$$E_{\text{loc}} = E + \frac{P}{3\varepsilon_0} \tag{5.17}$$

のように書き，ローレンツの局所電場 (Lorentz's local field) と呼ぶ．この式は次のように導出される．

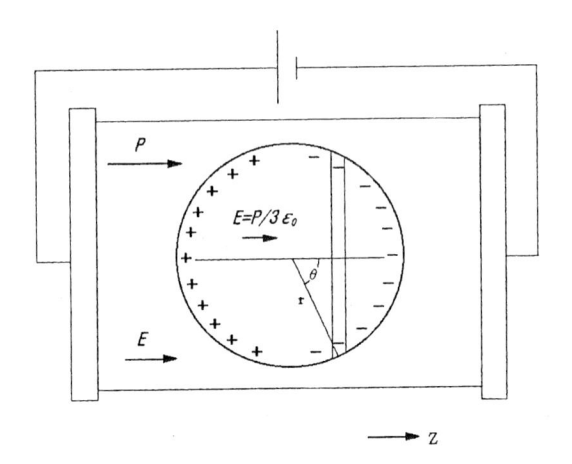

図 5.5 ローレンツの局所電場
球の表面の電荷密度は $P\cos\theta$, 短冊状の部分の面積は $2\pi r^2 \sin\theta d\theta$ であり, これに z 方向の成分としてさらに $\cos\theta$ がかかる. 球内には点双極子が存在していると考える.

　誘電体は1種類の分子からなり, その分子は電気双極子モーメントの z 成分だけをもつ点双極子 $\boldsymbol{m}=(0,0,m)$ とする. 図 5.5 のように, ある点双極子を中心に微視的に多数の点双極子が真空中に配列している球を考え, 球外は巨視的に連続的な誘電体とする. 誘電体の両極に外部電場 E を印加すると, 球の内表面には分極電荷 $P(\mathrm{C/m^2})$ が滲み出る. 球の中心部では外部電場 E を, P がつくる電場 E_1 を, および球内の微視的な点双極子がつくる電場 E_2 を感じる. まず E_1 は図のように球の表面を帯状に区切り積分することで求められる. すなわち

$$E_1 = \frac{\int_0^\pi (P\cos\theta 2\pi r^2 \sin\theta d\theta)\cos\theta}{4\pi\varepsilon_0 r^2} = \frac{P}{3\varepsilon_0} \tag{5.18}$$

となる. 一方, E_2 は (5.10) 式の1個の点双極子の電場を球内の全点双極子に関して加えればよい. r_1 を点極子の位置ベクトルとし, 原点の電場は

$$\boldsymbol{E}_2 = -\frac{1}{4\pi\varepsilon_0} \sum \left\{ \frac{(3\boldsymbol{m}\cdot\boldsymbol{r}_1)\boldsymbol{r}_1}{r_1^5} - \frac{\boldsymbol{m}}{r_1^3} \right\} \tag{5.19}$$

のような和になるが, 成分別に書けば, $E_{2x}=-\sum 3mz_1x_1/4\pi\varepsilon_0 r_1^5$, $E_{2y}=-\sum 3mz_1y_1/4\pi\varepsilon_0 r_1^5$, $E_{2z}=-\sum m(3z_1^2-r_1^2)/4\pi\varepsilon_0 r_1^5$ である. 点双極子の配置がランダムまたは立方対称状であれば上記の和はすべてゼロになるので, F は (5.17) 式のようになる.

5.3.4 誘電率と分極率を結びつける式とその応用

(5.17) 式の E_{loc} を (5.12) の E の代わりに使うと分極の式 (5.10) は，$P = N\alpha(E + P/3\varepsilon_0)$ と書けるが，これを P について解くと，電気感受率 χ の表式が得られる．すなわち

$$\chi = \frac{N\alpha/\varepsilon_0}{1 - N\alpha/3\varepsilon_0} \tag{5.20}$$

となる．(5.7) 式を使い，$N\alpha/3\varepsilon_0$ について整理し α を各成分の和で書くと

$$\frac{\varepsilon_r - 1}{\varepsilon_r + 2} = \frac{N}{3\varepsilon_0}(\alpha_e + \alpha_i + \alpha_p) \tag{5.21}$$

になるが，これをクラウジウス-モソッティ (Clausius-Mossotti) の式と呼ぶ．光学領域では比誘電率 ε_r は屈折率 n の 2 乗，α_i や α_p は電場に追従できないのでゼロとして

$$\frac{n^2 - 1}{n^2 + 2} = \frac{N}{3\varepsilon_0}\alpha_e \tag{5.22}$$

と書きローレンツ-ローレンス (Lorentz-Lorenz) の式という．これより電子分極率が求められる．

物質が永久双極子をもつ分子集団を含まない場合，(5.21) 式で $\alpha_p = 0$ となる．非極性の気体や液体の誘電率は，温度や圧力変化に対して大きな変化を示さないことが知られているが，これは (5.21) 式で α_e や α_i も一定であることを意味する．

一方，双極子モーメント μ をもつ分子を含む分子集団の場合，(5.21) 式は

$$\frac{\varepsilon_r - 1}{\varepsilon_r + 2} = \frac{N}{3\varepsilon_0}\left(\alpha_e + \alpha_i + \frac{\mu^2}{3k_B T}\right) \tag{5.23}$$

であるので，さらに α_i を無視して (5.22) 式から得られる α_e を n で表すと

$$\frac{\varepsilon_r - n^2}{(n^2 + 2)(\varepsilon_r + 2)} = \frac{N\mu^2}{27\varepsilon_0 k_B T} \tag{5.24}$$

となる．(5.23) 式や (5.24) 式はランジュヴァン-デバイ (Langevin-Debye) の式と呼ばれ，極性気体 (polar gas) や希薄極性液体 (dilute polar liquid) では $1/T$ にほぼ比例するので，その傾きから μ が決定される (図 5.6 参照)．

ところでこれらは極性液体 (polar liquid) や

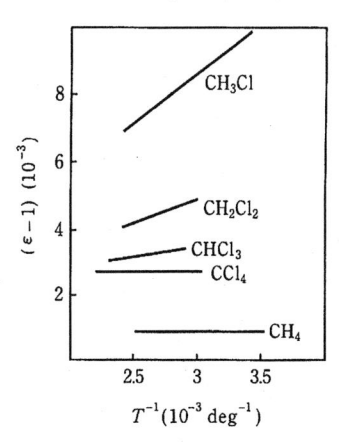

図 5.6 種々の気体の誘電率の $1/T$ プロット 双極性でない気体は温度依存性を示さない．

固体の実験結果を説明できない．その理由は(5.17)式の局所電場が単に分極 P に比例するとされており，単純すぎるためである．双極子の周辺の短距離秩序までを考慮して極性液体に適用できる式は

$$\frac{(\varepsilon_r - n^2)(2\varepsilon_r + n^2)}{(n^2+2)^2 \varepsilon_r} = \frac{N\mu^2}{9\varepsilon_0 k_B T} \tag{5.25}$$

であり，これをオンサーガー(Onsager)の式という．さらに固体にも適用できるフレーリッヒ(Fröhlich)やカークウッド(Kirkwood)の式もある．

5.4 誘 電 分 散

誘電率が測定電場 E の振動数に依存する現象を誘電分散(dielectric dispersion)という．これは低周波数では電場に追随していた慣性の大きい P が，高周波で追随できなくなるために起こる．

5.4.1 複素誘電率

誘電分散を記述するためには複素誘電率(complex dielectric constant)を導入する．物質に $Ee^{i\omega t}$ の角周波数 ω の交流電場が印加されると電束密度 D も変化して，その振動は $De^{i(\omega t - \delta)}$ のように位相が δ だけ遅れる．静電的な場合と同様に $D(\omega, t)$ と $E(\omega, t)$ を線形関係で結ぶとすると，比例定数の ε は複素数でなければならない．以下では比誘電率 ε_r を単に ε と書くことにする．そこで ε を ω の関数として

$$\varepsilon(\omega) = \varepsilon_1(\omega) - i\varepsilon_2(\omega) \tag{5.26}$$

のように書きこれを複素誘電率とよぶ．$\tan\delta = \varepsilon_2(\omega)/\varepsilon_1(\omega)$ であるが，これが有限ならばエネルギー損失(energy loss)(誘電損失，dielectric loss)が起こる．誘電分散には大別して緩和型分散(relaxation dispersion)と共鳴型分散(resonance dispersion)の2種類がある．以下ではそれぞれについて簡単に述べる．

5.4.2 緩和型分散

これは5.3.2項で述べた配向分極の示す緩和現象である．誘電体に角周波数 ω の電場 $Ee^{i\omega t}$ をかけたとき，その複素誘電率は線形近似の範囲内で

5.4 誘電分散

$$\varepsilon(\omega) = \varepsilon(\infty) + [\varepsilon(0) - \varepsilon(\infty)] \int_0^\infty f(u) \exp(-i\omega u) du \qquad (5.27)$$

のように書ける．右辺第1項の $\varepsilon(\infty)$ は充分早い電場変化に対する誘電率である．これは5.3.2項で述べたイオンや電子分極の誘電率であり，考えている周波数 ω の程度では電場の変化にただちに追従する応答を表す．$\varepsilon(0)$ は周波数ゼロの(静的)誘電率であるが，電場に対する最終的なすべての応答を表す．右辺第2項はそれ以外の部分，すなわちただちに応答できない遅延効果(delay effect)を表す．積分中の $f(u)$ は誘電余効関数(dielectric after effect function)と呼び様々な形をとる．$f(u) = \exp(-u/\tau)/\tau$ とし $\varepsilon(\infty)$ を左辺に移項すれば

$$\varepsilon(\omega) - \varepsilon(\infty) = \frac{\varepsilon(0) - \varepsilon(\infty)}{1 + i\omega\tau} \qquad (5.28)$$

となる．τ は定数で緩和時間という．実部と虚部を別々に書くと

$$\begin{aligned} \varepsilon_1(\omega) - \varepsilon(\infty) &= \frac{\varepsilon(0) - \varepsilon(\infty)}{1 + \omega^2\tau^2} \\ \varepsilon_2(\omega) &= \frac{(\varepsilon(0) - \varepsilon(\infty))\omega\tau}{1 + \omega^2\tau^2} \end{aligned} \qquad (5.29)$$

となる．この関数を図5.7(a)に示す．緩和時間 τ とは $\varepsilon_2(\omega)$ の周波数依存性を調べたとき，それが最大になる ω の逆数である．このような誘電分散の記述方法をデバイ緩和(Debye dispersion)または単分散(monodispersion)などという．上式より $\omega\tau$ を消去すると

$$\left\{ \varepsilon_1(\omega) - \frac{\varepsilon(0) + \varepsilon(\infty)}{2} \right\}^2 + \varepsilon_2(\omega)^2 = \left\{ \frac{\varepsilon(0) - \varepsilon(\infty)}{2} \right\}^2 \qquad (5.30)$$

となり ε_1-ε_2 面上での円弧(Cole-Coleの円弧則)になる(図5.7(b))．τ のオー

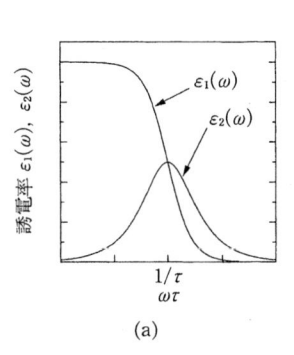

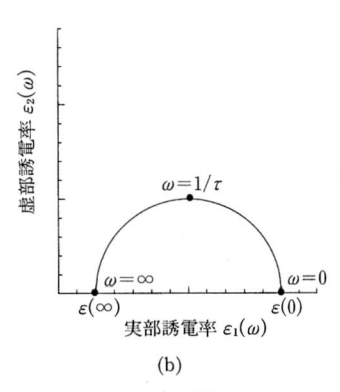

図 5.7　デバイの分散式(a)と，コール-コールプロット(b)

ダは $\tau^{-1}=10^9$ Hz 程度,マイクロ波領域である.一般には単一の τ で系を表すことはできず円弧の中心が ε_1 軸上からずれることが起こるが,これを多分散という.

5.4.3 共鳴型分散

振動する電場 $Ee^{i\omega t}$ はイオンや電子系の振動と共鳴を起こしエネルギーを失うが,これを共鳴型の分散という.共鳴型分散も (5.27) 式の誘電余効関数を減衰振動型にして扱うこともできるが,ここでは調和振動子 (harmonic oscillation) のモデルを示す.

物質が独立な調和振動子(質量 M,固有振動数 ω_0,正負電荷 q の相対変位 z)からなるとし,$Ee^{i\omega t}$ でそれを駆動する.減衰項を含む運動方程式は $Md^2x/dt^2 = -M\omega_0^2 x - 2M\Gamma dx/dt + qEe^{i\omega t}$ であり,この解は $x = qE/M(\omega_0^2 - \omega^2 - i\gamma\omega)$ である.振動子の密度を N とすれば,これによる分極は Nqx である.(5.5) 式の電気感受率を使えば

$$\varepsilon(\omega) = \varepsilon(\infty) + \frac{Nq^2}{M(\omega_0^2 - \omega^2 - i\omega\Gamma)} \tag{5.31}$$

を得る.上式で $\omega=0$ とおくと,$\varepsilon(0) - \varepsilon(\infty) = Nq^2/M\omega_0^2$ であるので

$$\varepsilon(\omega) = \varepsilon(\infty) + \frac{\{\varepsilon(0) - \varepsilon(\infty)\}\omega_0^2}{\omega_0^2 - \omega^2 - i\omega\Gamma} \tag{5.32}$$

を得る.$\varepsilon_1(\omega)$ と $\varepsilon_2(\omega)$ に分けて図 5.8 に示す.ここで $\varepsilon(\infty)$ は,前記同様,考

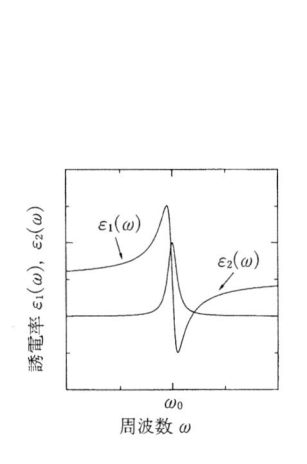

図 5.8 共鳴型分散

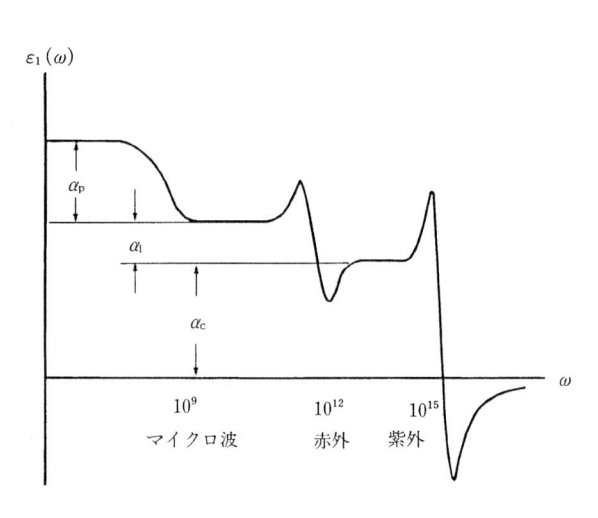

図 5.9 実部誘電率の周波数依存性

えている系よりも無限に早い電場変化にただちに追随できる誘電率である.

考えている系がイオン分極によるものならば，M は正負イオンの換算質量，ω_0 は大体 10^{13} Hz 程度，遠赤外ないしは赤外線領域，電子分極ならば，M は電子の質量，ω_0 は 10^{15} Hz 程度で紫外線領域付近に相当する．なお前小節の緩和型分散を含め，誘電率の実部の周波数依存性を図 5.9 にまとめた．

5.5 格子振動と誘電性

気体や液体の場合とは異なり，結晶の誘電性には 2 章で学んだ格子振動が大きなかかわりをもっているので，本節ではそれについて簡単にまとめる．

5.5.1 光学型格子振動

結晶内の格子振動では各原子の振動は独立ではなく，結晶構造や構成原子数により決まったパターンと数がある．その中で，外部からの電場に応答するようなもの，すなわち誘電性にかかわるものは，光学型格子振動 (optic mode，光学モード) と呼ばれ，図 5.10 のように正負の電荷をもつイオンが逆向きに動く波である．この波は波数 $k=2\pi/\lambda$ (λ：波長) と振動数 ω をもつとする．k をベ

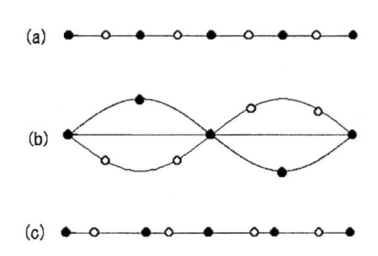

図 5.10 光学型格子振動
黒丸は正電荷，白丸は負電荷を表す．(a) 格子配列を表す (振動なし)，(b) 横波光学振動，(c) 縦波光学振動．

クトルとして $\boldsymbol{k}$ と書くと，分極 $\boldsymbol{P}$ をもった波が $\boldsymbol{k}$ 方向に動いていると思えばよい．このような波には縦波 ($\boldsymbol{k} \parallel \boldsymbol{P}$，振動数を ω_{LO}) と横波 ($\boldsymbol{k} \perp \boldsymbol{P}$，$\omega_{\mathrm{TO}}$) があり変動する電束密度 $De^{i(\boldsymbol{k}\cdot\boldsymbol{r}-\omega t)}$ や電場 $Ee^{i(\boldsymbol{k}\cdot\boldsymbol{r}-\omega t)}$ をともなう．これらは物質中を伝搬する電磁波でありマクスウェル方程式を満足する．そこで誘電体中には真電荷がないこと ($\nabla\cdot\boldsymbol{D}=i\boldsymbol{k}\cdot\boldsymbol{D}=\rho=0$，すなわち $\boldsymbol{k}\perp\boldsymbol{D}$) と，誘電体中では磁束密度の変動を無視できる ($\nabla\times\boldsymbol{E}=\boldsymbol{k}\times\boldsymbol{E}=-\partial\boldsymbol{B}/\partial t=0$，すなわち $\boldsymbol{k}\parallel\boldsymbol{E}$) という条件を使い

$$\text{横波 }(\omega=\omega_{\mathrm{TO}})\text{ では, }\quad \boldsymbol{D}=\boldsymbol{P},\quad \boldsymbol{E}=0 \tag{5.33}$$

$$\text{縦波 }(\omega=\omega_{\mathrm{LO}})\text{ では, }\quad \boldsymbol{D}=0,\quad \boldsymbol{E}=-\boldsymbol{P}/\varepsilon_0, \tag{5.34}$$

が導かれる．

5.5.2 LST の関係

(5.33) と (5.34) 式は，電場の振動数 ω が増加してくると誘電率 $\varepsilon(\omega)=D/E$ は，$\omega=\omega_{\mathrm{T0}}$ で発散し，$\omega=\omega_{\mathrm{L0}}$ で 0 になるということを意味する．したがって $\varepsilon(\omega)$ の分母は $(\omega_{\mathrm{T0}}-\omega)$，分子は $(\omega_{\mathrm{L0}}-\omega)$ のような因数を含む．詳しい考察によれば

$$\varepsilon(\omega)=\varepsilon(\infty)\frac{\omega^2-\omega_{\mathrm{L0}}^2}{\omega^2-\omega_{\mathrm{T0}}^2} \tag{5.35}$$

であり，ここで $\omega=0$ とおけば $\varepsilon(0)=\varepsilon(\infty)\omega_{\mathrm{L0}}^2/\omega_{\mathrm{T0}}^2$ であるが，これを

$$\varepsilon(0)/\varepsilon(\infty)=\frac{\omega_{\mathrm{L0}}^2}{\omega_{\mathrm{T0}}^2} \tag{5.36}$$

と書いて，LST (Lyddane-Sachs-Teller, ライデン-ザックス-テラー) の関係式という．なお一般に ω_{L0} や ω_{T0} は複数あるが簡略化している．(5.35) 式は ω_{L0} を (5.36) 式を使って消去すれば

$$\varepsilon(\omega)=\varepsilon(\infty)+\frac{\{\varepsilon(0)-\varepsilon(\infty)\}\omega_{\mathrm{T0}}^2}{\omega_{\mathrm{T0}}^2-\omega^2} \tag{5.37}$$

と書き直せる．この式は減衰項を無視すれば (5.32) 式の独立の調和振動子の分散式と同じである．詳しい考察では振動数 ω_{T0} は (5.32) 式の ω_0 よりも小さく，一般に $\omega_{\mathrm{L0}}>\omega_{\mathrm{T0}}$ も証明される．ω_{T0} の大きさは約 10^{13} Hz であり，ここで考えている格子振動の波長 λ は 10^{-5} m 程度であるので結晶の格子の間隔よりはずっと長い．

5.5.3 そのほかの物性

格子振動の関与する物性は多い．(5.35) 式より $\omega_{\mathrm{T0}}<\omega<\omega_{\mathrm{L0}}$ では $\varepsilon(\omega)$ は負である．この領域の電磁波は結晶中を伝搬できない．これが赤外反射 (infrared reflection) である．

物質中の光の伝搬とは，光の電場が (5.13) 式の電子分極率 α_{e} を通し双極子モーメント m_{e} を誘起しその双極子放射 (dipole radiation) により新たな電磁場が発生するという過程の繰り返しである．ところで α_{e} は原子位置 u の関数であり，$\alpha_{\mathrm{e}}=a_{\mathrm{e}_0}+a_{\mathrm{e}_1}u+a_{\mathrm{e}_2}u^2+\cdots$ のように書くべきである．u は格子振動により時間変動していて $u=ue^{\pm i\Delta\omega t}$ のような形であるので，m_{e} も時間の関数として

$$m_{\mathrm{e}}(t)=(a_{\mathrm{e}_0}+a_{\mathrm{e}_1}u+a_{\mathrm{e}_2}u^2+\cdots)E^{i\omega t} \tag{5.38}$$

となる．第 1 項はいままでどおり屈折率 (refractive index) の効果を与えるが，

第2項 $a_{e_1}ue^{i(\omega\pm\Delta\omega)t}$ は印加振動数 ω に対して $\pm\Delta\omega$ だけ振動数がずれた光の放出を意味する．これをラマン散乱という．ラマン散乱 (Raman scattering) は外部から入ってきた光 (フォトン) と格子振動 (フォノン) のエネルギーの授受である．なお格子振動には音響型格子振動 (acoustic mode, 音響モード) というものもあるが，これと光とのエネルギー授受をブリルアン散乱 (Brillouin scattering) という．

ところでレーザ光 (laser light) のように非常に強い光 ($Ee^{i\omega t}$ の E が大きいことを意味する) が物質に入射したときには (5.13) 式のような線形応答はもはや成立せず

$$m_e(t) = a_e^{(1)} E e^{i\omega t} + a_e^{(2)} E^2 e^{2i\omega t} + a_e^{(3)} E^3 e^{3i\omega t} + \cdots \tag{5.39}$$

のように書くべきである．第2,3項は入射光の2倍，3倍の振動数の光の放出を意味し第2, 第3高調波発生などという．このような効果を非線形光学効果 (nonlinear optic effect) という．

なお (5.38) や (5.39) 式の第2項以下の係数はテンソル量であり，その成分は結晶の対称性に依存している．以上のような性質は特定の結晶の対称性の下で特定の方向でしか観測できないので注意が必要である．

5.6 強 誘 電 体

外部電場なしで分極が存在し (自発分極, spontaneous polarization P_s)，外部電場により P_s の向きを反転できる性質を強誘電性 (ferroelectricity) といいそれを示す物質を強誘電体という．誘電体の研究では強誘電性の研究が大きな部分を占るのでそれについて述べる．

5.6.1 強誘電体と結晶の対称性

結晶が自発分極をもつ条件は，正負の電荷の中心が結晶内でずれていることである．このような構造を極性構造 (polar structure) と呼び，結晶32点群のうち10個 (極性点群，表5.4参照) がこれをもつ．強誘電体はこの10種類の点群に属するものに限る．

表 5.4 結晶 32 点群の分類(シェーンフリース表示-ヘルマンモーガン表示)

極性点群	
対称中心なし，10 個	C_1-1, C_2-2, C_3-3, C_4-4, C_6-6, C_s-m, C_{2v}-$mm2$, C_{3v}-$3m$, C_{4v}-$mm4$, C_{6v}-$mm6$
非極性点群	
対称中心なし，11 個	D_2-222, S_4-$\bar{4}$, C_{3h}-$\bar{6}$, T-23, O-432*, T_d-$\bar{4}3m$, D_4-422, D_{2d}-$\bar{4}2m$, D_3-32, D_6-622, D_{3h}-$\bar{6}m2$
対称中心あり，11 個	C_i-$\bar{1}$, C_{2h}-$2/m$, C_{3i}-$\bar{3}$, C_{4h}-$4/m$, C_{6h}-$6/m$, T_h-$m3$, D_{2h}-mmm, D_{4h}-$4/mmm$, D_{3d}-$\bar{3}m$, D_{6h}-$6/mmm$, O_h-$m3m$

* 圧電性は対称中心のない点群のうち，0-432 を除いた 20 個に現れる．

5.6.2 分極反転とヒステリシス曲線

強誘電体の分極反転は，図 5.11(a)のようなヒステリシス(履歴)曲線(hysteresis loop)の観測などで調べる．高電場に対する分極の飽和値を自発分極 P_s, 電場ゼロに対する分極を残留分極(residual polarization) P_r という．P_s の値は物質により異なるが $10^{-4} \sim 1$ C/m^2 程度である (P_s の単位には μC/cm^2 を使うのが慣例であり，これを使うと $10^{-2} \sim 10^2 \mu$C/cm^2 程度)．$+P_s$ の状態を1, $-P_s$ の状態を0と対応させるとCPUメモリ(central processing unit memory)として応用できるが，今日，強誘電体の不揮発性メモリ(nonvolatile memory)への応用は電子材料分野の重要テーマである．

また，ある電場以下では P_s はゼロであるが，ある大きさ以上の臨界電場 E_{crit} で強誘電性が出現するものを反強誘電性(antiferroelectricity)という．この場合は，図 5.11(b)のような 2 重履歴曲線が見られる．

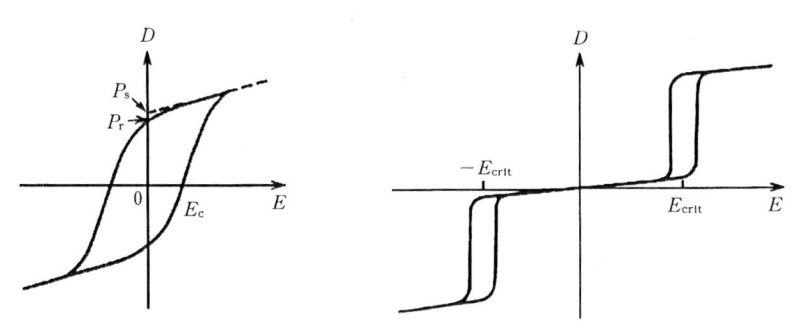

(a) 強誘電 D-E 履歴曲線
P_s：自発分極，P_r：残留分極，E_c：抗電場．

(b) 反強誘電 D-E 履歴曲線
E_{crit}：臨界電場．

図 5.11 ヒステリシス(履歴)曲線
(a) 強誘電性，(b) 反強誘電性．

5.6.3 強誘電性の発生条件と感受率

電場 E なしで P_s が存在することが強誘電性の必要条件である．これは (5.20) 式で，$E=0$ で $P=\chi\varepsilon_0 E \neq 0$，つまり電気感受率 χ が無限大，分母の $1-(N\alpha/3\varepsilon_0)$ がゼロということである．これを $4\pi/3$ カタストロフィー (catastrophe) という (分母は CGS 単位で $1-4\pi N\alpha/3$ であり，歴史的に CGS 単位が使われていたためこの名がある)．これは，(5.23) より

$$1 = \frac{N}{3\varepsilon_0}\left(\alpha_e + \alpha_i + \frac{\mu^2}{3k_B T}\right) \tag{5.40}$$

となる．配向分極は温度の逆数を含むので，液体 ($N \fallingdotseq 10^{22}$) や固体 ($N \fallingdotseq 10^{23}$) では，(5.40) 式はある温度 T_c で必ず満足される．簡単のため $\alpha_e = \alpha_i = 0$ とすると，T_c 以上で $\chi \propto 1/(T-T_c)$ のようになることはすぐわかる．基本的に，配向分極がある場合の P_s の発生はこのような仕組みと考えてよい．

しかし，そうすると永久双極子を含む液体や固体は $T \to 0$ で必ず自発分極をもつことになるが，これは矛盾である．その原因は局所電場の (5.17) 式が，極性液体や固体の中では成立しないことに起因している．実は 5.3.4 項で述べたオンサーガーやフレーリッヒの式はそれを克服するためのものなのである．

現実に強誘電体になる固体は少数である．どの物質が強誘電体になるかは，(5.40) 式の各項の関係を正確に把握することにつきるが，定量的には困難が多い．このような問題には計算機シミュレーションの手法が最も有効とされている．

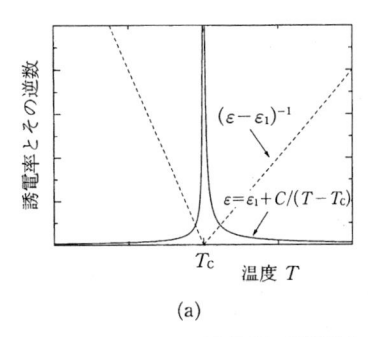

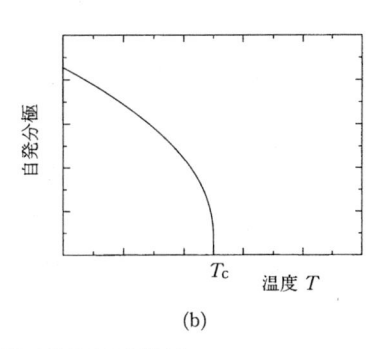

図 5.12 強誘電体の特性 (T_c の近傍のみを表す)
(a) キュリー-ワイス則 $\varepsilon \propto 1/(T-T_c)$, (b) P_s の温度依存性．

5.6.4 強誘電体と相転移

強誘電性はある温度以下で起こるのが普通であり相転移点をもつ．強誘電性が出現する温度を強誘電キュリー点 (Curie temperature) T_c という．2次(連続的)の強誘電相転移の場合は，T_c では誘電率が発散し，T_c より上(常誘電相)では誘電率はキュリー–ワイス則 (Curie-Weiss law) $\varepsilon \propto 1/(T-T_c)$ に従い，T_c 以下(強誘電相)で P_s は連続的に発生する (図 5.12(a),(b))．

5.6.5 2次の相転移の理論

ε や P_s の温度依存性は，物質の熱力学的自由エネルギーを分極や歪みの関数として展開するランダウ (Landau) の 2 次の相転移 (second order phase transition) の現象論により導出される．最も簡単に自由エネルギー F を分極 P のみの関数として以下のように展開する．

$$F = \frac{1}{2}\alpha P^2 + \frac{1}{4}\beta P^4 + \frac{1}{6}\gamma P^6 + \cdots \tag{5.41}$$

この方法の特徴は温度依存性を α にだけ与えることである．$\alpha = a_0(T-T_c)$ として，4次の項 ($\beta > 0$) までを考えると平衡条件は $\partial F/\partial P = \alpha P + \beta P^3 = E$ である．これをゼロとおき P について解くと，$T_c > T$ で自発分極 $P_s = (a_0/\beta)^{1/2}(T_c - T)^{1/2}$ を得る．また分極率はさらに E で微分すると $\chi = \partial P/\partial E = 1/(\alpha + 3\beta P^2)$ であり，これより $T > T_c$ で $\chi = 1/a_0(T-T_c)$，$T_c > T$ で $\chi = 1/2a_0(T_c - T)$ を得る．なお 1 次の相転移 (first order phase transition, 不連続転移) の場合は，$\beta < 0, \gamma > 0$ として 6 次の項まで考えることで導かれる．このような方法は分子場近似や強磁性体のワイス理論と等価である．

5.6.6 強誘電性相転移の機構

5.5.3 項の強誘電性発現機構は永久双極子の配向分極率 $\alpha_p = \mu^2/3k_BT$ によるものであるが，回転可能な分子基などを含む場合には実際にこれが起こる．分子基の運動は 2 つの極小点をもつポテンシャルの中を動くものと考える．高温相では分子基は 2 つの極小点の上に同等の確率で存在し全体として無秩序 (disorder) であるが，低温相では一方の存在確率が増えて秩序 (order) が発生する．分子基が双極子モーメントを担うならば T_c 以下で P_s が発生する．これを秩序・無秩序型強誘電性相転移という．

5.6 強誘電体

一方，イオン分極が P_s 発生の主役のこともある．そのときは格子振動の視点が有効になる．(5.36) 式の LST の関係 $\varepsilon(0)/\varepsilon(\infty)=\omega_{LO}^2/\omega_{TO}^2$ において，$\omega_{TO}\to 0$ のときは $\varepsilon(0)$ の発散を意味する．これは結晶の格子振動のある光学モードの振動数がゼロに近づくとき，P_s が発生することを意味する．このようなモードをソフトモードと呼び，このようにして起こる相転移を，格子の変位に関連するということで変位型強誘電相転移という．表 5.5 には典型的な強誘電体の物質名，キュリー点，相転移機構などをまとめた．

表 5.5 強誘電体と関連物質の特性

物質名	T_C(K)	特記事項（P_s の単位は $\mu C/cm^2$ で最大値を示す）
$BaTiO_3$	393	ペロブスカイト構造，最初の酸化物強誘電体 $P_s=25\,\mu C/cm^2$
$PbTiO_3$	763	ペロブスカイト構造，変位型相転移，$P_s=80\,\mu C/cm^2$
$SrTiO_3$		110 K でゾーン境界構造相転移，低温で誘電率は大きくなるが強誘電性は示さない（量子常誘電性と呼ぶ）
$PbZrO_3$	436	反強誘電体
$LiNbO_3$	1483	非ペロブスカイト構造，$P_s=50\,\mu C/cm^2$
$PbNb_2O_6$	833	タングステンブロンズ構造
$Ba_2NaNb_5O_{15}$	833	複合タングステンブロンズ構造
$Bi_4Ti_3O_{12}$	948	層状構造物質
$SrBi_2Ta_2O_9$	703	層状構造物質
$Sr_2Nb_2O_7$	1615	変位型相転移，不整合相あり
$Pb(Mg_{1/3}Nb_{2/3})O_3$	~273	緩和型強誘電体（リラクサー），散漫相転移を示す（キュリー点での誘電異常が散漫になる）
$NaKC_4H_4O_6 \cdot 4H_2O$	255　297	ロッシェル塩，最初に発見された強誘電体 キュリー点が2つある，$P_s=2.5\,\mu C/cm^2$
$NaNO_2$	437	秩序無秩序型相転移，$P_s=8\,\mu C/cm^2$
$Ca_2Sr(CH_3CH_2COO)_6$	283	秩序無秩序型相転移，$P_s=0.3\,\mu C/cm^2$
$(NH_2CH_2COOH)_3 \cdot H_2SO_4$	322	秩序無秩序型相転移，典型的な2次転移
KH_2PO_4	123	KDP と略称，水素結合物質，$P_s=4\,\mu C/cm^2$
KD_2PO_4	213	DKDP と略称，KDP の重水素塩 重水素化することでキュリー点が上昇する
$(NH_4)_2SO_4$	224	硫安，$P_s=0.5\,\mu C/cm^2$
K_2SeO_4	93	不整合相あり，変位型相転移
Rb_2ZnCl_4	192	不整合相あり
$(C(NH_2)_3Al(SO_4)_2 \cdot 6H_2O$		相転移点なしの強誘電体
$LiNH_4C_4H_4O_6 \cdot H_2O$	106	強誘電体と同時に強弾性体でもある

5.7 強誘電性に関連した性質

本節では強誘電体に関係した性質で重要なものをいくつか列挙する．

5.7.1 構造相転移

結晶の相転移で，その前後の対称性変化に着目し，低対称相の原子配列が高対称相のそれからずれの程度を表す量を秩序変数 (order parameter) と呼ぶ．高対称相の秩序変数は平衡点のまわりで揺らいでいるが平均値は 0 である．相転移点に近づくとその揺らぎは相転移点で発散し，秩序変数は別の平衡点に移り新たな構造が実現する．構造相転移 (structural phase transition) とは物質の構造の変化をともなう相転移であるが，その場合には秩序変数の特性を見ることで様々な相転移を統一的に把握できる．

5.7.2 ゾーンセンター相転移

強誘電性相転移とは秩序変数が分極の場合である．5.5 節のように物質の中の原子変位を波と考えるならば，分極は結晶の格子定数に比べ非常に長い波長をもった巨視的量である．波長の逆数は波数であるが，分極のような量を波数がほとんどゼロの量，あるいはブリルアンゾーンのセンター(Γ 点) に属する量といっている．したがって，強誘電性相転移などをゾーンセンター相転移ということもある．

5.7.3 強弾性相転移

ゾーンセンター相転移のうち，秩序変数が格子歪みの場合は強弾性相転移 (ferroelastic phase transition) と呼ばれる．結晶系が変わるような相転移では，結晶の外形が変わるので巨視的な歪みが発生する．この歪みは，強誘電体の自発分極と同じように，外場 (応力) によって符号を変えることができる．この場合，相転移点で弾性率が誘電率と同じように発散する．

5.7.4 超格子構造が出現するような相転移

格子定数の有限倍の波長をもつ量，すなわちブリルアンゾーンセンター以外の任意の点の量が秩序変数の場合の相転移では，高温相の単位胞の何倍かになった構造をもつ相が実現するが，これを超格子構造 (superlattice structure) という．

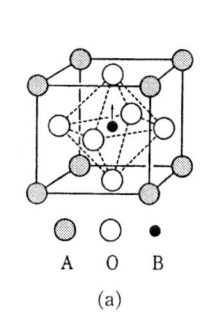

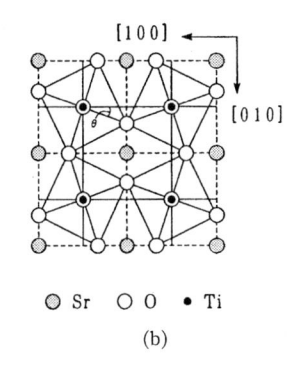

図 5.13 ペロブスカイト構造
(a) 強誘電性が発生する場合, (b) 超格子構造が発生する場合 (SrTiO$_3$).

とくに秩序変数がゾーン境界に属するような場合は, ゾーン境界相転移という (図 5.13 (b) 参照). また波数が非整数の場合は, ある方向に高温相の単位格子の非整数倍の超格子構造が実現するが, このような相転移を不整合 (incommensurate, インコメンシュレート) 相転移という.

5.7.5 ペロブスカイト構造

ABO_3 の化学式をもち図 5.13 (a) に示した構造のことをいう. この構造の物質では, 強誘電性をはじめとして多彩な相転移が起こる. BaTiO$_3$ などでは, 中央の B 原子が他原子に対し相対的に変位 (矢印の方向に) することにともない強誘電性が現れる. 一方 SrTiO$_3$ などでは, 隣り合う BO_6 八面体の逆向きの回転 (角度 θ) により超格子構造をともなう構造相転移が起こる (図 5.13 (b) 参照, (a) の 4 個分の c 方向からの投影図). またペロブスカイト構造に低次元性をもたせた構造は, 1 章で述べた銅系高温超伝導体のとる構造でもある.

5.7.6 分 域

結晶の相転移では高対称から低対称へ原子が変位するため, 変位の方向には任意性がある. そのため結晶の部分部分で方位が異なった領域が共存することがある. これを一般に双晶構造 (twin structure) と呼ぶ. とくに強誘

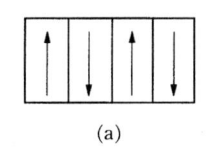

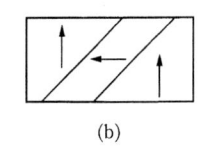

図 5.14 分域構造
(a) 180 度分域 (自発分極の向きが反平行な領域が共存する), (b) 90 度分域 (立方晶から正方晶へ移るような場合には, 正方晶 c 軸の発生には 3 通りの任意性があるために c 軸の方位が 90 度異なった領域が共存する).

電性相転移では自発分極の向きにも任意性が出てくるが，強誘電体のこのような双晶を強誘電分極 (ferroelectric domain) という (図 5.14 参照). 強誘電分域はそれの静電エネルギーが最小になるように発生するともいえる．また強弾性分極 (ferroelastic domain) とは境界を外部応力で移動できる機械的双晶といってもよい．

5.7.7 圧 電 性

本章の最初に分極は外部応力により誘起されることもあると述べたが，これを圧電性 (piezoelectricity) という．物質中の電束密度 D は線形近似で，E のみならず応力 X の関数として

$$D = \varepsilon^X E + dX \tag{5.42}$$

と書ける．ε^X はこれまで使ってきた誘電率であるが，とくに応力がゼロのもとの誘電率 (自由結晶の誘電率) という意味で添え字 X を付けた．d のことを圧電定数 (piezoelectric on start) という (単位は C/N). 物質中では $D \fallingdotseq P$ であり，これは $d = (\partial P / \partial X)_{E=0}$，すなわち電場ゼロのもとで，応力に対して発生する分極電荷の程度を表す．d は 3 階テンソル量で常時有限というわけではないが，極性結晶 (強誘電体) では必ず有限である (表 5.4 参照).

なお一般に結晶に応力 X を印加したときに発生する歪み x も，線形近似の範囲で

$$x = s^E X + dE \tag{5.43}$$

と書ける．s^E は弾性定数 (バネ定数の逆数の意味) である．第 2 項の d は (5.42) 式の d と同じであるが，ここでは $d = (\partial x / \partial E)_{X=0}$ の意味であり，応力ゼロのもとでの電場印加に対して発生する歪みの程度を表す．なお $d = (\partial P / \partial X)_{E=0} = (\partial x / \partial E)_{X=0}$ とは熱力学のマクスウェルの関係であり，この効果を逆圧電効果と呼ぶ．

(5.43) 式の X を使って (5.42) 式を書き直すと

$$D = \varepsilon^x E + \frac{d}{s^E} x \tag{5.44}$$

を得る．ただし $\varepsilon^x = \varepsilon^X - d^2/s^E$ である．ε^x は結晶に電場を印加しても変形しないように束縛して測った誘電率 (束縛結晶の誘電率) という．$\varepsilon^x = \varepsilon^X (1 - k^2)$ と書くと $k^2 = d^2/\varepsilon^X s^E$ であるが，k を電気機械結合定数 (electro-mechanical cou-

表 5.6 物質の圧電率の例 (単位は 10^{-12} C/N)*

SiO_2 (水晶)	$d_{11}=-2.25, d_{14}=0.85$
$BaTiO_3$	$d_{15}=392$
$PbTiO_3$	$d_{15}=53$
$Pb(Zr_{0.52}Ti_{0.48})O_3$(PZT)	$d_{15}=494$

* CGS系への換算は，3×10^4をかける．

pling factor) という．これは圧電体に電場を加えたとき，電気的エネルギーが機械的なエネルギーに変わる比率を表す．圧電性は電気信号を機械信号へ，またその逆の変換作用をする．このような効果は今日のメカトロニクスで重要なものである．表5.6に圧電定数の大きさの例を示す．

6. 超流動と超伝導

6.1 超　流　動

6.1.1 液体ヘリウム

a. 量子液体　He原子の電子配置は$(1s)^2$の閉殻構造をとり原子間の引力相互作用は弱い．また，たがいに近づき電子が交換されるようになると，パウリの排他原理の効果により10 eV程度大きなエネルギーをもつ2s軌道を占拠する電子配置の成分が混じるので，大きな斥力相互作用(ハードコア(hard core))をもっている．その概略は図6.1のようになる．引力ポテンシャルの大きさϵと原子がポテンシャルの最低点のまわりに局在して結晶を組んだ場合のゼロ点運動の大きさ$\hbar^2/m\sigma^2$とが同程度であるため(mは原子の質量，σはハードコアの直径)，常圧では絶対零度まで液体のままである．量子力学に特有のゼロ点運動により液体状態を保っているので量子液体と呼ばれる．液体ヘリウム(liquid helium)の物理は超伝導の本質だけでなくその豊富な多様性を理解するうえで重要な役割を演じた．

b. ^{4}Heと^{3}He　Heには2つの同位体(isotope)，^{4}Heと^{3}Heが存在する．^{4}Heは陽子，中性子，電子おのおの2個ずつからなり，原子の位置の交換に対して波動関数は対称なのでボース統計(Bose statistics)に従う．^{3}Heは中性子が1個少なく奇数個のフェルミ粒子からなるため，その位置を交換すると波動関数は奇数回符号を変えフェルミ統計(Fermi statistics)に従う．このことが原子間の相互作用は同じであるにもかかわらず，極低温での性質をまったく異なるものにしている．図6.2に低温での圧力(P)-温度(T)の相図を示す．液体^{4}Heは常圧では$T<T_\lambda\simeq 2.17$ Kの温度領域で超流動を示す．一方，液体^{3}Heが超流動を示すのは1 mK(=1×10^{-3} K)以下の超低温領域に限られる．この違いは質量の違

6.1 超流動

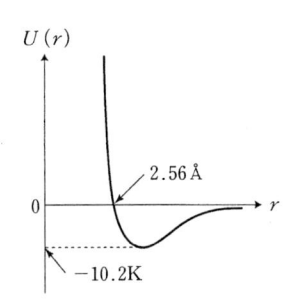

図 6.1 ヘリウム原子の間の相互作用ポテンシャル $U(r)$
エネルギーの単位はボルツマン定数 $k_B \cong 1.38 \times 10^{-16}$ erg·K^{-1}, 長さの単位は Å.

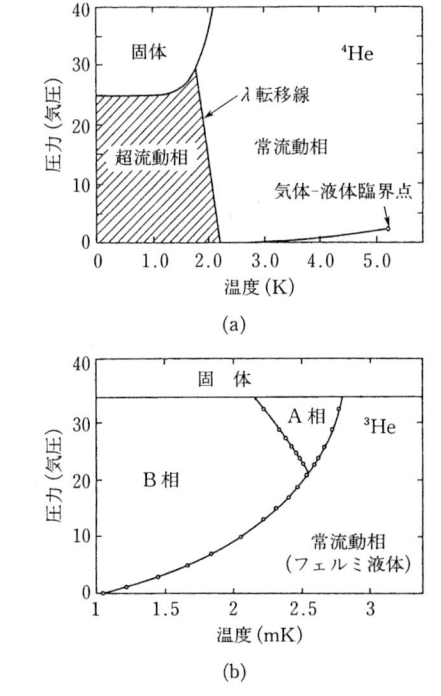

図 6.2 ^{4}He (a) と ^{3}He (b) の圧力 (P)-温度 (T) 相図

いに帰するには大きすぎ (液体-気体転移に関する臨界温度や臨界圧の違いは質量の違いで理解できる), 超流動の出現に対して構成粒子がボース統計に従うことが本質的であることを示唆している. 実際, 液体 ^{4}He を自由ボース気体と見なすとそのボース凝縮温度 (Bose condensation temperature) $T_0 \equiv 3.31 \times \hbar^2 / m \cdot (N/V)^{2/3} / k_B$ は, $T_0 \simeq 3.1$ K となり, 超流動転移温度 (superfluid transition temperature) $T_\lambda = 2.18$ K と同程度の値になる. このように, 液体 ^{4}He の超流動 (superfluidity) はボース凝縮 (巨視的な数の粒子が同一の運動量をもつ 1 体状態を占拠する現象) が原因となって生じ, 液体 ^{3}He のそれは電子の超伝導状態と同じくクーパー対凝縮 (Cooper-pair condensation: 巨視的な数の粒子が同一の重心運動量をもつ 2 体状態を占拠する現象) により生じる.

6.1.2 超流動の性質

a. ヘス-フェアバンク効果　超流動状態ではいろいろ普通でない現象が現

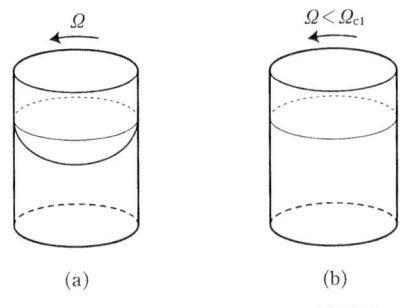

図 6.3 バケツを回転させるとき,(a) 普通の流体と (b) 超流体での運動の様子

れるが,最も特徴的なものは次のヘス-フェアバンク効果 (Hess-Fairbank effect) であろう. 図 6.3(a) に示すように,普通の流体が入ったバケツを回転させると,その回転角速度 Ω がどんなに小さくとも流体はバケツと一緒に回転を始める. しかし,超流体 (superfluid) の場合は,Ω が一定の大きさ $\Omega_{c1} \sim \hbar/mR^2$ (R はバケツの半径) に達するまでは,静止したままである (図 6.3(b)). バケツを細いパイプに置き換えてみると,パイプをその中心軸に平行に運動させたとしてもその中の超流体は静止したままであることを意味する. パイプが静止していてその中を超流体が流れているとすると,超流体はその速度 v が一定の値 (臨界速度 v_c という) 以下であれば,止まることなく流れつづける.

b. 2 流体　以上は,温度ゼロの場合の話で,有限温度ではパイプとともに動く成分が存在する. 系の低エネルギー励起状態は,波数 $\boldsymbol{k}$,エネルギー ϵ_k をもちボース粒子のように振る舞う素励起 (elementary excitation) の集まりとして記述できる. この素励起の気体は運動する壁との間で熱平衡に達する. 熱浴が速度 $\boldsymbol{u}$ で運動するときのボース分布は

$$n_k(\boldsymbol{u}) = \frac{1}{e^{\beta(\epsilon_k - \boldsymbol{u} \cdot \hbar \boldsymbol{k})} - 1} \tag{6.1}$$

と表せる. ここで $\beta \equiv 1/k_B T$. 素励起気体のもつ運動量 $\boldsymbol{P}$ は,$\boldsymbol{P} = \hbar \sum_k \boldsymbol{k} n_k(\boldsymbol{u})$ となる. この式に (6.1) を代入して $\boldsymbol{u}$ について線形の範囲で展開し,$\boldsymbol{P} = mN_n \boldsymbol{u}$ (m は粒子の質量) と表すと

$$N_n = \frac{\hbar^2}{3m} \sum_k k^2 \left(-\frac{\partial n}{\partial \epsilon}\right) \tag{6.2}$$

となる. この式と普通の流体の場合に期待される関係,$\boldsymbol{P} = mN\boldsymbol{u}$ を比べると,N_n は常流動粒子数という意味をもつ. 超流動を示す粒子数 N_s が,$N_s \equiv N - N_n$ と定義される. 温度ゼロでは,(6.1) 式より $N_n = 0$ なので,$N_s = N$ となり,流体全体が超流体となる.

有限温度では,超流動成分と常流動成分からなり,2 つの流体 (2 流体モデル,

two-fluid model)からなるように振る舞う．常流動成分は普通の流体と同じくエントロピーを運ぶが，超流動成分はコヒーレント(coherent)な運動をしてエントロピーをもたない．また2つの成分の間には基本的には摩擦はない．そのため，2種類の音波の存在が可能となる．1つは普通の音波で全粒子数密度 $N/V=(N_s+N_n)/V$ が振動するモードであり，もう1つは2つの密度の差 $(N_s-N_n)/V$ が振動するモードである．それらの音速 u_1, u_2 はおのおの

$$u_1=\sqrt{\frac{\partial P}{\partial \rho}}, \quad u_2=\sqrt{\frac{TS^2 N_s}{C_V N_n}} \tag{6.3}$$

で与えられる．後者のモードはエントロピー(温度)の振動を表し，第2音波(second sound)と呼ばれる．そのため，音速 u_2 の表式の中にエントロピー S，温度 T，定積比熱 C_V が現れるのである．

6.1.3 超流動の運動学

a. 横応答と縦応答 超流動状態では，パイプをその軸にそって動かしても，超流動成分は静止したままであるが，軸と垂直に動かすと超流動成分も一緒に動くはずである．このことを式で表すことを考える．容器の壁が速度 $\boldsymbol{u}$ (方向は任意とする)で運動しているとき熱平衡分布は

$$\rho(\boldsymbol{u})=\frac{1}{Z}\exp[-\beta(\mathcal{H}-\boldsymbol{u}\cdot\boldsymbol{P})], \quad Z\equiv\mathrm{Tr}\exp[-\beta(\mathcal{H}-\boldsymbol{u}\cdot\boldsymbol{P})] \tag{6.4}$$

で与えられる．ここで，$\mathcal{H}$ は系のハミルトニアン，$\boldsymbol{P}$ は全運動量を表す．$\boldsymbol{u}=0$ での運動量の平均値はゼロとするとき，$\boldsymbol{u}$ に対する $\boldsymbol{P}$ の線形応答は，一般に $\boldsymbol{P}=V\chi\boldsymbol{u}$ の形に表せるが，χ の値は壁の動かし方に依存する．V は系の体積である．図6.4(a)の場合には，超流動成分は静止したままだから

$$\chi=\chi_\perp\equiv m\frac{N_n}{V}<m\frac{N}{V} \tag{6.5}$$

となり，図6.4(b)の場合には，超流動成分も含めて全流体が壁に挟まれて運ばれるので

$$\chi=\chi_\parallel\equiv m\frac{N}{V} \tag{6.6}$$

となる．前者を横応答，後者を縦応答と呼び区別する．普通の流体では

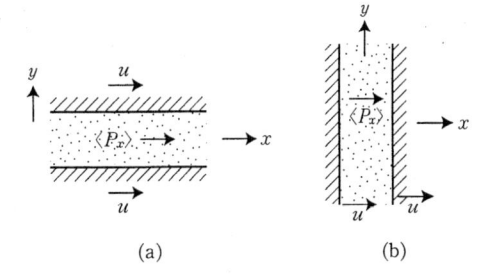

図 6.4 容器の壁を壁に平行に動かす場合(横応答)(a)と，容器の壁を壁に垂直に動かす場合(縦応答)(b)

両者は等しい．このことからわかるように，超流動の特徴は，$\chi_\perp < \chi_\parallel$ の関係が成り立つことである．

仮想的に流体中に格子が張りめぐらされていて，その速度が空間的に緩やかに変化していると，運動量密度（単位体積あたりの運動量）$P(r)$ もやはり空間的に変化する．$P(r)$ の演算子は微視的に

$$P_\alpha(r) = \sum_{i=1}^{N} \frac{1}{2}[p_{i\alpha}\delta(r-r_i) + \delta(r-r_i)p_{i\alpha}] \tag{6.7}$$

と定義される．ここで，$\alpha = x, y, z$ の各成分を表し，r_i は粒子 i の位置ベクトル，$p_{i\alpha} \equiv -i\hbar\partial/\partial r_{i\alpha}$ は運動量である．$P_\alpha(r)$ のフーリエ成分 $P_\alpha(k)$ を

$$P_\alpha(k) = \int dr\, e^{-k \cdot r} P_\alpha(r) \tag{6.8}$$

により定義し，場所に依存する速度 $u(r)$ についても同様にフーリエ成分を導入すると，P の u に対する線形応答は一般に

$$\langle P_\alpha(k) \rangle = \sum_\beta \chi_{\alpha\beta}(k) u_\beta(k) \tag{6.9}$$

で与えられる．無限に広がった系を考えると，$\chi_{\alpha\beta}(k)$ は対称性より

$$\chi_{\alpha\beta}(k) = \chi_\parallel(|k|)\frac{k_\alpha k_\beta}{k^2} + \chi_\perp(|k|)\left(\delta_{\alpha\beta} - \frac{k_\alpha k_\beta}{k^2}\right) \tag{6.10}$$

の形に表すことができる．u の空間変化が一様な極限（$k \to 0$）において，$\chi_\perp(|k|)$, $\chi_\parallel(|k|)$ は，(6.5), (6.6) 式の $\chi_\perp$, $\chi_\parallel$ に等しくなる．実際，図 6.4 (a) の状況は，$k_z \equiv 0$ に固定したとして，$\lim_{k_y \to 0} \lim_{k_x \to 0}$ (すなわち，$k \to 0$ において x 方向が先に一様になる) の極限に対応するので，$\alpha = x$, $\beta = y$ とおいて，

$$\langle P_x(k) \rangle = \chi_{xx}(k) u_x(k)$$
$$\Rightarrow \lim_{k_y \to 0} \lim_{k_x \to 0}\left[\chi_\parallel(|k|)\frac{k_x^2}{k^2} + \chi_\perp(|k|)\left(1-\frac{k_x^2}{k^2}\right)\right]u_x(k)$$
$$= \chi_\perp(0) u \tag{6.11}$$

となる．一方，$\chi_\parallel(|k|)$ は粒子数保存則を反映して，任意の k に対して

$$\chi_\parallel(|k|) = m\frac{N}{V} \tag{6.12}$$

となることがわかっており，(6.6) 式を再現する．

b. 電磁場の効果 さて，荷電粒子（電荷 q）が超流動状態になると超伝導現象 (superconductivity) を示す．そのときは，電磁場（ベクトルポテンシャル A）と超伝導流との結合が生じる．$A(r)$ が存在すると，粒子 i の運動量は，p_i

$\to \boldsymbol{p}_i-(q/c)\boldsymbol{A}(\boldsymbol{r}_i)$ の変化を受ける．そのため，系のハミルトニアンは

$$\mathcal{H} \to \mathcal{H} - \frac{q}{mc}\sum_{i=1}^{N}\frac{1}{2}[\boldsymbol{p}_i\cdot\boldsymbol{A}(\boldsymbol{r}_i)+\boldsymbol{A}(\boldsymbol{r}_i)\cdot\boldsymbol{p}_i]+\mathcal{O}[A^2] \tag{6.13}$$

となる．第2項は，(6.7)式の定義を用いると

$$-\frac{q}{mc}\int d\boldsymbol{r}\boldsymbol{P}(\boldsymbol{r})\cdot\boldsymbol{A}(\boldsymbol{r}) = -\frac{q}{mc}\int d\boldsymbol{k}\boldsymbol{P}(\boldsymbol{k})\cdot\boldsymbol{A}(-\boldsymbol{k})$$

と変形できるので，電磁場が存在するときのハミルトニアンは

$$\mathcal{H}[A]=\mathcal{H}[A=0]-\frac{q}{mc}\int d\boldsymbol{k}\boldsymbol{P}(\boldsymbol{k})\cdot\boldsymbol{A}(-\boldsymbol{k})+\mathcal{O}[A^2] \tag{6.14}$$

となる．電流密度演算子 $\boldsymbol{j}(\boldsymbol{r})$ は，粒子 i の速度が $[\boldsymbol{p}_i-(q/c)\boldsymbol{A}(\boldsymbol{r}_i)]/m$ であることに注意すると

$$\boldsymbol{j}(\boldsymbol{r}) = \frac{q}{m}\sum_{i=1}^{N}\frac{1}{2}\left\{\left[\boldsymbol{p}_i-\frac{q}{c}\boldsymbol{A}(\boldsymbol{r}_i)\right]\delta(\boldsymbol{r}-\boldsymbol{r}_i)+\delta(\boldsymbol{r}-\boldsymbol{r}_i)\left[\boldsymbol{p}_i-\frac{q}{c}\boldsymbol{A}(\boldsymbol{r}_i)\right]\right\} \tag{6.15}$$

で与えられる．(6.7)式の運動量密度 $\boldsymbol{P}(\boldsymbol{r})$ と粒子数密度 $n(\boldsymbol{r})\equiv\sum_{i=1}^{N}\delta(\boldsymbol{r}-\boldsymbol{r}_i)$ を用いると，演算子の関係として

$$\boldsymbol{j}(\boldsymbol{r}) = \frac{q}{m}\boldsymbol{P}(\boldsymbol{r})-\frac{q^2}{mc}n(\boldsymbol{r})\boldsymbol{A}(\boldsymbol{r}) \tag{6.16}$$

が得られる．さて，統計分布 (6.4) を拡張して (6.9) 式の関係が得られることから見て，ハミルトニアン (6.14) から得られる $\boldsymbol{A}$ に対する線形応答は

$$\langle j_\alpha(\boldsymbol{k})\rangle = \frac{q^2}{m^2c}\sum_\beta \chi_{\alpha\beta}(\boldsymbol{k})A_\beta(\boldsymbol{k})-\frac{q^2n}{mc}A_\alpha(\boldsymbol{k}) \tag{6.17}$$

となる．ここで，粒子数密度 $n=\langle n(\boldsymbol{r})\rangle=N/V$ は空間的に一様とした．これに (6.10), (6.12) 式を代入して整理すると

$$j_\alpha(\boldsymbol{k}) = -\sum_\beta \frac{q^2}{mc}\left[n-\frac{\chi_\perp(|\boldsymbol{k}|)}{m}\right]\left(\delta_{\alpha\beta}-\frac{k_\alpha k_\beta}{k^2}\right)A_\alpha(\boldsymbol{k}) \tag{6.17'}$$

となる．これが，超伝導体中での磁場の振る舞いをきめる，ロンドン-ピパード (London-Pippard) の関係である．以上の式は CGS で記述したが，SI ではおのおのの式の中で c を落とせばよい．

6.2 超　伝　導

6.2.1 超伝導の性質

a. 電気抵抗ゼロ―永久電流　　超伝導現象は水銀 (Hg) の電気抵抗が $T<$

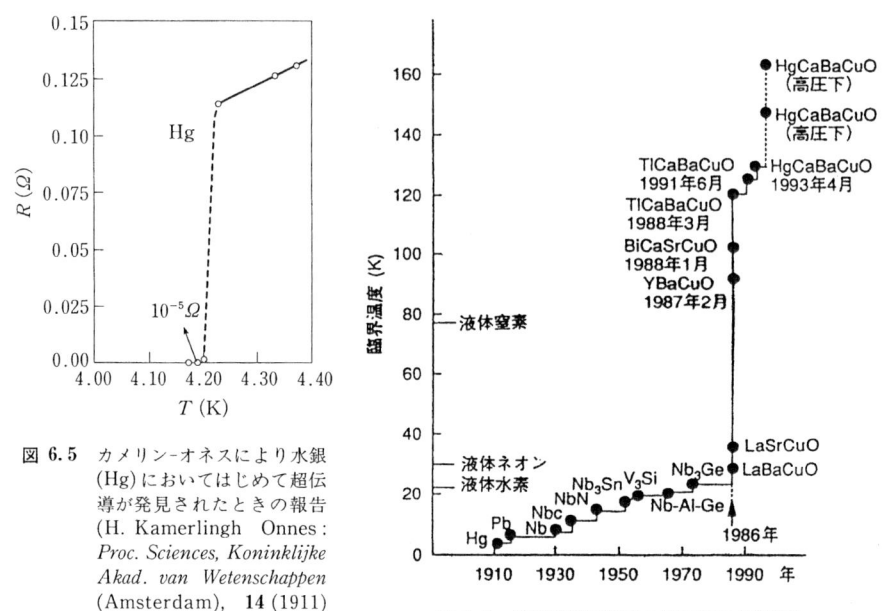

図 6.5 カメリン-オネスにより水銀(Hg)においてはじめて超伝導が発見されたときの報告 (H. Kamerlingh Onnes: *Proc. Sciences, Koninklijke Akad. van Wetenschappen* (Amsterdam), **14** (1911) 818)

図 6.6 超伝導臨界温度の最高値の年代変化

4.18 K の低温でゼロになる現象としてオランダ，ライデン大学の物理学者カメリン-オネス (Kamerlingh Onnes) により 1911 年に発見された．図 6.5 にその実験結果が示してある．その当時は電気抵抗は測定精度の範囲でゼロとされたのであるが，その後，超伝導電流はその金属を超伝導状態に保つ限り，1 年後にもまったく減衰しないということが鉛 (Pb) のドーナツ型リングに誘起された超伝導電流(永久電流, persistent currents)で確かめられた．

温度を下げたときに金属が超伝導を示しはじめる温度を臨界温度(critical temperature T_c)と呼ぶ．超伝導は金属の基底状態の形態として普通に見られるものであり，T_c の最高値は年々増大してきた．その様子を図 6.6 に示す．

b. マイスナー効果　さて，超伝導状態では電気抵抗ゼロ以外にも，超流動状態でのヘス-フェアバンク効果に対応して，マイスナー効果 (Meissner effect) を示す．前節で議論した (6.17) 式の関係を実空間に直すと次のような非局所的関係

$$j(r) = -\frac{3n_s e^2}{4\pi mc\xi_0}\int dr\, e^{-|r-r'|/\xi_0} \times \frac{[(r-r')\cdot A_\perp(r')](r-r')}{|r-r'|^4} \quad (6.18)$$

でよく近似できることがわかっている．ここで，$n_s \equiv n - \chi_\perp(0)/m$ は，超伝導粒

子数密度, $\boldsymbol{A}_\perp$ は横成分 (div $\boldsymbol{A}_\perp=0$ を満たす成分で, $\boldsymbol{H}=\nabla\times\boldsymbol{A}_\perp$ である) を, ξ_0 はクーパー対のサイズという意味をもち超伝導の相関が及ぶ距離を表し, コヒーレンス長 (coherence length) と呼ぶ. (6.18)式の関係は, 磁場の空間変化のスケールが ξ_0 に比べてゆっくりしているとき

$$\boldsymbol{j}(\boldsymbol{r})=-\frac{n_\mathrm{s}e^2}{mc}\boldsymbol{A}_\perp(\boldsymbol{r}) \tag{6.19}$$

で近似でき, ロンドン方程式 (London equation) と呼ばれている. この関係とアンペールの法則

$$\nabla\times\boldsymbol{H}=\frac{4\pi}{c}\boldsymbol{j}(\boldsymbol{r}) \tag{6.20}$$

を組み合わせて, $\nabla\times(\nabla\times\boldsymbol{H})=-\nabla^2\boldsymbol{H}$ に注意すると, 磁場 $\boldsymbol{H}(\boldsymbol{r})$ は

$$\nabla^2\boldsymbol{H}=\frac{1}{\lambda_\mathrm{L}^2}\boldsymbol{H} \tag{6.21}$$

の関係を満たす. ここで, $\lambda_\mathrm{L}\equiv\sqrt{mc^2/4\pi n_\mathrm{s}e^2}(=\sqrt{m/\mu_0 n_\mathrm{s}e^2}:\mathrm{SI})$ はロンドンの磁場侵入長 (London penetration depth) と呼ばれ磁場の空間変化のスケールを与える. 実際, 図 6.7 のように超伝導体の外側 ($x<0$) に z 方向の磁場があるとき, 超伝導体内部 ($x>0$) の磁場分布 $H_z(x)$ は, (6.21)式を解いて

$$H_z(x)=H_0 e^{-x/\lambda_\mathrm{L}} \tag{6.22}$$

となる. ここで, H_0 は真空中 ($x<0$) の磁場の z 成分を表す. すなわち, 磁場は超伝導体の表面から λ_L 程度の距離しか侵入することはできない. λ_L の値は金属の種類により異なるが, 表 6.1 に例を示すように (充分低温では) 1 μm 以下であり, 充分に弱い磁場は (巨視的なスケールでは) 超伝導体中から排除される. この事実をマイスナー効果と呼び, 凹んだ超伝導体の上部に磁石が浮く現象の原因となる.

以上の結果は, $\lambda_\mathrm{L}\gg\xi_0$ の場合に正しい. 逆の極限 ($\lambda_\mathrm{L}\ll\xi_0$) では, (6.18)式と (6.20)式から得

表 6.1 磁場侵入長 ($T\to 0$ への外挿値)

	Al	Pb	UPt$_3$
λ_L	160	370	7100
λ	530	480	7100

λ_L はロンドンの磁場侵入長を, λ は非局所性まで考慮した場合の値を表す. 単位は Å.

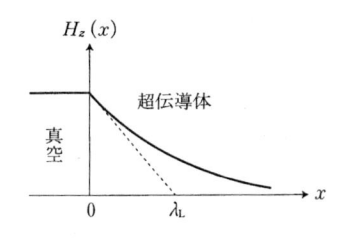

図 6.7 平らな表面をもつ超伝導体の表面に平行な磁場が侵入する様子

られる非局所的方程式を数値的に解いて，磁場の侵入長 λ は，$\lambda \simeq 0.79\, \lambda_{\mathrm{L}}(\xi_0/\lambda_{\mathrm{L}})^{1/3}$ と与えられる．このような系を第1種超伝導体(type-I superconductors)，前者を第2種超伝導体(type-II superconductors)と呼んで区別する．

c. 熱力学的臨界磁場　マイスナー効果により，弱い磁場は(マクロなスケールで見ると)超伝導体の内部から排除される．磁場 H を大きくして $H=H_{\mathrm{c}}$ (熱力学的臨界磁場, thermodynamical critical field という)に達すると，超伝導状態を壊して磁場が一様に侵入した状態とマイスナー状態の自由エネルギーが一致する．超伝導およびノーマル状態のヘルムホルツの自由エネルギーを F_{s}，F_{n} と書くことにすれば

$$\frac{H_{\mathrm{c}}^2}{8\pi} = F_{\mathrm{n}} - F_{\mathrm{s}} \tag{6.23}$$

の関係にある．これは，単位体積をもつ充分長い円筒状の超伝導体のまわりにコイルを巻いた系で，コイルの電流 I を徐々に増して(超伝導体がないとしたときの)磁場が H_{c} に達したとき何が起こるか考察することから理解できる．超伝導体に磁場が侵入する転移が起きたときの自由エネルギーは，円筒内部がノーマル状態にあり磁場が一様に侵入している状態のそれに等しい．磁場が侵入するのに要する仕事は，その瞬間 (t_0) の前後でコイルの電流は一定値 I_{c} に保たれるので

$$\int_{t_0-\delta t}^{t_0+\delta t} dt\, \frac{d\Phi}{dt} I(t) = L I_{\mathrm{c}}^2 = H_{\mathrm{c}}^2/4\pi$$

となる．ここで，$\delta t > 0$ は微少時間，L はコイルの自己インダクタンスであり，コイルを貫く磁束 Φ と電流 I との関係，$\Phi = LI$，および，$LI^2/2$ は磁場のエネルギー $H^2/8\pi$ に等しいことを用いた．したがって，$F_{\mathrm{s}} + H_{\mathrm{c}}^2/4\pi = F_{\mathrm{n}} + H_{\mathrm{c}}^2/8\pi$ で与えられる．すなわち，(6.23)式が成り立つ．

(6.23)式より，温度 T が上昇し臨界温度 T_{c} に近づくと $H_{\mathrm{c}} \to 0$ となることがわかる．なぜなら，臨界温度は $F_{\mathrm{n}} = F_{\mathrm{s}}$ で与えられるからである．第1種超伝導体では H_{c} の温度依存性が観測され，近似的に

$$H_{\mathrm{c}}(T) \simeq H_{\mathrm{c}}(0)\left[1 - \frac{T^2}{T_{\mathrm{c}}^2}\right] \tag{6.24}$$

のように振る舞う．また，(6.23)式を用いると，転移点での両相の比熱 C の差および潜熱 L は，熱力学の関係より

$$C_{\mathrm{s}} - C_{\mathrm{n}} = \frac{T_{\mathrm{c}}}{4\pi}\left(\frac{dH_{\mathrm{c}}}{dT}\right)^2_{T=T_{\mathrm{c}}}, \quad L \equiv T(S_{\mathrm{n}} - S_{\mathrm{s}}) = \frac{T_{\mathrm{c}}}{4\pi} H_{\mathrm{c}}\left(\frac{dH_{\mathrm{c}}}{dT}\right)_{T=T_{\mathrm{c}}} \tag{6.25}$$

で与えられる．すなわち，第1種超伝導状態とノーマル状態の相転移は，$H=0$ では潜熱をもたない2次転移，$H\neq0$ では1次転移となり潜熱が存在する．

d. 磁場中の超伝導体　さてそれでは，$H<H_c$ の磁場を外部からかけたときに磁場はマクロなスケールで超伝導体内部に侵入できないかといえばそうではない．それは第1種か第2種かにより異なるし，またその形状による．実際，図6.8のように平坦な形状の第1種超伝導体の面に垂直に外部から磁場がかかっていると，図に示すように磁束はストライプ状に侵入する．なぜなら，磁場を完全に排除するには磁力線を点線のように曲げる必要があり，超伝導体の端の磁力線が密になり磁場の大きさが H_c を越えるからである．前小節 c では充分に細長い円筒を考えたのでそのようなことはなかった．

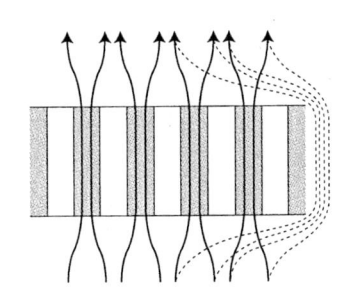

図 6.8　平らな表面をもつ第1種超伝導体の表面に垂直な磁場が侵入する様子

この考え方は，マクロなスケールで超伝導体に磁場が侵入すると超伝導状態は壊れるということを前提にしている．それは第1種の場合には正しい．しかし，第2種超伝導体では磁場の侵入の様子はずいぶん違っている．そのことは以下のようにして理解できる．(6.18)式に現れたクーパー対のサイズ ξ_0 は超伝導状態とノーマル状態が境界を隔てて接しているとき，(温度ゼロでは)超伝導状態が壊れている厚みを与える．$\xi_0 \gtrsim \lambda_L$（第1種）の場合は境界をつくると（単位面積あたり）$G_{境界} \approx \xi_0 H_c^2/8\pi - \lambda_L H_c^2/8\pi > 0$ の自由エネルギー(ギブス)が必要である．この式の第1項は，(6.23)式より，超伝導状態を壊すのに要するエネルギーを，第2項は外部磁場（境界のノーマル側の磁場は $H=H_c$ に注意）を排除しないですむためのエネルギーの利得を表している．したがって，外部磁場 ($H<H_c$) を一定に保つとき，できるだけ境界をつくらないように磁束密度の分布が定まる．しかし，$\xi_0 \lesssim \lambda_L$（第2種）の場合は，$G_{境界} \approx \xi_0 H_c^2/8\pi - \lambda_L H_c^2/8\pi < 0$ であるから，$H > \sqrt{\xi_0/\lambda_L}\, H_c$ の大きさの外部磁場のもとではできるだけ境界をつくろうとする．実際には，外部磁場が $H > (\pi\xi_0/\sqrt{24}\lambda_L) \ln(\lambda_L/\xi_0) H_c \equiv H_{c1}$ (H_{c1} を下部臨界磁場 (lower critical field) と呼び，$H_{c1} < H_c$) となると，図6.9のようにノーマル状態のコアが規則的に並んだパターンをつくって，磁束密度はできるだけ均一になる

ように分布する．コアの周囲に渦をつくって超伝導電流が流れているので，渦糸 (vortex lines) と呼ばれる．渦糸1本あたりの磁束 ϕ_0 は

$$\phi_0 = \frac{ch}{2e} \quad (6.26)$$

のように，電気素量 e とプランク定数 h と，光速 c だけを含む，普遍的な値をもつ (磁束の量子化，flux quantization) (6.2.2 項 d 参照)．また，磁場をどんどん強くして，ノーマル状態のコアがたがいに重なるようになると，超伝導状態は完全に壊れる．その磁場の強さを上部臨界磁場 H_{c2} (upper critical field) と呼び，温度ゼロでは $H_{c2} = \phi_0/2\pi\xi_0^2$ で与えられる．

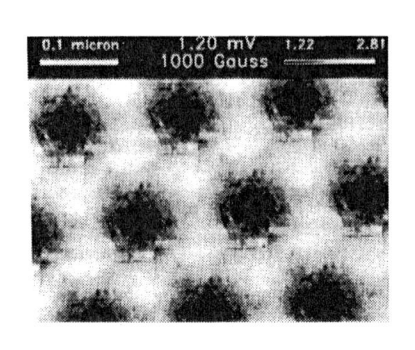

図 6.9 平らな表面をもつ第2種超伝導体の表面に垂直な磁場が侵入する様子 NbSe$_2$ の走査トンネル顕微鏡写真 (H. F. Hess: *Physica C*, 185-189 (1991) 259).

6.2.2 BCS 理論

a. クーパーの束縛状態 超伝導に対する基本理論は，1957 年に Bardeen, Cooper, Schrieffer により完成され，3 人の頭文字を取って，BCS 理論と呼ばれる．BCS 理論の柱の1つは，「超伝導状態はクーパー対と呼ばれる電子対のボース凝縮した状態である」という考えである．これは，超伝導は荷電粒子の超流動であるという事実 (6.1.3 項参照) と，6.1.1 項の b で論じたように，ボース粒子からなる液体 ^{4}He の超流動状態はボース凝縮により説明されることから見て，後から考えるとごく自然に理解される．問題は，クーロン力で反発しあう電子が (一種の2体束縛状態である) 対をつくる機構は何かということである．これに対する解答は，クーパー (Cooper) のモデル的考察により与えられた．

超伝導状態での電子対の形成は，フェルミ分布をしている多数の電子の間の2電子問題であるが，クーパーは問題を簡単化して図 6.10 のような自由電子のフェルミ球の外側にある2つの電子だけが相互作用する場合を考えた．

2体波動関数 Ψ は，運動量座標 $\boldsymbol{p}_1, \boldsymbol{p}_2$ の関数 $\phi(\boldsymbol{p}_1, \boldsymbol{p}_2)$ とスピン座標 σ_1, σ_2 の関数 $\zeta(\sigma_1, \sigma_2)$ の積で $\Psi(\boldsymbol{p}_1, \sigma_1; \boldsymbol{p}_2, \sigma_2) = \phi(\boldsymbol{p}_1, \boldsymbol{p}_2)\zeta(\sigma_1, \sigma_2)$ と表すことができる．2電子系のスピン状態は1重項 (singlet $S=0$) と3重項 (triplet $S=1$) の2つが可能であるが，簡単のため1重項の場合を考える．1重項のスピン関数

$$\zeta(\sigma_1, \sigma_2) = \frac{(|\uparrow\rangle_1|\downarrow\rangle_2 - |\downarrow\rangle_1|\uparrow\rangle_2)}{\sqrt{2}}$$
(6.27)

は $\sigma_1 \rightleftarrows \sigma_2$ の交換に関して符号を変えるので，パウリの規則により，軌道部分の関数は $p_1 \rightleftarrows p_2$ の交換に関して符号を変えない．関数 ϕ を重心運動量 $P \equiv (p_1 + p_2)$ と相対運動量 $k \equiv (p_1 - p_2)/2$ の関数として表すと，$p_1 \rightleftarrows p_2$ の交換は $k \to -k$ を意味するから，ϕ は k の偶関数である：$\phi(P; -k) = \phi(P; k)$．2 電子間にその相対座標 r にのみ依存する相互作用 $V(r)$ が働くとき，ϕ に関するシュレーディンガー方程式を r に対応する k 表示で表すと，2 つの電子の重心運動量がゼロの場合には（以下，$\phi(0; k)$ を単に ϕ_k と表す），

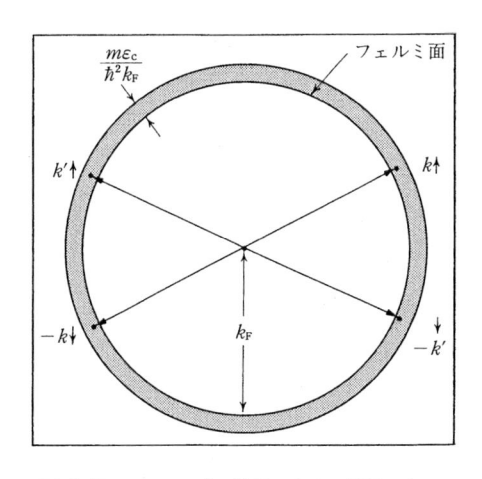

図 6.10 フェルミ球の外側にある 2 電子のクーパー対形成に関係する過程

対形成に関与する引力は k, k' が影の内部にあるだけ作用する．$(k\uparrow, -k\downarrow)$ から $(k'\uparrow, -k'\downarrow)$ に散乱するいろいろな過程を利用してスピン 1 重項束縛状態をつくる．影の部分の厚みは，$0 < \xi_k < \varepsilon_c$ に対応して，$2\varepsilon_c/\hbar^2 k_F$ で与えられる．

$$\frac{\hbar^2 k^2}{m}\phi_k + \sum_{k' > k_F} V_{k-k'}\phi_{k'} = E\phi_k \tag{6.28}$$

となる．ここで，V_k は $V(r)$ のフーリエ変換

$$V_q = \int dr V(r) e^{-iq \cdot r} \tag{6.29}$$

である．図 6.10 に示すように，引力相互作用がフェルミ面近傍の 2 電子を $(k, \uparrow; -k, \downarrow)$ から $(k', \uparrow; -k', \downarrow)$ へ散乱させる行列要素だけをもつとき，(6.28) 式の $V_{k-k'}$ は k と k' の間の角度 θ だけの関数であり，数学の公式により

$$V_{k-k'} \simeq \sum_{l=0}^{\infty}\sum_{m=-l}^{l} V_l 4\pi Y_l^m(\hat{k})[Y_l^m(\hat{k}')]^* \tag{6.30}$$

と表せる．ここで，$Y_l^m(\hat{k})$ は k 空間の球面調和関数である．クーパーが考察した相互作用は，$l = 0$ の成分 V_0 だけが残る場合，すなわち

$$V_{k-k'} = \begin{cases} V_0 : 0 < \xi_k, \xi_{k'} < \varepsilon_c \\ 0 : その他 \end{cases} \tag{6.31}$$

である．ここで，$\xi_k \equiv \varepsilon_k - \varepsilon_F$ はフェルミ準位 ε_F から測った粒子の運動エネ

ギーを，ε_c は引力の働くエネルギーの領域を表し，$\varepsilon_c \ll \varepsilon_F$ と仮定した.

(6.31)式を用いると方程式(6.28)の第2項は定数となるので，それを $C \equiv V_0 \sum'_{k'} \phi_{k'}$ とすれば（$\sum'$ は $0 < \xi_{k'} < \varepsilon_c$ についての和を意味する），波動関数の軌道部分は $\phi_k = C/[(E-2\varepsilon_F)-2\xi_k]$ となる．これを定数 C の定義の式へ代入し，$C \neq 0$ を消去すると

$$1 = V_0 \sum'_k \frac{1}{(E-2\varepsilon_F)-2\xi_k} \tag{6.32}$$

のようにエネルギー E を決める方程式が得られる．この方程式は，$V_0 < 0$ であるかぎり常に束縛状態 $E - 2\varepsilon_F < 0$ の解が存在する．実際，フェルミ準位近傍の（スピンあたりの）状態密度を定数 $N_F \equiv D(\varepsilon_F)/2$ で近似すると，エネルギー固有値は一般に $E - 2\varepsilon_F = -\varepsilon_c \sinh^{-1}(-2/N_F V_0)$ で与えられ，弱結合 $N_F V_0 \ll 1$ の場合，束縛エネルギー $\Delta E \equiv -(E-2\varepsilon_F)$ は

$$\Delta E = 2\varepsilon_c \exp(-2/N_F|V_0|) \tag{6.33}$$

となる．このように，$V_0 < 0$ であるかぎりどんなに引力が弱くても，常に束縛状態が存在したのは，フェルミ面の存在により，問題が2次元のそれと同等になったせいである．

以上と同様の議論により，(6.30)式中の $l \neq 0$ の $V_l < 0$ の場合にも，その波動関数と束縛エネルギーは，それぞれ

$$\phi_k = \frac{C Y_l^m(\hat{k})}{(E-2\varepsilon_F)-2\xi_k}, \quad \Delta E = 2\varepsilon_c \exp(-2/N_F|V_l|) \tag{6.34}$$

で与えられる．この場合には，波動関数は $\hat{k}$ 依存性をもち，k 空間で異方的である．

b. クーパー対凝縮 前項ではフェルミ面の外側においた2電子が引力相互作用により束縛状態をつくることができることを論じたが，量子力学によれば電子は本来区別できないものであるから，フェルミ面の内側の電子も引力相互作用の影響を受けて状態を変えるはずである．フェルミ面近傍のある特定の2電子が波動関数 $\phi(\boldsymbol{k},-\boldsymbol{k})$ で与えられるクーパー対をつくることが可能であれば，他の2つの電子の組も同じ状態をとることが可能であろう．つまり，クーパー対の状態がマクロな数の2電子の組により占拠された状態が，最もエネルギーの低い状態になるだろう．そのような状態を表す N 体の多体波動関数 Ψ は

$$\Psi(\boldsymbol{p}_1, \sigma_1; \boldsymbol{p}_2, \sigma_2; \cdots; \boldsymbol{p}_{N-1}, \sigma_{N-1}; \boldsymbol{p}_N, \sigma_N) = \mathcal{A} \prod_{i=1}^{N/2} \Phi(\boldsymbol{p}_i, \sigma_i; \boldsymbol{p}_{i+1}, \sigma_{i+1}) \tag{6.35}$$

である．ここで，$\mathcal{A}$ は任意の電子の座標の交換に対して反対称化する演算子を表す．2体波動関数 $\Phi(\boldsymbol{p}_1,\sigma_1;\boldsymbol{p}_2,\sigma_2)$ は，多体効果によって，前項の $\phi(\boldsymbol{p}_1,\sigma_1;\boldsymbol{p}_2,\sigma_2)$ とは一般に異なる．BCS は，(6.35)式を変分関数として基底状態のエネルギーが最小になるように，2体関数 Φ の形を決定し，それをもとにして励起状態を議論した．それを逐一紹介するのはこの教科書のレベルを越えていると思われるので，やや天下りではあるが，理論の概要を紹介する．

ノーマル状態での低エネルギー励起は，フェルミ面の内部の電子（波数 $k_1<k_\mathrm{F}$）をその外部（波数 $k_2>k_\mathrm{F}$）に励起することに対応し，そのエネルギーは，$\varepsilon_{k_2}-\varepsilon_{k_1}=\varepsilon_{k_1}-\varepsilon_\mathrm{F}+\varepsilon_\mathrm{F}-\varepsilon_{k_2}=|\xi_{k_1}|+|\xi_{k_2}|$ で与えられる．すなわち，励起状態はフェルミ統計に従いエネルギー分散 $E_k=|\xi_k|$ をもつ準粒子により記述される．超伝導状態になると，その分散は

$$E_k=\sqrt{\xi_k^2+|\varDelta_k|^2} \tag{6.36}$$

に変化する．$\varDelta_k$ は超伝導ギャップ (superconducting gap) と呼ばれ，一般に次のギャップ方程式を満たすように定まる．

$$\varDelta_k=-\sum_{k'}V_{k,k'}\frac{\varDelta_{k'}}{2E_{k'}}\tanh\frac{E_{k'}}{2T} \tag{6.37}$$

ここで，$V_{k,k'}$ はペア相互作用と呼び，ノーマル状態での準粒子の分散が等方的なら (6.30) で与えられる．(6.37) は $\varDelta_k$ をセルフコンシステントに決める積分方程式であり，2体のシュレーディンガー方程式 (6.28) と対応関係にある．実際，(6.35) 式に現れるクーパー対の波動関数は

$$\Phi(\boldsymbol{k},\sigma_1;-\boldsymbol{k},\sigma_2)=\frac{\varDelta_k}{2E_k}\zeta(\sigma_1,\sigma_2) \tag{6.38}$$

で与えられる．

ギャップは次のような物理的意味をもつ．超伝導状態での準粒子のエネルギーが (6.36) 式で与えられるということは，$k_1(<k_\mathrm{F})$ の電子のエネルギーは $-E_{k_1}+\varepsilon_\mathrm{F}$ で，$k_2(>k_\mathrm{F})$ のそれは $E_{k_2}+\varepsilon_\mathrm{F}$ で与えられることにほかならない．すると，超伝導状態でのエネルギーの利得は

$$\sum_{k<k_\mathrm{F}}(-E_k+\varepsilon_\mathrm{F})-\sum_{k<k_\mathrm{F}}\varepsilon_k\simeq-\frac{1}{2}N_\mathrm{F}\langle|\varDelta_k|^2\rangle_\mathrm{FS} \tag{6.39}$$

と見積もることができる．ここで，$\langle\cdots\rangle_\mathrm{FS}$ はフェルミ面上で平均をとることを意味する．この結果は，クーパー対が形成されることによるエネルギーの変化は，$|\xi_k|\lesssim\varDelta$ の電子について生じ，1つの波数 $\boldsymbol{k}$ あたりエネルギー利得が $\varDelta$ 程度であ

ることを意味している．すなわち，ギャップ Δ はクーパー対凝縮により生じた対 1 つあたりの束縛エネルギーを意味する．

BCS がしたように，相互作用 (6.31) を仮定すると，ギャップ方程式は簡単に解ける．温度ゼロでのギャップは

$$\Delta(0) \simeq 2\varepsilon_\mathrm{c} \exp\left\{-\frac{1}{N_\mathrm{F}|V_0|}\right\} \tag{6.40}$$

となる．これは，2 体問題での束縛エネルギー ΔE の表式 (6.33) に比べると指数関数のべきが半分になっており多体問題によりエネルギーの利得が大きくなったことを示している．ギャップがゼロになる臨界温度 T_c は

$$k_\mathrm{B} T_\mathrm{c} \simeq \frac{2e^\gamma}{\pi} \varepsilon_\mathrm{c} \exp\left\{-\frac{1}{N_\mathrm{F}|V_0|}\right\} \tag{6.41}$$

で与えられる．ここで，$\gamma \simeq 0.577$ はオイラーの定数であり，$\Delta(0)$ と $k_\mathrm{B} T_\mathrm{c}$ の比は相互作用や準粒子の状態密度を含まない普遍定数 $2e^\gamma/\pi \simeq 1.76$ となる．比熱は転移点で不連続に変化し，その飛び ΔC は

$$\Delta C \simeq \frac{12}{7\zeta(3)} C_\mathrm{n}(T_\mathrm{c}) \tag{6.42}$$

で与えられる．ここで，$\zeta(3) \simeq 1.202$ であり，ΔC とノーマル状態での比熱 $C_\mathrm{n}(T=T_\mathrm{c})$ の比は普遍定数 1.43 となる．

(6.38) 式の軌道部分の関数を実空間の相対座標 r で表すと，

$$\sum_k e^{i\boldsymbol{k}\cdot\boldsymbol{r}} \frac{\Delta_k}{2E_k} \simeq \frac{m\Delta}{4\pi^2 r} \sin k_\mathrm{F} r \times \mathrm{K}_0\left(\frac{r}{\pi\xi_0}\right) \tag{6.43}$$

となる．ここで，$\mathrm{K}_0(x)$ はゼロ次の変形ベッセル関数であり，$x \gg 1$ において $\mathrm{K}_0(x) \simeq \sqrt{\pi/2x} \cdot e^{-x}$ であるので，$\xi_0 \equiv \hbar^2 k_\mathrm{F}/\pi m \Delta(0)$ はクーパー対のサイズを与える．

超伝導状態での準粒子の（スピンあたり）状態密度 $N_\mathrm{s}(E) \equiv \sum_k \delta(E-E_k)$ は，BCS のようにギャップが等方的な場合，

$$N_\mathrm{s}(E) = \begin{cases} 0 & : 0 < E < \Delta \\ N_\mathrm{F} \dfrac{E}{\sqrt{E^2 - \Delta^2}} & : E > \Delta \end{cases} \tag{6.44}$$

となる（図 6.11 参照）．$E < \Delta$ の状態密度がゼロであるため，低温 ($T \ll T_\mathrm{c} \sim \Delta(0)$) での物理量は指数関数的な温度依存性 $e^{-\Delta/k_\mathrm{B}T}$ をもつ．

比熱と NMR 縦緩和率の温度依存性の実験結果を図 6.12 に示す．

6.2 超伝導

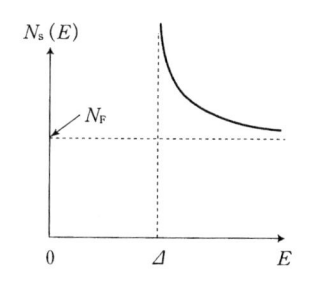

図 6.11 等方的ギャップをもつ超伝導状態での(スピンあたりの)励起状態密度

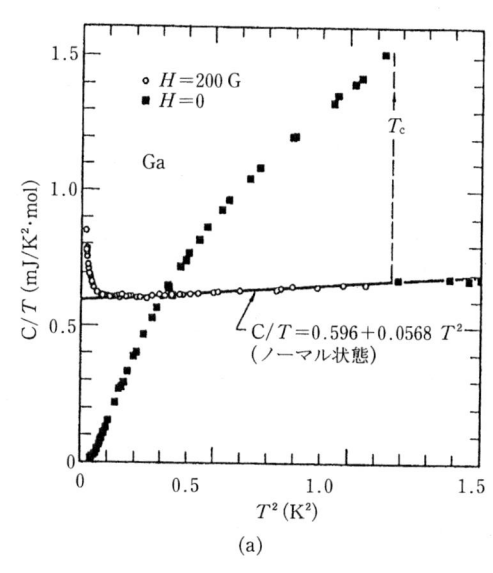

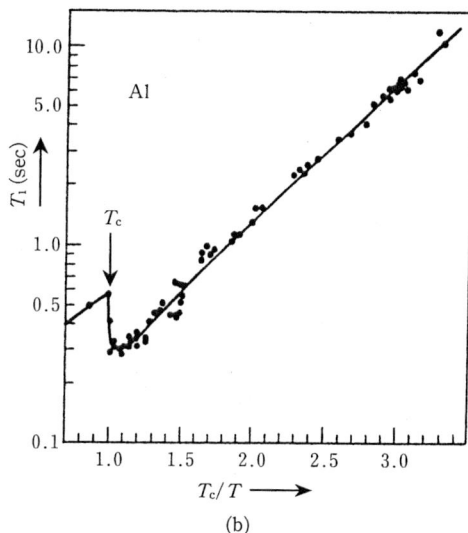

図 6.12
(a) Ga の比熱の温度依存性を $C/T - T^2$ の関係で示した．磁場が $H = 200\mathrm{G}$ の場合，超伝導状態は壊れてノーマルの比熱が観測される (N. E. Phillips: *Phys. Rev.*, **134** (1964) 385)．
(b) Al の NMR 縦緩和時間 T_1 (緩和率の逆数) の温度依存性，横軸は転移温度 T_c を単位にした温度の逆数，T_c/T (Y. Masuda and A. G. Redfield: *Phys. Rev.*, **125** (1962) 159)．

c. 引力の起源 BCS 理論では，「クーパー対形成のための引力相互作用は格子振動(フォノン，phonon)により誘起される」と考えた．格子振動によって電子間に引力が働くことは理論的にきちんと示せるが，ここでは直観的な説明を試みる．そのために，図 6.13 に示すような電子の運動とそれにともなう格子(正イオン)の運動の様子を考えよう．電子1が通過すると付近の正の電荷をも

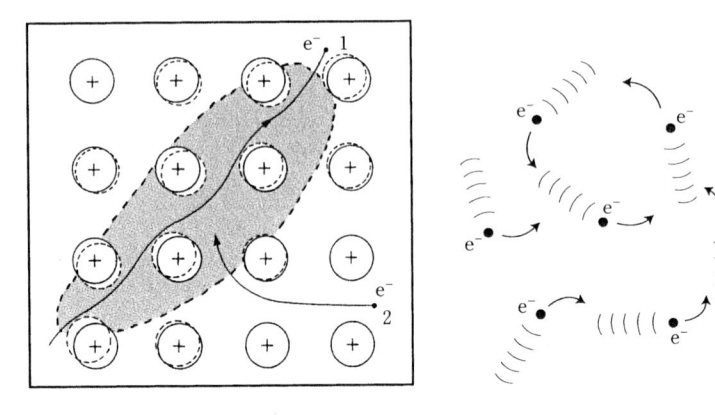

図 6.13 格子振動を利用して電子間に引力を生じる過程の直観的描像

つイオンは引き寄せられて，電子1の後にいわば船の「航跡」のように正の電荷の多い領域ができる．その正の電荷分極はイオンの格子振動の振動数 ω_D の逆数程度の時間は消失することなく存在しつづける．その間に電子2がその付近にやってくると正電荷の分極から引力を受けて引き込まれることになる．すなわち，電子2はそこを通過し立ち退いた電子1から間接的に引力を受けたと見ることができる．このような「航跡」ができるのは，電子の運動の時間スケール $\hbar/\varepsilon_F$ がイオンのそれ ω_D^{-1} に比べて短いせいである．しかし，電子1の影響でイオンが歪むのには，やはり ω_D^{-1} 程度の時間を要するので，電子1が立ち退いた後 ω_D^{-1} の時間間隔より早く電子2がやってくると引力を期待できない．すなわち，エネルギーと時間の不確定性関係より，2つの電子の運動エネルギーの差が $\hbar\omega_D$ より小さいとき ($|\xi_{k_1}-\xi_{k_2}|<\hbar\omega_D$) にのみ引力が働く．すなわち，モデル相互作用 (6.31) のエネルギーカットオフ ε_c は $\hbar\omega_D$ である．

さて，このようにして生じる引力が電子間にもともとはたらくクーロン反発力より大きくなければ，(6.31) 式の V_0 は引力にはならない．これは一見不思議であるが，上のように電子の運動の時間スケールがイオンのそれに比べて2桁以上短いことから理解できる．電子2が電子1の残した「航跡」から引力を受けるときには，電子1はすでにその場所にはいないので電子1との間の反発力は弱められているのである．これを遅延効果 (retardation effect) と呼ぶ．

このことをより定量的に理解するため，クーロン反発力の効果も取り入れたモデル相互作用

$$V_{k-k'} = \begin{cases} V_0 + U & : 0 < \xi_k, \xi_{k'} < \varepsilon_c \\ U & : \varepsilon_c < \xi_k < \varepsilon_F \text{ または,} \ \varepsilon_c < \xi_{k'} < \varepsilon_F \end{cases} \quad (6.45)$$

に基づいて，クーパーの問題を考えてみる．ここで，U は遮蔽されたクーロン相互作用を表し，フェルミエネルギー ε_F 程度の全エネルギー領域ではたらいている．6.2.2項aと同様の議論により，(6.32)式の代わりに

$$1 = (U^* + V_0) \sum_k{}' \frac{1}{(E - 2\varepsilon_F) - 2\xi_k} \quad (6.46)$$

のような固有値方程式を得る．ここで，$U^* = U/[1 + (N_F U/2)\ln(\varepsilon_F/\varepsilon_c)]$ は「くりこまれたクーロン反発力」の大きさを表す．一般に，$\varepsilon_F/\varepsilon_c \sim 10^2$，$N_F U \sim 1$ であるから，U^* は U の数分の1に減少する．そのため，$U + V_0 > 0$ であっても，$U^* + V_0 < 0$ となり (6.46) 式は束縛状態 $E - 2\varepsilon_F < 0$ の解をもつことが可能になる．このように，格子振動を介して電子間の有効相互作用がフェルミ面近傍で引力になるのには遅延効果が重要な役割を演じている．

d. GL理論と磁束の量子化 クーパー対状態 $\Phi(\boldsymbol{p}_1, \sigma_1; \boldsymbol{p}_2, \sigma_2)$ はマクロな数の2電子の組に占拠されるから，それは(磁性体における磁化などと同様に)マクロ変数である．超伝導状態では，

$$\psi(\boldsymbol{P}) \equiv \sum_{\sigma_1, \sigma_2} \sum_k \Phi\left(\frac{\boldsymbol{P}}{2} + \boldsymbol{k}, \sigma_1; \frac{\boldsymbol{P}}{2} - \boldsymbol{k}, \sigma_2\right) \neq 0$$

であり，秩序を特徴づける変数といえる(関係(6.38)に注意)．ギンツブルク-ランダウ (Ginzburg-Landau) は，この $\psi(\boldsymbol{P})$ の実空間表示 $\psi(\boldsymbol{R}) = \sum_{\boldsymbol{P}} e^{i\boldsymbol{P}\cdot\boldsymbol{R}} \psi(\boldsymbol{P})$ (に比例する量)を秩序変数 (order parameter) として2次相転移の現象論を展開した．両者の頭文字よりGL理論と呼ばれる．注目したいのは，BCS理論の出る前に，超伝導の秩序変数が何であるかの本質を洞察し，基本的に正しい現象論を構成したことである．しかし，ここではBCS理論に立脚して議論を進める．

GLは自由エネルギー(ヘルムホルツ)密度 $F(\boldsymbol{R})$ は秩序変数 $\Psi(\boldsymbol{R}) = \text{const} \times \psi(\boldsymbol{R})$ の汎関数であり，転移点近傍において Ψ について展開できるとして

$$F[\Psi, \boldsymbol{A}] = \frac{1}{4m}\left|\left(-i\hbar\nabla - \frac{2e}{c}\boldsymbol{A}\right)\Psi\right|^2 + a|\Psi|^2 + \frac{b}{2}|\Psi|^4 + \frac{1}{8\pi}|\nabla \times \boldsymbol{A}|^2 \quad (6.47)$$

と仮定した．ここで，$|\Psi|^2$ は超流動ペアの数密度 $n_s/2$ を表し，第1項が超流動の運動エネルギーを表すようにその係数を決める．実際，$\Psi(\boldsymbol{R}) = \sqrt{n_s/2} \cdot \exp(i2m\boldsymbol{v}_s \cdot \boldsymbol{R}/\hbar)$ はクーパー対の重心が速度 $\boldsymbol{v}_s$ で運動する状態を表すが，これを第

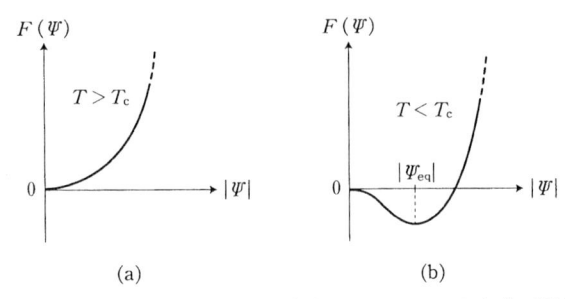

図 6.14 自由エネルギー密度 $F(\Psi)$ と秩序変数の振幅 $|\Psi|$ の関係
(a) $T>T_c$, (b) $T<T_c$.

1項に代入すると ($\boldsymbol{A}=0$ のとき), $mn_s v_s^2/2$ となる. 次に, 第1項の $\boldsymbol{A}$ の係数 $2e/c$ は, ゲージ不変性の要請から定まる. なぜなら, ゲージ変換 $\boldsymbol{A}\to\boldsymbol{A}+\nabla\chi$ により, (Ψ はもともと2体の波動関数であったから) $\Psi\to e^{i2\chi/\hbar c}\Psi$ と変換されるからである. 係数 a に対しては, $T=T_c$ で符号を変える最も簡単な温度依存性, $a=\bar{a}(T-T_c)$ を仮定し, 係数 b は温度によらない定数とする. (6.47)式の最後の項は磁場のエネルギーを表す.

磁場がなく ($\boldsymbol{A}=0$), Ψ が空間的に一様であれば, 自由エネルギー密度 $F(\Psi)$ の $|\Psi|$ 依存性は図6.14のようになる. 平衡状態での $\Psi_{\rm eq}$ は, $\partial F/\partial\Psi=0$ より次のように決まる:

$$\begin{cases} T>T_c \text{ のとき}, & |\Psi_{\rm eq}|=0 \\ T<T_c \text{ のとき}, & |\Psi_{\rm eq}|^2=-\dfrac{a}{b}=\dfrac{\bar{a}}{b}(T_c-T) \end{cases} \quad (6.48)$$

これから, 秩序の発生とともに $|\Psi_{\rm eq}|\neq 0$ となることがわかる. $T<T_c$ において, 平衡状態の自由エネルギーは

$$F_{\rm eq}=a|\Psi_{\rm eq}|^2+\frac{b}{2}|\Psi_{\rm eq}|^4=-\frac{\bar{a}^2}{2b}(T_c-T)^2 \quad (6.49)$$

であるので, 秩序の発生に伴う比熱の飛び ΔC は

$$\Delta C=-T\frac{\partial^2 F_{\rm eq}}{\partial T^2}\bigg|_{T=T_c}=\frac{\bar{a}^2}{b}T_c \quad (6.50)$$

で与えられる. BCS理論によれば, $\bar{a}=|V_0|^2 N_{\rm F}/T_c$, $b=7\zeta(3)|V_0|^4 N_{\rm F}/8\pi^2(k_{\rm B}T_c)^2$ であり, これを (6.50) 式に代入すると (6.42) 式が得られる.

(6.47) 式を $\boldsymbol{A}$ について汎関数微分すると,

$$\frac{1}{4\pi}\nabla\times(\nabla\times\boldsymbol{A})=\frac{e}{2cm}\Psi^*\left[\left(-i\hbar\nabla-\frac{2e}{c}\boldsymbol{A}\right)\Psi+\text{c.c.}\right] \tag{6.51}$$

の関係が得られるが，アンペールの法則 $\boldsymbol{j}=(c/4\pi)\nabla\times(\nabla\times\boldsymbol{A})$ によれば，電流密度 $\boldsymbol{j}$ が

$$\boldsymbol{j}=\frac{e}{2m}\left[\Psi^*\left(-i\hbar\nabla-\frac{2e}{c}\boldsymbol{A}\right)\Psi+\text{c.c.}\right] \tag{6.52}$$

で与えられることを意味する．さて，$\Psi=ae^{i\varphi}$ と表し，振幅 $a=|\Psi|$ の空間変化がゆっくりしているとして，その空間変化を無視すると，(6.52)式は

$$\boldsymbol{j}=\frac{e}{m}\left[\hbar\nabla\varphi-\frac{2e}{c}\boldsymbol{A}\right]a^2 \tag{6.53}$$

に帰着する．これは，横成分をとると，ロンドン方程式(6.19)そのものである ($|a|^2=n_s/2$ に注意)．

図6.15のようなドーナツ状の超伝導リングの内部を貫く経路Cの上では，マイスナー効果により，$\boldsymbol{j}=0$ であるから，関係 $\boldsymbol{A}=(c\hbar/2e)\nabla\varphi$ が成り立つ．したがって，経路Cに沿って線積分をとると

$$\oint_C(\boldsymbol{A}\cdot d\boldsymbol{l})=\frac{c\hbar}{2e}\oint_C(\nabla\varphi\cdot d\boldsymbol{l}) \tag{6.54}$$

であるが，左辺はストークスの定理によりドーナツを貫く磁束 $\Phi=\iint_S(\nabla\times\boldsymbol{A}\cdot d\boldsymbol{S})$ に等しく，右辺は ($\Psi=ae^{i\varphi}$ が一価関数であることから) $(ch/2e)\times$整数である．すなわち，磁束 Φ は，(6.26)式の ϕ_0 の整数倍に等しい．

$$\Phi=\frac{ch}{2e}\times\text{整数} \tag{6.55}$$

これを磁束の量子化と呼ぶ．磁束量子 $\phi_0=ch/2e$ の分母が $2e$ であることは，(6.47)式の $\boldsymbol{A}$ 前の係数がクーパー対凝縮であることを反映して $2e/c$ であったことに起因しているので，超伝導がクーパー対凝縮により生じていることの動かぬ証拠を与える．また，磁束量子(fluxoid)は，$\phi_0\simeq 2.07\times 10^{-7}\,\text{G}\cdot\text{cm}^2$ (2.07×10^{-15} Wb：SI) という極微な値であり，物性現象での磁場の精密測定だけでなく，人間の脳活動にともなう微弱磁場の検出といった応用の基礎にもなっている．

e. ジョゼフソン効果 クーパー対波動関数の重心座標に関する位相 φ の空間変化が関与するもう1つの重要な現象はジョゼフソン効果(Josephson effect)である．これは図6.16のように2つの超伝導体が薄い絶縁膜を隔てて接してい

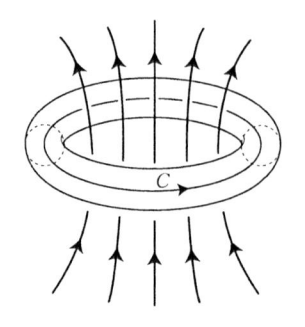

図 6.15 ドーナツ状の超伝導体の中空部分を貫く磁束の量子化

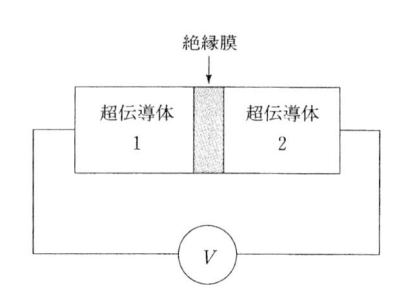

図 6.16 ジョセフソン接合 影の部分は絶縁体の薄膜.

るときに生じる. 1と2のクーパー対の波動関数はつながっているので1つの2体状態を表しているが, 仮に1と2が隔離されているとしたときの波動関数をそれぞれ ψ_1, ψ_2 と書くことにする. これを基底関数として, 1と2の間に重なりがある場合の波動関数は, $\psi = C_1\psi_1 + C_2\psi_2$ となる. 1と2が弱い相互作用で結びつくとき, ψ に対する(時間に依存する)シュレーディンガー方程式を, 係数 C_1, C_2 の方程式として表すと,

$$\begin{cases} i\hbar \dfrac{\partial C_1}{\partial t} = E_1 C_1 + K C_2 \\ i\hbar \dfrac{\partial C_2}{\partial t} = K C_1 + E_2 C_2 \end{cases} \quad (6.56)$$

となる. ここで, E_1, E_2 は1および2の2体状態のエネルギーを表し, K は1と2の結合エネルギーである. C_n は一般に複素数であるから, 振幅 a_n と位相 φ_n を用いて, $C_n = a_n e^{i\varphi_n}$ と表せる. この表式を (6.56) 式に代入して整理すると, 実部の関係から

$$\hbar \frac{\partial a_1^2}{\partial t} = \frac{1}{2} K a_1 a_2 \sin(\varphi_2 - \varphi_1) = -\hbar \frac{\partial a_2^2}{\partial t} \quad (6.57)$$

を, 虚部の関係から

$$\hbar \frac{\partial}{\partial t}(\varphi_1 - \varphi_2) = E_2 - E_1 + K \frac{a_2^2 - a_1^2}{a_1 a_2} \cos(\varphi_1 - \varphi_2) \quad (6.58)$$

を得る.

クーパー対にはマクロな数の2電子対がボース凝縮しているので, 振幅の2乗 a_i^2 が変化するのにともない, 1と2の間に超伝導電流が流れる. その大きさは,

(6.57) 式により決まる. つまり, 1 と 2 の間の位相差の正弦に比例した超伝導電流が流れる. 1 と 2 の間の結合が充分弱いとき, $a_1^2 \simeq a_2^2$ と近似できる. 外部電圧 $V=0$ であれば, 2 つのクーパー対の 2 体状態のエネルギーは等しいので, $E_1-E_2=0$ であり, (6.58) 式より $\varphi_1-\varphi_2=$ const となる. したがって, 一定の大きさの超伝導電流が絶縁膜を通して量子力学に従うトンネル電流として流れる. これを直流ジョゼフソン効果 (DC Josephson effect) と呼ぶ. ジョゼフソン接合を組み合わせることで微弱な磁束を検出する SQUID と呼ばれる素子をつくることができる. 外部電圧を加えると ($V \neq 0$), $E_1-E_2=2eV$ となるから (超伝導体内部での電位は一定であることと上の ϕ は 2 体波動関数であることに注意), (6.58) 式より位相差は, $\varphi_1-\varphi_2 \simeq 2eVt/\hbar$ と変化するので, 超伝導電流 $j \equiv D\partial a_1^2/\partial t$ は (D は定数)

$$j = \frac{DKa_1a_2}{2\hbar} \sin\left(\frac{2eVt}{\hbar}\right) \tag{6.59}$$

で与えられる. すなわち, 超伝導電流の振動が生じ, その振動数は 1 と 2 の間の電位差と普遍物理定数 e, $\hbar$ のみによって決まっている. ちなみに, 電圧 $V=1$ μV は, 振動数 $\omega/2\pi=4.84 \times 10^8$ Hz に対応する. これを交流ジョゼフソン効果 (AC Josephson effect) と呼び, 現在では標準電圧の決定法としても用いられる.

6.2.3 異方的超伝導・超流動

a. 異方的クーパー対　BCS 理論が提出された時代に知られていた超伝導体はすべて基本的には k 空間で等方的なギャップをもっていた. しかし, 1970 年代末からつぎつぎに発見された重い電子系物質 $CeCu_2Si_2$, UPt_3, UBe_{13}, URu_2Si_2, UPd_2Al_3, UNi_2Al_3 などの超伝導状態では, 超伝導ギャップがフェルミ面の上でゼロになる「異方的超伝導」(anisotropic or unconventional superconductivity) が実現していることがわかってきた. また, 1986 年のベドノルツ-ミュラー (Bednorz-Müller, 1987 年度ノーベル賞受賞) による層状ペロブスカイト物質 $La_{2-x}Sr_xCuO_4$ の発見を契機としてつぎつぎに見つかった銅酸化物高温超伝導体 (high-T_c cuprates) もこのクラスに属していることが明らかになった.

超伝導ギャップが本質的に異方的であることは, 種々の物理量の低温 ($T \ll T_c$) での温度依存性が, BCS 超伝導体が示す指数関数の振る舞い ($\sim e^{-\Delta/k_BT}$) とは異なり, $\sim T^n$ (指数 n は物理量により異なる) のようなべき法則に従っている

表 6.2　UPt$_3$ の $T \ll T_c$ での物理量の温度依存性

物理量	比熱	NMR 縦緩和率	超音波吸収 縦波（横波）	熱伝導率	磁場侵入長 $\lambda^{-2}-\lambda^{-2}(T=0)$
温度依存性	$\sim T^2$	$\sim T^3$	$\sim T(\sim T, \sim T^2)$	$\sim T^2$	$\sim T, \sim T^2$

横波の超音波吸収は変位ベクトルの偏りに，磁場侵入長は磁場の方向によって温度のべきは異なる．

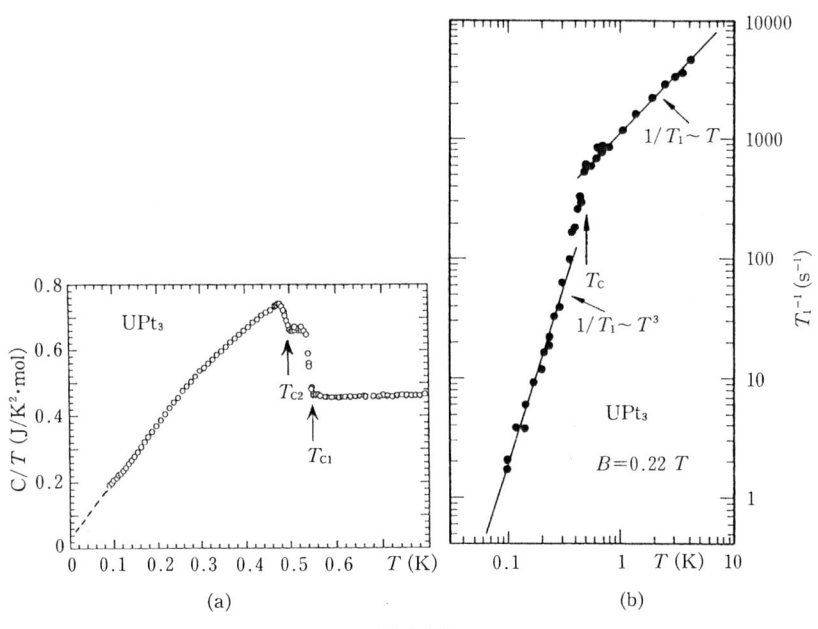

図 6.17
(a) UPt$_3$ の比熱の温度依存性を C/T-T の関係で示した．2つの転移が依存し，低温 ($T \ll T_c$) では $C \propto T^2$ の関係が成り立つ (J.-P. Brison et al: *Physica B*, **281 & 282** (2000) 印刷中)．(b) UPt$_3$ の NMR 縦緩和率の温度依存性．縦軸，横軸ともに対数目盛．低温 ($T \ll T_c$) では $1/T_1 \propto T^3$ の関係が成り立つ (K. Asayama et al: *J. Magn. Magn. Mater.*, **76 & 77** (1988) 449)．

ことからわかる．例として，UPt$_3$ の場合を表 6.2 に示す．また，比熱と NMR の縦緩和率の実験結果を図 6.17 に示す．

このような温度依存性は，励起エネルギーを (6.36) 式のように表すとき，ギャップ Δ_k がフェルミ面 ($\xi_k=0$) の線状のところでゼロになっているとすると理解できる．その場合，低エネルギー励起に対する状態密度は，BCS の場合の図 6.11 のような振る舞いとは異なり，$N_s(E) \propto E$ のようになっていて，励起エネルギーはゼロから連続的に分布している．このようなことは，(6.37) 式で与

えられるギャップが，クーパーの2体波動関数(6.34)に対応して，球面調和関数 Y_l^m ($l\neq0$) の線形結合で表せるような場合には可能となる．現実の金属では結晶の点群の操作の既約表現の基底で表されるので，たとえば正方晶の場合の d 波に対応するものとしては

$$\varDelta_k = \varDelta(\cos k_x a - \cos k_y a) \tag{6.60}$$

が可能である (a は格子定数)．このタイプのギャップは銅酸化物高温超伝導体で実現していると考えられている．(6.60)式を相対座標の実空間表示で表すと，$\varDelta(r=0) \propto \sum_k \varDelta_k = 0$ であるので，2つの電子が近づいてたがいに重なるような配置に対する波動関数の振幅はゼロになる．このようなことは，電子間のクーロン反発力の効果が大きな役割を果たす強相関電子系(strongly correlated electron systems)と呼ばれる系の超伝導状態の一般的な特徴である．重い電子系(heavy electron system)や銅酸化物金属は強相関電子系の代表的なクラスをなすが，最近ではある種の有機金属錯体もこのクラスに属していると考えられるようになった．重い電子系については，次章の磁性で触れる．

実際，電子間の相互作用をタイトバインディング(tight-binding method)の考え方で整理し，2つの電子が同じサイトに来たときに斥力 U が，隣り合うサイトにきたときに引力 $-V$ がはたらくとすると，2次元格子の場合は簡単で，(6.30)式の相互作用は

$$V_{k-k'} = U - 2V[\cos(k_x - k'_x)a + \cos(k_y - k'_y)a] \tag{6.61}$$

で与えられる．三角関数の加法定理を用いて少し変形すると

$$V_{k-k'} = U - V(\gamma_k \gamma_{k'} + \eta_k \eta_{k'} + 2\sin k_x \sin k'_x + 2\sin k_y \sin k'_y) \tag{6.61}'$$

となる．ここで，$\gamma_k \equiv (\cos k_x a + \cos k_y a)$, $\eta_k \equiv (\cos k_x a - \cos k_y a)$ を定義した．関数 η_k は，(6.30)式の球面調和関数に対応する，結晶の対称性を満たす完全系の成分の1つである．η_k のチャンネルは引力 $-V$ をもつから，クーパー対を形成することは可能で，(6.60)式のタイプのギャップが得られる．

それでは，そのような引力の起源は何だろうかという素朴な疑問が生じる．

b. 超流動 ^{3}He　その問題を考えるとき，液体 ^{3}He の超流動発現機構が解明された経緯は教訓的である．^{3}He はフェルミ粒子であって，図6.1に示したように，ハードコア的斥力とファンデルワールス力による弱い引力部分からなる相互作用をしている．ノーマル状態での有効フェルミ温度は ~1K であるが，温度を 2~3 mK まで下げると超流動になることが発見された．この業績により，発

見者のオシェロフ,リチャードソン,リー (Osheroff, Richardson, Lee) は 1996 年度のノーベル賞を受けた.図 6.2 に示すように,A 相,B 相と呼ばれる 2 つの相があって,それらは NMR シグナルの特性などから (BCS のスピン 1 重項 s 波クーパー対とは異なり) スピン 3 重項 p 波 ($l=1$) のクーパー対凝縮により生じていることがわかった.ところで,^{3}He 粒子間の裸の相互作用のうちハードコアの部分についてはおたがいに避け合う 2 体相関の効果を取り込んで (6.30) 式の有効相互作用 $V_{k,k'}$ を計算してみると,$V_0>0$, $V_1>0$ (斥力), $V_2<0$ (引力) であり,p 波 ($l=1$) に対しては斥力という結果になる.このことは,その計算に取り込まれていない 2 体相関を越えるような多体効果が重要なことを示唆する.さらに,(6.30) 式の相互作用の大きさが決まったとき,エネルギー的に一番安定なクーパー対の構造は B 相に対応するものであって,A 相の存在を説明するためには,実現する対の構造を反映した多体力を必要とした.その多体力は,BCS 理論における格子振動の代わりに以下に述べるようにスピンゆらぎ (spin fluctuations) を交換することにより与えられると考えられている.

短距離の斥力で相互作用しながら自由空間を運動するフェルミ粒子多体系では,量子力学的交換効果によりたがいのスピンをそろえようとする強磁性的傾向をもつ.図 6.18 に示すように,粒子 1 (↑スピンをもつ) が破線の径路に沿って運動すると,径路の近傍の↑スピンをもつ粒子は引き寄せられ逆に↓スピンをもつ粒子は遠ざけられる.その結果,粒子 1 の径路に沿って↑スピンの過剰な

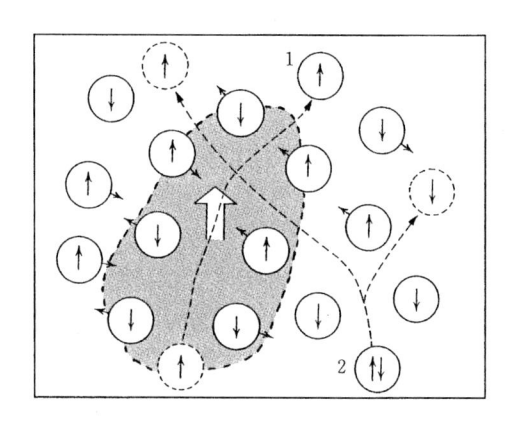

図 6.18 強磁性的スピンゆらぎを利用して引力を生じる多体効果の直観的描像

領域ができる．粒子1の通過後に粒子2がやってくるとき，スピンが↑ならその領域に引き寄せられる（引力がはたらく）し，逆に↓であればその領域から遠ざかろうとする（斥力がはたらく）．すなわち，BCSの場合の図6.13と同様のことが起こる．粒子1の後にできる↑スピンの過剰はときがたてば消失するスピンのゆらぎである．粒子1がつくったスピンのゆらぎを粒子2が受けとることにより粒子間にスピンに依存する交換力がはたらくと見ることができる．BCSの場合との違いは力を媒介するスピンゆらぎの性質が，フェルミ多体系の状態（クーパー対の構造）自体に強く依存する点である．液体 ^{3}He の場合には，以上のシナリオに沿った詳しい計算が行われ，上記の物理的描像が確かめられた．斥力から引力が生れる例が見つかったわけで，その重要性は強調されるべきである．

c. 異方的超伝導体の系譜 現在までに確認された異方的超伝導体は重い電子系，銅酸化物系，ルテニウム酸化物，有機金属錯体系などであり，その代表的物質の性質を表6.3に示す．これらを系統的に眺めるとその類似点と相違点が見て取れる．これらの系の超伝導が発現するために広い意味のスピンゆらぎが重要な役割を果たしていることはほぼ間違いない．しかし，その詳細は系の具体的な性質によっている．たとえば，CeCu$_2$Si$_2$, UPd$_2$Al$_3$, 銅酸化物，有機金属錯体などでは，^{3}He の場合とは異なり，反強磁性的なスピンゆらぎが重要であり，UPt$_3$, Sr$_2$RuO$_4$ などでは，^{3}He の場合と同様に，強磁性的スピンゆらぎが重要であると考えられている．しかし，その系統性の本当の意味が明らかにされるには今後の研究の発展を待たねばならない．研究のフロンティアは広がっており，研究がなお一層深まることを期待したい．現在は超伝導研究のルネサンスともい

表6.3 異方的超伝導体の代表例

	CeCu$_2$Si$_2$	UPd$_2$Al$_3$	銅酸化物 高温超伝導体	2次元有機導体 BEDT-TTF系	UPt$_3$	Sr$_2$RuO$_4$	^{3}He
クーパー対の スピン状態	1重項	1重項	1重項	1重項	3重項	3重項	3重項
クーパー対の 軌道状態	d	d	d	d	f	p	p
電子配置	$(4f)^1$	$(5f)^3$	$(3d_h)^1$	$(2p)^1$	$(4f)^2$	$(3d_h)^2$	—

電子配置とは，クーパー対を形成するフェルミ準粒子のもとになる局所的な電子の個数を表す．d_h はホール描像で表した d 電子のこと．

うべき時代で，この教科書の読者もその研究の発展の一翼を担うべく研究の最前線に加わることは時間的に充分可能である．

7. 磁 性

7.1 磁性の分類

　1個の棒磁石の両端はN極とS極をもっている．この棒磁石を細分割しても，その微小部分はN極とS極をもつ磁石である．この分割は究極的には原子に到達するであろう．棒磁石の磁気的性質は，個々の原子(イオン)がもつ原子磁石が，言い換えれば磁気モーメントが協力しあって示す現象である．
　このような強い磁性を担う原子(イオン)は次の3グループの元素であり，その電子配置は

　　　　3d 遷移元素 (Ar 芯)　　　　　$3d^n 4s^2$　($n=0, 1, 2, \cdots, 10$)
　　　　4f ランタノイド元素 (Xe 芯)　$4f^n 5s^2 5p^6 5d^1 6s^2$　($n=0, 1, 2, \cdots, 14$)
　　　　5f アクチノイド元素 (Rn 芯)　$5f^n 6s^2 6p^6 6d^1 7s^2$

である．たとえば，ランタノイド(希土類)元素が物質を形成したとき3価であったならば，$5d^1 6s^2$ の電子が結合にあずかり，不完全殻の 4f 電子が磁性を担うことになる．3d, 4f, 5f の電子は，軌道運動と自転(スピン)運動をする．これらの運動による磁気モーメントが磁性の根源である．
　さて，磁性を磁気モーメントによって，あるいはその相互作用のメカニズムから分類すると，表7.1の3通りに大別される．(1)は磁気モーメントを担う電子がイオンに局在している場合であり，伝導電子のない絶縁体の磁性にあてはまる．これに対し，(2)は磁気モーメントを担う電子は伝導電子となって結晶中を遍歴する．Cu のような通常金属の伝導電子である 4s 電子が示す弱磁性と，Fe, Co, Ni などの 3d 遷移金属やそれらを含む金属化合物の秩序磁性が対応する．(3)は主として希土類金属化合物があてはまる．磁気モーメントをもつ 4f 電子は $5s^2 5p^6$ の閉殻電子の内側に押し込められているので，イオンに局在していて，伝

表 7.1 磁性の分類

磁性	(1) 局在磁性	キュリー常磁性 / 強磁性, 反強磁性などの秩序磁性 / 閉殻電子の反磁性
	(2) 遍歴磁性	弱磁性 { パウリ常磁性 / ランダウ反磁性 } / 強磁性, 反強磁性などの秩序磁性
	(3) 局在スピンと伝導電子の相互作用による磁性	

導電子が仲だちとなって磁性が生じる.アクチノイド金属化合物の5f電子は,4f電子に基本的には似た性質と考えられるが,3d電子の遍歴的性質も備えている.

本章では表7.1の(1),(2),(3)の順序で様々な磁性を紹介し,最後に物質の磁性ばかりでなく,結合や電子構造解明にも役立つ電子スピン共鳴と核磁気共鳴を学ぶ.

7.2 局 在 磁 性

7.2.1 キュリー常磁性

a. 1個の不対電子が示す磁気モーメント　原子内の不対電子は簡単化のため1個であるとする.その不対電子の軌道磁気モーメントを求めるために,ボーア(Bohr)の原子模型に基づき原子核のまわりを運動する電子を考える.質量mの電子は図7.1(a)に示すように,速さv,半径rの円運動をしているので,その運動は$-e(v/2\pi r)$の電流jに対応する.電磁気学から円電流と円の面積の積が磁気モーメント$\boldsymbol{\mu}_l$の大きさになるので,次式が導かれる.

$$\begin{aligned}\boldsymbol{\mu}_l &= (\pi r^2 j/c)\boldsymbol{i} \\ &= -\frac{e}{2mc}(mvr)\boldsymbol{i} \\ &= -\mu_B \boldsymbol{l}\end{aligned} \qquad (7.1)$$

ここで$\boldsymbol{i}$は,図7.1に示すように電流の描く円の法線方向の単位ベクトルで,$(mvr)\boldsymbol{i}=\hbar\boldsymbol{l}$は電子の軌道運動にともなう角運動量である.$\boldsymbol{l}$の方向は$\boldsymbol{\mu}_l$と逆向きである.$e\hbar/2mc=\mu_B$とおき,$\mu_B$をボーア磁子(Bohr magneton)と呼ぶ.SI単位では光の速さcを含まず$\mu_B=e\hbar/2m$である.

一方,電子はこのような軌道角運動量のほかに,自転を類推させるスピン角運動量$\hbar\boldsymbol{s}$をもっている.それによる磁気モーメントは

7.2 局在磁性

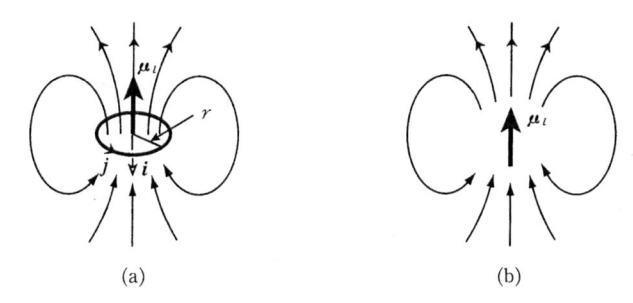

図 7.1 円電流 (a) と，磁気モーメント (b)

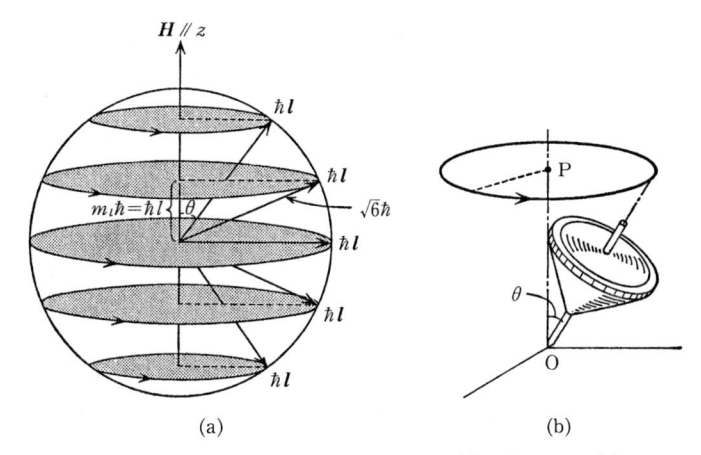

図 7.2 磁場を z 軸に加えたときの軌道角運動量 $\hbar l$ の (a) 歳差運動と，(b) コマの運動

$$\boldsymbol{\mu}_s = -2\mu_B \boldsymbol{s} \tag{7.2}$$

であることがディラック (Dirac) の相対論的量子論から導出されている．

以上を総合すると，原子内の 1 個の電子は軌道磁気モーメントとスピン磁気モーメントの和

$$\begin{aligned}\boldsymbol{\mu} &= \boldsymbol{\mu}_l + \boldsymbol{\mu}_s \\ &= -(\boldsymbol{l} + 2\boldsymbol{s})\mu_B\end{aligned} \tag{7.3}$$

をもつことになる．これが 1 個の電子がもつ磁石，すなわち原子磁石の強さである．

ここで $\hbar l$ と $\hbar s$ の観測について考えよう．磁場 H を z 方向に加えると，$\hbar l$ の z 成分 $\hbar m_l$ は図 7.2 に示すようにとびとびの値をとる．図では $l=2$ (d 軌道) の場合を示したが，l の大きさは $\sqrt{l(l+1)} = \sqrt{6}$，軌道磁気量子数 $m_l = 2, 1, 0, -1, -2$ となる．f 電子の場合は $l=3$ であり，$m_l = 3, 2, 1, 0, -1, -2, -3$ の 7 種

類の軌道が存在する．$\hbar\bm{l}$ は，したがって $\bm{\mu}_l$ も z 軸に関してある定まった傾き θ をとり，図 7.2(b) に示すようなコマの運動のように z 軸を中心とした歳差（首ふり）運動をする．

同様にスピン角運動量 $\hbar\bm{s}$ の z 成分 $\hbar m_s$ は，スピン磁気量子数 $m_s=\pm 1/2$ のため，θ は 0 と π の 2 通りであり，上向き $\hbar/2$ か，下向き $-\hbar/2$ かのどちらかの値である．ここでの説明として，磁場を加えて考えたが，量子化軸を z 軸と見なせば上述のことはそのまま成り立ち，$\hbar\bm{l}$ と $\hbar\bm{s}$ の観測値は時間によって変動しない $m_l\hbar$ と $m_s\hbar$ であって，m_l は $l, l-1, \cdots, -l$ の $2l+1$ 個の値をとり，m_s は $\pm 1/2$ である．$l=2$ の d 軌道には 5 種類の軌道運動があり，$l=3$ の f 軌道は 7 種類である．

b. 複数個の不対電子が示す磁気モーメント　次に原子内に複数個の電子を含む場合に話を拡張する．各電子は軌道とスピンの角運動量 $\hbar\bm{l}_i$ と $\hbar\bm{s}_i$ をもつが，その相互作用はスピンはスピンで，軌道は軌道でまとまろうとする傾向が強い．すなわち，各電子のスピンはスピン間の相互作用を通して合成スピン

$$\bm{S}=\sum \bm{s}_i \tag{7.4}$$

を形成する．その大きさは $\sqrt{S(S+1)}$ であり，$S=0, 1/2, 1, \cdots$ などの値をとる．その z 成分は M_S であり $S, S-1, \cdots, -S$ の $2S+1$ 個の値をとる．

同様に軌道も合成軌道

$$\bm{L}=\sum \bm{l}_i \tag{7.5}$$

を形成し，その大きさは $\sqrt{L(L+1)}$ である．たとえば $\bm{L}=\bm{l}_1+\bm{l}_2$ の場合の L の値は，$l_1+l_2, l_1+l_2-1, \cdots, |l_1-l_2|$ である．$L=0, 1, 2, 3, 4, 5, 6, \cdots$ の状態を大文字でそれぞれ，$S, P, D, F, G, H, I, \cdots$ と表現する．$\bm{L}$ の z 成分は M_L であり，$L, L-1, \cdots, -L$ の $2L+1$ の値をとる．

このように電子状態が L と S とで表されることを LS 結合，またはラッセル-ソーンダーズ結合 (Russell-Sanders coupling) という．それを ^{2S+1}L または $^{2S+1}L_J$ で表現する．ここで L は $S, P, D, \cdots$ のことであり，J は $L+S, L+S-1, \cdots, |L-S|$ の値である．

具体例として鉄族元素 $3d^2$ を考えよう．$1s^2 \sim 3p^6$ までは閉殻構造なので $3d^2$ の電子のみを考慮すればよい．d 軌道は $l=2$ なので $m_l=2, 1, 0, -1, -2$ の 5 通りがあり，それぞれに $m_s=1/2, -1/2$ をとりうるので，合計 10 通りの状態がある．その中に 2 個の電子を配置する組み合せは $_{10}C_2=45$ 通りである．ここで前

述の LS 結合に従えば, $l_1=2, l_2=2$ なので $L=0(S), 1(P), 2(D), 3(F), 4(G)$ の値をとり, 一方 $S=0, 1$ である. 電子配置に関してさらにパウリの排他原理を考えると, $^1S, ^3P, ^1D, ^3F, ^1G$ の LS 多重項に分かれることになる. 多重項の状態の数は $(2L+1) \times (2S+1)$ 通りあるので, それぞれの多重項には $1, 9, 5, 21, 9$ 通りの合計 45 通りの状態が存在する.

この LS 多重項の中で最も低いエネルギーをもつ基底状態はフント (Hund) 則とスピン-軌道相互作用に従う状態である. まずフント則は次の通りである.

(1) パウリ (Pauli) の排他律が許すかぎり, 電子スピンはたがいに平行になろうとして合成スピン S をつくる.

(2) その条件の下で電子の軌道角運動量ベクトルがたがいに平行になろうとして最大の合成角運動量 L をつくる.

(1) の意味することは, 平行スピンであればパウリの排他律から空間的に避け合うので, 電子間のクーロン斥力は小さくなるということである. (2) については, 電子はそれぞれの軌道をなるべく同じ向きにまわって, たがいに近づかないようにする結果と考えられよう. このフント則に従うと, たとえば前述の $3d^2$ の場合の LS 多重項は, ^3F がエネルギーが一番低く, 次に $^3P, ^1G, ^1D, ^1S$ の順となる.

フント則に従って形成された L と S はスピン-軌道相互作用

$$\mathcal{H}_{so} = \lambda \boldsymbol{L} \cdot \boldsymbol{S} \tag{7.6}$$

を通じて合成全角運動量

$$\boldsymbol{J} = \boldsymbol{L} + \boldsymbol{S} \tag{7.7}$$

を形成する. J の大きさは $\sqrt{J(J+1)}$ である. フント則に従った最もエネルギーの低い LS 多重項は, $J=L+S, L+S-1, \cdots, |L-S|$ の J 多重項に分裂する. J の z 成分, すなわち, 量子化軸を z 軸とすると, J_z は $J, J-1, \cdots, -J$ の $2J+1$ 個の値をとるので, それぞれの J 多重項の縮重度は $2J+1$ となる.

ここで, スピン-軌道相互作用は相対論的効果に起源をもつが, 簡単には次の通りである. 図 7.3 (a) のように, l_i と s_i をもつ i 番目の電子が, 原子核のまわりを速さ v で円運動していると

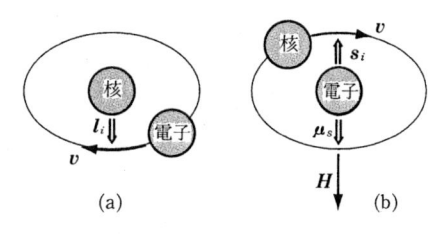

図 7.3 スピン-軌道相互作用

しよう．電子に立脚すると，図7.3(b)に示すように負電荷をもつ電子は静止していて，核の正電荷が電子とは逆向きに軌道運動していると見なすこともできる．この核電荷の軌道運動によって前述のように電流がつくられ，ビオ-サバール(Biot-Savart)の法則から磁場 H が形成される．H は(7.1)式から l_i に比例する．その磁場方向にスピン磁気モーメント $\boldsymbol{\mu}_s$ は向くことにより，s_i は $\boldsymbol{\mu}_s$ とは逆向きなので，l_i とも逆向きになる．その相互作用のエネルギー$(-\boldsymbol{\mu}_s\cdot H)$ は，$l_i\cdot s_i$ に比例することになる．その i に関する総和が(7.6)式である．

さて，スピン-軌道結合定数 λ は電子数が閉殻の半分以下のときは L と S は逆向きなので，したがって $\lambda>0$ となる．ちょうど半分のときは $L=0$ となり，スピン-軌道相互作用はない．半分以上のときは，L と S は平行になるため $\lambda<0$ となる．$\mathcal{H}_{so}$ は

$$\mathcal{H}_{so}=\frac{\lambda}{2}\{J(J+1)-L(L+1)-S(S+1)\} \tag{7.8}$$

のように変形されるので，$\lambda>0$ では J が小さいほど $\mathcal{H}_{so}$ は小さくなり基底状態は $J=|L-S|$ をとる．逆に $\lambda<0$ では J が大きいほどエネルギーが低いので $J=L+S$ となる．

以上のような基底状態を4f希土類と3d遷移金属イオンに対してまとめたものが表7.2と表7.3である．希土類イオンにはこれまで述べてきたことがよくあてはまり，フント則に従って S と L が合成されて J をつくる．一例として Ce^{3+} のエネルギー準位を図7.4に示す．電子数は1なのでフント則に従い $S=s=1/2$, $L=l=3$ となる．この状態は $(2L+1)\times(2S+1)=14$ 重に縮退している．この LS 多重項はスピン-軌道相互作用により $J=L+S, L+S-1, \cdots, |L-S|$ に分裂する．つまり $J=7/2$ と $5/2$ の J 多重項に分裂する．それぞれ $2J+1$, つまり8重と6重に

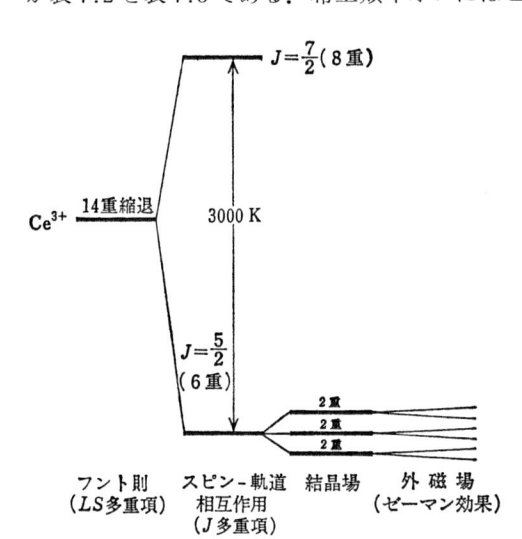

図7.4 Ce^{3+} のエネルギー準位

縮退している．エネルギーの低い基底状態は $J=5/2$ 多重項である．こうして Ce^{3+} の基底状態は表 7.2 のように $^2F_{5/2}$ と表現される．この $J=5/2$ 多重項は，結晶（電）場によって対称性が低い場合には 3 つの 2 重縮退に分裂する．結晶場というのは Ce^{3+} をとりまいている陰イオンからの静電ポテンシャルであり，結晶構造に依存している．負電荷をもつ電子雲と陰イオンとはクーロン反発し合うので，その度合いに応じて分裂が起こる．希土類イオンでは結晶場の大きさはスピン-軌道相互作用のエネルギーに比べて約 1 桁小さい．

さらに磁場を加えれば後述するゼーマン効果 (Zeeman effect) によって 2 重縮退は解けてゆく．

表 7.2 4f 希土類イオンの電子状態

イオン	基底状態	電子数	3	2	1	m_l 0	-1	-2	-3	S	L	J	g	gJ	$\mu_{\text{eff}} = g\sqrt{J(J+1)}$
Ce^{3+}	$^2F_{5/2}$	1	↑							1/2	3	5/2	6/7	2.14	2.54
Pr^{3+}	$^3H_4$	2	↑	↑						1	5	4	4/5	3.2	3.58
Nd^{3+}	$^4I_{9/2}$	3	↑	↑	↑					3/2	6	9/2	8/11	3.27	3.62
Pm^{3+}	$^5I_4$	4	↑	↑	↑	↑				2	6	4	3/5	2.4	2.68
Sm^{3+}	$^6H_{5/2}$	5	↑	↑	↑	↑	↑			5/2	5	5/2	2/7	0.71	0.85
Eu^{3+}	$^7F_0$	6	↑	↑	↑	↑	↑	↑		3	3	0	—	0	0
Gd^{3+}	$^8S_{7/2}$	7	↑	↑	↑	↑	↑	↑	↑	7/2	0	7/2	2	7	7.94
Tb^{3+}	$^7F_6$	8	↑↓	↑	↑	↑	↑	↑	↑	3	3	6	3/2	9	9.72
Dy^{3+}	$^6H_{15/2}$	9	↑↓	↑↓	↑	↑	↑	↑	↑	5/2	5	15/2	4/3	10	10.65
Ho^{3+}	$^5I_8$	10	↑↓	↑↓	↑↓	↑	↑	↑	↑	2	6	8	5/4	10	10.61
Er^{3+}	$^4I_{15/2}$	11	↑↓	↑↓	↑↓	↑↓	↑	↑	↑	3/2	6	15/2	6/5	9	9.58
Tm^{3+}	$^3H_6$	12	↑↓	↑↓	↑↓	↑↓	↑↓	↑	↑	1	5	6	7/6	7	7.56
Yb^{3+}	$^2F_{7/2}$	13	↑↓	↑↓	↑↓	↑↓	↑↓	↑↓	↑	1/2	3	7/2	8/7	4	4.54

表 7.3 3d 遷移金属イオンの電子状態

イオン	基底状態	電子数	2	1	m_l 0	-1	-2	S	L	J	g	μ_{eff} $g\sqrt{J(J+1)}$	μ_{eff} $2\sqrt{S(S+1)}$	μ_{eff} (実験)
$Ti^{3+}V^{4+}$	$^2D_{3/2}$	1	↑					1/2	2	3/2	4/5	1.55	1.73	1.8
V^{3+}	$^3F_2$	2	↑	↑				1	3	2	2/3	1.63	2.83	2.8
$V^{2+}Cr^{3+}Mn^{4+}$	$^4F_{3/2}$	3	↑	↑	↑			3/2	3	3/2	2/5	0.77	3.87	3.7~4.0
$Cr^{2+}Mn^{3+}$	$^5D_0$	4	↑	↑	↑	↑		2	2	0	—	0	4.90	4.8~5.0
$Mn^{2+}Fe^{3+}$	$^6S_{5/2}$	5	↑	↑	↑	↑	↑	5/2	0	5/2	2	5.92	5.92	5.9
Fe^{2+}	$^5D_4$	6	↑↓	↑	↑	↑	↑	2	2	4	3/2	6.70	4.90	5.4
Co^{2+}	$^4F_{9/2}$	7	↑↓	↑↓	↑	↑	↑	3/2	3	9/2	4/3	6.54	3.87	4.8
Ni^{2+}	$^3F_4$	8	↑↓	↑↓	↑↓	↑	↑	1	3	4	5/4	5.59	2.83	3.2
Cu^{2+}	$^2D_{5/2}$	9	↑↓	↑↓	↑↓	↑↓	↑	1/2	2	5/2	6/5	3.55	1.73	1.9

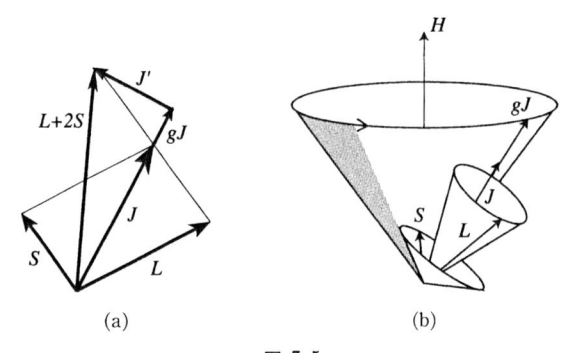

図 7.5
(a) J と $L+2S$ の関係. (b) L と S は J のまわりを歳差運動し,磁場 H を加えると gJ は磁場方向に歳差運動する.

　さて,このように原子の L や S が決まると,それにともなって磁気モーメントも決まる.それは

$$\boldsymbol{\mu}=-\mu_B(\boldsymbol{L}+2\boldsymbol{S}) \tag{7.9}$$

である.$L+2S$ は図 7.5 に示すように J とは異なる方向をとる.ここで,スピン-軌道相互作用の (7.6) 式は

$$\mathcal{H}_{so}=-(-\mu_B \boldsymbol{L})\cdot\left(\frac{\lambda\boldsymbol{S}}{\mu_B}\right) \tag{7.10}$$

と置き換えることができる.軌道磁気モーメント $(-\mu_B\boldsymbol{L})$ にはたらくトルクは,$(-\mu_B\boldsymbol{L})$ と磁場 $(\lambda\boldsymbol{S}/\mu_B)$ の外積で与えられるので,次式を得る.

$$\frac{d}{dt}(\hbar\boldsymbol{L})=(-\mu_B\boldsymbol{L})\times\frac{\lambda\boldsymbol{S}}{\mu_B}=\lambda(\boldsymbol{S}\times\boldsymbol{L})=\lambda(\boldsymbol{J}\times\boldsymbol{L}) \tag{7.11}$$

同様にして

$$\frac{d}{dt}(\hbar\boldsymbol{S})=-\lambda(\boldsymbol{S}\times\boldsymbol{L})=\lambda(\boldsymbol{J}\times\boldsymbol{S}) \tag{7.12}$$

も導出される.この2式から

$$\frac{d}{dt}(\boldsymbol{L}+\boldsymbol{S})=\frac{d\boldsymbol{J}}{dt}=0 \tag{7.13}$$

となる.つまり,L も S もそれぞれ (7.11) と (7.12) 式で与えられるように J のまわりに歳差運動をするので,$L+2S$ も J のまわりに歳差運動をすることになる.つまり J のみが (7.13) 式で示すように時間変化をせず運動の定数となっている.そこで $L+2S$ を J に平行で時間に無関係な成分 gJ と時間とともに変動する成分 J' に分けることができる.

$$L+2S = gJ+J' \qquad (J \perp J') \tag{7.14}$$

上式の両辺に J の内積をとることによりランデ (Landé) の g 因子

$$g = \frac{3}{2} + \frac{S(S+1)-L(L+1)}{2J(J+1)} \tag{7.15}$$

が得られる．表7.2の g 因子は上式から算出された値であり，たとえば Ce^{3+} の場合は $S=1/2, L=3, J=5/2$ を代入して $g=6/7$ を得る．なお，ランデの g 因子は $L=0$ のときは $g=2$ となる．以上の考察から磁気モーメントは

$$\boldsymbol{\mu} = -\mu_B g \boldsymbol{J} \tag{7.16}$$

となる．時間とともに変動する成分 $-\mu_B \boldsymbol{J}'$ は観測にかからないので無視される．

次に磁場を図7.5(b)に示すように z 軸方向に加えると，$g\boldsymbol{J}$ は磁場方向に歳差運動することになる．J_z が量子化された全角運動量なので，その相互作用は次式のゼーマンエネルギーで表される．

$$\mathcal{H}_z = -\boldsymbol{\mu}\boldsymbol{H} = g\mu_B J_z H \tag{7.17}$$

J_z の固有値を M_J とすると，M_J は $J, J-1, \cdots, -J$ の値をとる．したがって，磁場のないとき $2J+1$ 重に縮退していた準位が $g\mu_B H$ の等間隔で分裂することになる．すでに図7.4の Ce^{3+} で示したように，結晶場で分裂した2重縮退がこのゼーマン効果でさらに解けることになる．

c. キュリー常磁性　これまで何度か角運動量などの歳差運動がコマとの類似性から述べてきたが，磁気モーメントを例にとってその運動について触れておこう．電磁気学から磁気モーメントにはたらくトルクは $\boldsymbol{\mu}$ と $\boldsymbol{H}$ の外積 ($\boldsymbol{\mu}\times\boldsymbol{H}$) で与えられる．一方角運動量の時間変化 $d(\hbar\boldsymbol{J})/dt$ がトルクであるから

$$\frac{d(\hbar\boldsymbol{J})}{dt} = \boldsymbol{\mu}\times\boldsymbol{H} \tag{7.18}$$

が成立する．上式に (7.16) 式を代入すれば

$$\frac{d\boldsymbol{\mu}}{dt} = \gamma\boldsymbol{H}\times\boldsymbol{\mu} \qquad (\gamma = g\mu_B/\hbar) \tag{7.18}'$$

となる．$\boldsymbol{H}$ を z 軸方向にとると，

$$\mu_x = \mu_0 \cos\omega t, \quad \mu_y = \mu_0 \sin\omega t, \quad \mu_z = \text{一定} \tag{7.19}$$

$$\omega = \gamma H \qquad \text{または} \qquad \hbar\omega = g\mu_B H \tag{7.20}$$

となる．つまり，図7.5(b)に示すように，$g\boldsymbol{J}$，すなわちこれと方向は逆の $\boldsymbol{\mu}$ は $\boldsymbol{H}$ のまわりに歳差運動することが上式から理解されよう．この運動の ω を

ラーモア (Larmor) の角振動数と呼び,磁性を論じるときしばしば登場する重要な基礎概念である.

以上のような磁気モーメント μ をもつ不完全殻原子が単位体積あたり N 個ある物質を考えよう.磁気モーメント間には相互作用はないとすると,単位体積あたりの磁気モーメントは磁化 M として観測される.磁化は印加した磁場 H 方向 (z 方向) の平均磁気モーメント $N\langle\mu_z\rangle$ である.磁気モーメントは磁場方向に配向しようとして磁化が発生するが,熱振動はこの配向をさまたげるので,ボルツマン (Boltzmann) 分布則を考慮して

$$M = N\langle\mu_z\rangle$$
$$= N\frac{\sum_{M_J=-J}^{J} -g\mu_B M_J \exp(-g\mu_B M_J H/k_B T)}{\sum_{M_J=-J}^{J} \exp(-g\mu_B M_J H/k_B T)}$$
$$= NgJ\mu_B B_J(gJ\mu_B H/k_B T) \tag{7.21}$$

を得る.ここで $B_J(x)$ はブリルアン関数である.その形は,後述の図 7.8 に示すように,$x=0$ では 0 であり,x の増大とともに増大して,やがて飽和して 1 となるように変化する.したがって,低温・強磁場 ($x\to\infty$) では飽和磁気モーメントは $NgJ\mu_B$,つまり 1 原子あたり $gJ\mu_B$ となる.$k_B/\mu_B = 15\,\text{kOe/K}$ なので,飽和を起こさせるためには 1 K で 15 kOe (=1.5 T) 以上の磁場強度が必要である.逆に低磁場のときは $B_J(x) = \{(J+1)/3J\}x$ と近似されるので

$$M = \frac{Ng^2 J(J+1)\mu_B^2}{3k_B T} H \tag{7.22}$$

を得る.磁化 M が磁場 H に比例する磁場範囲での磁化の傾き M/H を磁化率 χ と定義すると

$$\chi = \frac{Ng^2 J(J+1)\mu_B^2}{3k_B T} = \frac{N(\mu_{\text{eff}}\mu_B)^2}{3k_B T} = \frac{C}{T} \tag{7.23}$$

のキュリー (Curie) 則が得られる.μ_{eff} を有効ボーア磁子数,C をキュリー定数と呼ぶ.たとえば Ce^{3+} の場合には,表 7.2 により,飽和磁気モーメントは $gJ = 2.14(\mu_B)$,有効ボーア磁子数 $\mu_{\text{eff}} = g\sqrt{J(J+1)} = 2.54(\mu_B)$ である.

希土類イオンの場合は以上のような議論が Sm や Eu イオンを除いてよくあてはまる.ところが,3d 遷移金属イオンの有効ボーア磁子数はスピンからの寄与のみを考慮して求めた $2\sqrt{S(S+1)}$ に近い.これは 3d 電子系は 4f 系に比べて大

きな原子軌道をとり，その上3d電子は外側に電子殻がなくむきだしになっているため，周囲の陰イオンからの結晶場の影響を受けやすいためである．4f電子系では図7.4に示すように，スピン-軌道相互作用によってJ多重項に分裂し，さらに結晶場で分裂することを述べた．3d電子系ではスピン-軌道相互作用より結晶場効果の方がはるかに大きいのである．もともと3d電子には5種類の軌道$(m_l=2,1,0,-1,-2)$があるが，これらはエネルギー的には同じであり，5重に縮退していて，すべての軌道を重ね合わせれば丸く球対称となる．これに結晶場が加わると，この縮退が解けて軌道による磁気モーメントはゼロになり，スピンのみが磁気モーメントに寄与することになる．

簡単な例として，3dイオンを陰イオンが八面体配位に囲んだ場合を図7.6に示す．図に示すように八面体の重心に3dイオンがあるとして，丸で示す陰イオンが八面体の頂点に配位している．3d軌道のうち，$\psi_{xy}, \psi_{yz}, \psi_{zx}$は$x, y, z$軸上に配位した陰イオンの方向を避けて伸びている．ところが，$\psi_{2z^2-x^2-y^2}$と$\psi_{x^2-y^2}$は陰イオンの方へ伸びる形をしていて，クーロン斥力を強く受けるのでエネルギーを高めることになる．前述の3つの軌道を$d\varepsilon$またはt_{2g}軌道，後者の2つをまとめて$d\gamma$またはe_g軌道と呼ぶと，そのエネルギー準位は図7.7のようになる．もしも，スピン-軌道相互作用がさらにはたらくと，3種類の軌道が縮退した$d\varepsilon$は2種類の基底項と1種類の励起項に分裂する．

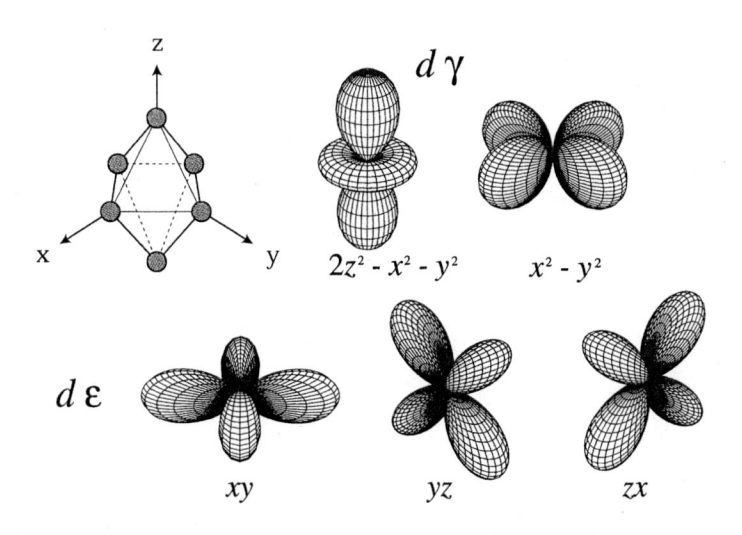

図 7.6 八面体配位にある3dイオンの$d\gamma$と$d\varepsilon$軌道の波動関数

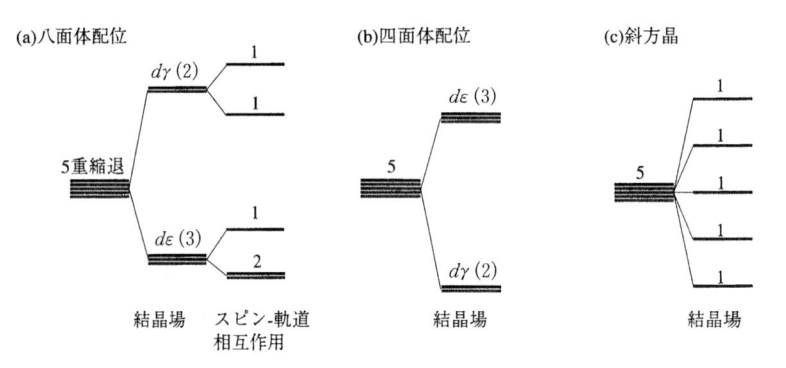

図 7.7 結晶場による 3d 準位の分裂（数字は縮重度）

この八面体配位は立方晶であるが，低対称の斜方晶になると静電ポテンシャルは異方的になり，すべての縮退は図 7.7 に示すように解けてしまう．このように結晶場による軌道の分裂は結晶の幾何学的構造に依存し，分裂後の電子の配置は必ずしもフント則に従うとはかぎらない．

7.2.2 秩序磁性

a. 強磁性　キュリー常磁性では磁気モーメント間に相互作用がなかった．ところが相互作用がはたらくと磁気モーメントが一方向に配列する強磁性が出現する．この自発磁化の機構を最初に解明したのがワイス (Weiss) である．ワイスは強磁性体を構成する各原子の磁気モーメントは，ほかの原子の磁気モーメントがつくる内部磁場，あるいはこれをしばしば分子場と呼ぶ H_m を受け，この磁場は自発磁化 M に比例すると仮定した．

$$H_m = \Lambda M \quad (\Lambda \text{は分子場係数}) \tag{7.24}$$

キュリー常磁性の (7.21) 式における外部磁場 H の代わりに (7.24) 式の分子場 H_m を代入すれば

$$\frac{M}{NgJ\mu_B} = B_J(x) \tag{7.25}$$

$$x = \frac{gJ\mu_B \Lambda M}{k_B T} \quad \text{つまり} \quad \frac{M}{NgJ\mu_B} = \frac{k_B T}{Ng^2 J^2 \mu_B^2 \Lambda} x \tag{7.26}$$

が得られる．(7.25) 式のブリルアン関数の中に磁化 M が入っているので，(7.26) 式と組み合わせて，$M/NgJ\mu_B$ を温度 T に対して求めればよい．実際に

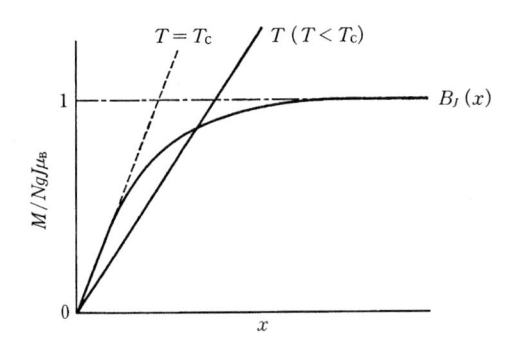

図 7.8　$B_J(x)$ を用いて自発磁化を求める

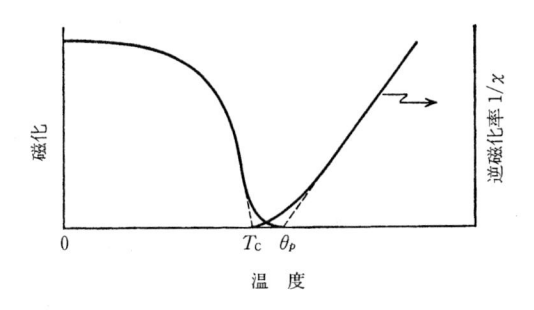

図 7.9　自発磁化とキュリー-ワイス則

は，N, g, J 値は既知であるとして，Λ は後述の (7.30) 式で与えられる常磁性キュリー温度から求めて，図 7.8 において曲線 $B_J(x)$ と直線 $(k_B T/Ng^2 J^2 \mu_B^2 \Lambda)x$ の交点を求めれば，温度 T と $M/NgJ\mu_B$ が決まる．このようにして求めた自発磁化曲線が図 7.9 である．

自発磁化が起こるキュリー温度 T_C は $B_J(x)$ の $x=0$ での接線が (7.26) 式に一致したときである．$x \ll 1$ のとき $B_J(x) = \{(J+1)/3J\}x$ と近似できることを使って

$$\frac{J+1}{3J}x = \frac{k_B T_C}{Ng^2 J^2 \mu_B^2 \Lambda}x$$

より

$$T_C = \frac{Ng^2 J(J+1)\mu_B^2 \Lambda}{3k_B} \tag{7.27}$$

を得る．

次に $T>T_C$ での磁化率を求めるには，磁場として有効磁場 $H+\Lambda M$ をあてはめ，$B_J(x)=\{(J+1)/3J\}x$ の近似式を用いれば

$$\frac{M}{NgJ\mu_B}=\frac{J+1}{3J}\cdot\frac{gJ\mu_B}{k_B T}(H+\Lambda M)$$

が得られる．$M/H=\chi$ とすれば

$$\chi=\frac{C}{T-\theta_p} \tag{7.28}$$

$$C=\frac{Ng^2 J(J+1)\mu_B^2}{3k_B}=\frac{N\mu_{\mathrm{eff}}^2 \mu_B^2}{3k_B} \tag{7.29}$$

$$\theta_p=C\Lambda \tag{7.30}$$

の式が得られる．θ_p は (7.27) 式の T_C と同じであり，ワイスの分子場理論では一致するが，実際の物質では図 7.9 に示すように θ_p は T_C よりいくぶん大きい値をとる．$T>T_C$ の常磁性状態は本質的にはキュリー常磁性と同じであるが，この常磁性領域から求めた θ_p を常磁性キュリー温度と呼び，自発磁化が発生するキュリー温度 T_C と区別する．また，(7.28) 式の常磁性をキュリー-ワイス則と呼び，相互作用のないキュリー則と区別する．キュリー定数 C から有効ボーア磁子数 μ_{eff} が求められ，常磁性キュリー温度 θ_p から分子場係数がわかる．

分子場の原因となる磁気モーメント間の相互作用は，量子力学的な交換相互作用 (magnetic exchange interaction) であることを示したのがハイゼンベルク (Heisenberg) である．この相互作用は電子間の静電クーロン力とパウリの排他原理の組み合せによって起こる．簡単化して説明するために，磁性体の中から相隣り合う 2 個の磁性原子をとりあげる．図 7.10(a) に示すように，その原子核を a, b とし，原子に局在して磁性に寄与する電子をそれぞれ i, j と名づける．2 電子の波動関数は $\psi_a(i)\psi_b(j)$ と表すことにする．2 電子のスピン S_i と S_j が反平

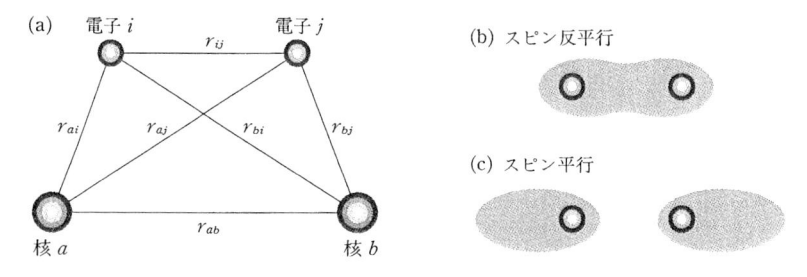

図 7.10 2 個の磁性原子 (a) と 2 個の電子スピンが反平行のとき (b)，平行のときの電荷分布 (c)

行のときは,図7.10(b)に示すようにパウリの原理から電子 i と電子 j はおたがいにその位置を交換することが可能である.ところが平行スピンのときは,図7.10(c)に示すように2電子の位置の交換は起こらず避け合う.スピンが平行のときと反平行のときのエネルギー差は

$$E_{\uparrow\uparrow} - E_{\uparrow\downarrow} = -2J_e S_i \cdot S_j \tag{7.31}$$

$$J_e = \iint \psi_a(i)\psi_b(j)\left(-\frac{Ze^2}{r_{aj}} - \frac{Ze^2}{r_{bi}} + \frac{e^2}{r_{ij}} + \frac{Z^2e^2}{r_{ab}}\right)\psi_a(j)\psi_b(i)d^3r_i d^3r_j \tag{7.32}$$

と与えられる.ただし,Ze は核の電荷で,電子の電荷は $-e$ である.SI単位のとき(7.32)式のクーロンポテンシャル e^2/r_{ij} などは,$e^2/4\pi\varepsilon_0 r_{ij}$ などとなる.J_e が正のときは強磁性的なスピン配列が実現される.そのためには,電子間と核間の斥力の和が,電子と核の引力に打ち勝たねばならない.つまり,電子間の距離は小さく,電子は隣の核にできるだけ近づかないような配位をとることである.

以上のことから,相隣り合う2電子のスピンを S_i, S_j としたときの交換相互作用は

$$\mathcal{H}_{ex} = -2J_e S_i \cdot S_j \tag{7.33}$$

で与えられ,相互作用の強さを与える(7.32)式の J_e を交換積分と呼ぶ.1個の磁性原子のスピン S_i に着目したとき,交換相互作用は遠方まで及ばないので,そのまわりの Z 個の最近接原子の平均スピンを $\langle S \rangle$ として,その交換エネルギーを加え合わせると

$$\mathcal{H}_{ex} = -2J_e S_i \cdot Z\langle S \rangle \tag{7.33}'$$

となる.これはスピン S_i に注目すると,$\mu_i = -g\mu_B S_i$ の磁気モーメントが,ワイスの分子場 $H_m = -2J_e Z\langle S \rangle / g\mu_B$ のもとで運動していると見なすことができる.すなわち,交換エネルギーをゼーマンエネルギーに対応させる.そのようにすれば,$H_m = \Lambda M$ の関係式より

$$-\frac{1}{g\mu_B} \cdot 2J_e Z\langle S \rangle = \Lambda(-Ng\mu_B \langle S \rangle)$$

が成立し

$$\Lambda = \frac{2ZJ_e}{Ng^2\mu_B^2} \tag{7.34}$$

が得られ,ワイスの分子場係数 Λ が交換積分 J_e と関係づけられたことになる.

そのほか,絶縁体化合物では,2つの磁性イオンの間に酸素,フッ素などの非磁性イオンが入った構造をとる.このときはスピン間に非磁性イオンを媒介にし

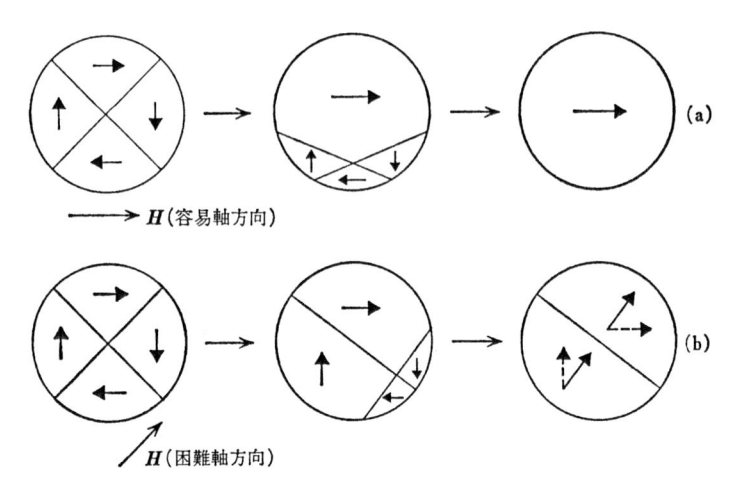

図 7.11 磁場 H をかけたときの磁壁の移動と磁気モーメントの回転

て間接的な交換相互作用がはたらいていることが多い．これを超交換相互作用 (super exchange interaction) という．

　強磁性体では，外から磁場をかけないときには，図 7.11 のように試料は小さな磁区 (magnetic domain) に分かれていて，試料全体としての自発磁化は打ち消されている．磁区と磁区との境界を磁壁 (domain wall) と呼ぶ．磁壁は 100 個程度のスピン層からなり，スピンが少しずつ傾いて次の磁区に移っている．具体例として鉄をとりあげる．鉄は次節の遍歴磁性の分類に入るが，ここではそれを考慮せず $\langle 100 \rangle$ 方向に磁気モーメントが整列し，$\langle 100 \rangle$ 方向が磁化容易軸になっていると考えよう．したがって図 7.11 (a) のように磁場を [100] 方向にかけると，[100] 方向に磁気モーメントをもつ磁区の体積が増すように磁壁が移動し，ついには 1 つの磁区になる．(b) のように磁化の困難軸に磁場をかけると，磁場と一番小さな角をなす磁区が最も安定な磁区である．磁壁はこれらの磁区の体積を増すように移動し，ついには 2 種類の磁区になる．さらに磁場を強めると磁気モーメントは回転して磁場方向に近づき 1 つの磁区になる．以上の磁化過程の様子を図 7.12 に示す．磁壁の移動には強い磁場を必要としないが，磁気モーメントの回転には強い磁場を必要とする．

　上述の単結晶の磁化過程は可逆的であるが，実用上の強磁性体は図 7.13 に示すように非可逆的であり，これを磁化履歴曲線 (magnetic hysteresis curve) と呼ぶ．図に示した抗磁力 (coercive force) H_c と，残留磁化 (remanent magnet-

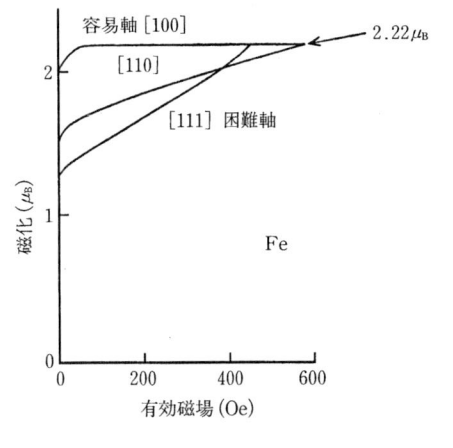

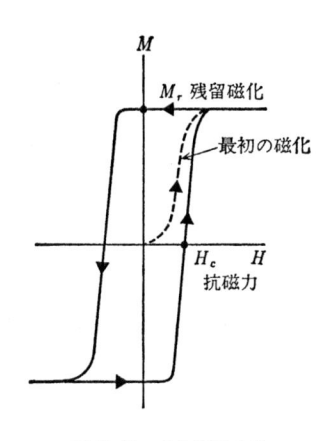

図 7.12 鉄の磁化曲線　　　　　**図 7.13** 磁化履歴曲線

ization) M_r の大きさが実用上重要で，永久磁石の能力はこの両者の積で評価する．永久磁石の材料（硬磁性材料）は一般には多数の構成原子からなる磁性体で，粉末を熱処理した焼結体である．また，H_c の非常に小さい，いわゆる軟磁性体はわずかな磁場で高い磁束がつくれるので，電磁石やトランスなどの磁性材料として使用されている．

b. 反強磁性　　強磁性体では交換積分 J_e，あるいは分子場係数 Λ が正の値をもったが，これが負になる物質がある．これを反強磁性体という．反強磁性体では図 7.14 に示すように，1 つの注目する磁気モーメント (A) の最隣接磁気モーメント (B) はすべて逆方向を向いている．したがって，結晶を上向きの正の磁気モーメントをもつ単純立方格子と，下向きの負の磁気モーメントをもつ単純立方格子の 2 つの副格子の組み合せと考えることができる．強磁性体で学んだ自発磁化から，反強磁性体では正の磁気モーメントの自発磁化と負の磁気モーメントの自発磁化が発現し，それらは図 7.15 のようにたがいに打ち消しあうと期待される．

副格子の自発磁化をそれぞれ M_A, M_B とし，最隣接のみの影響を考慮すれば，(7.24) 式に対応させて

$$H_{mA}=(-\Lambda)(-M_B)=\Lambda M_B, \quad H_{mB}=\Lambda M_A \tag{7.35}$$

が得られる．同様に (7.25) 式と (7.26) 式に対応する式が得られる．ブリルアン関数が奇関数であることから $M_A=-M_B=M$ とおくと

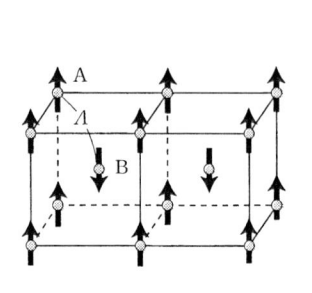

図 7.14 反強磁性体の磁気モーメントの配列

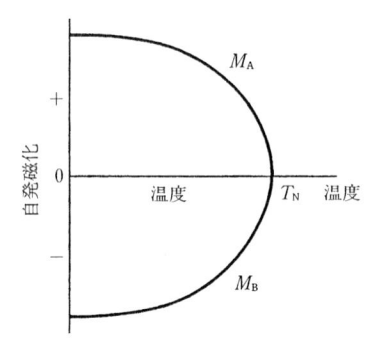

図 7.15 反強磁性体における M_A と M_B の自発磁化

$$M_A = \frac{N}{2} gJ\mu_B B_J\left(\frac{gJ\mu_B H_{mA}}{k_B T}\right) = \frac{N}{2} gJ\mu_B B_J\left(-\frac{gJ\mu_B \Lambda M}{k_B T}\right) = M \qquad (7.36)$$

を得る. (7.25)式と対応させると N が $N/2$ となっただけの違いなので, 転移温度 T_N は(7.27)と(7.29)式から

$$T_N = \frac{1}{2}C(-\Lambda) \qquad (7.37)$$

である. 反強磁性体の転移温度をネール(Néel)温度 T_N と呼ぶ.

ネール温度以上では部分格子の自発磁化はない. そこでの磁化率は(7.28)式を得た手続きによって, 次式で与えられる.

$$M_A = \frac{C}{2T}(H + \Lambda M_B), \quad M_B = \frac{C}{2T}(H + \Lambda M_A)$$

$$\chi = \frac{M_A + M_B}{H} = \frac{C}{T + \theta_p} \qquad (7.38)$$

ここで, $\theta_p = -C\Lambda/2 = T_N$ であるが, 一般には $\theta_p > T_N$ である.

磁化率の振る舞いは, 図7.16に示すように, $T > T_N$ では(7.38)式のキュリー-ワイス則に従う. $T < T_N$ では, たがいに反平行に向いている磁気モーメント軸に沿って, つまり容易軸方向に磁場を加えたときの磁化率を $\chi_{//}$ と記すことにすると, 温度の降下とともに熱振動の影響は次第に小さくなるので, 反強磁性的な配列が安定化し, 磁気モーメントは磁場の方向を向きにくくなる. したがって $\chi_{//}$ は次第に小さくなり, $T = 0\,\mathrm{K}$ でゼロとなる.

一方, 磁場が容易軸に垂直にかけられると, それぞれの副格子の磁化は外部磁場 H の方向に多少傾く. その傾きは外部磁場 H と分子場のベクトル合成され

た方向に，副格子の磁化が向くことによって決定される．垂直磁化率 $\chi_\perp$ は計算によると温度によらず一定でネール温度での値に等しい．多結晶体 (polycrystal) の磁化率 χ_P は 0 K で $(2/3)\chi_\perp$ となる．

反強磁性体の磁場に対する磁化の傾きは，図 7.17 に示されるように，ほとんどゼロに近い $\chi_{//}$ と比較的大きな値をもつ $\chi_\perp$ よりなっている．

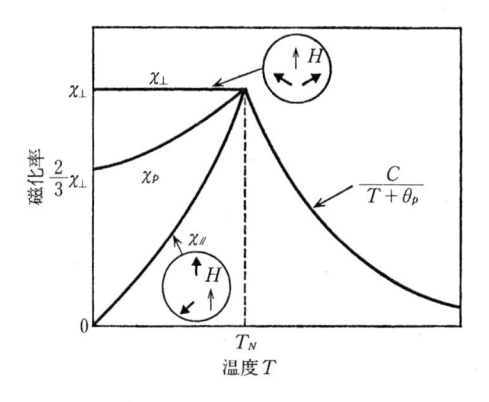

図 7.16 反強磁性体の磁化率の温度依存性

その磁気的エネルギー $-(1/2)\chi_\perp H^2$ は $-(1/2)\chi_{//}H^2$ より低いので，磁気モーメントは垂直の配向をとろうとする．しかし，磁気モーメントの方向が結晶の特定の方向に強く束縛されていると，垂直の方向をとることができない．外部磁場 H を増大させて，その束縛のエネルギー，すなわち異方性エネルギー K を $(1/2)(\chi_\perp-\chi_{//})H^2$ が越える磁場 $H_c(=\sqrt{2K(\chi_\perp-\chi_{//})})$ になると，図 7.17 の (1) のプロセスでスピンの配向が突然変化する．これをスピンフロップ (spin flop) と呼ぶ．K が非常に大きいと，図 7.17 の (2) のように，H_c' で一挙に磁場によって誘起された強磁性状態になることがある．以上のような磁化の階段的な増大現象はメタ磁性と総称され，反強磁性体でしばしば観測される現象である．

反強磁性体では 2 つの副格子上の原子が同じであるので，M_A, M_B は絶対値は等しかった．原子の種類が違ったり，あるいは同じ原子でもイオン価が違うときには，M_A と M_B の絶対値は違ってくる．このため反強磁性体のように結晶全体の磁化は打ち消されることはなく，両者の差が残って強磁性体のような磁化をもつ．このような物質はフェリ磁性体といわれ，電子工業分野の基幹磁性材料として最も大量に生産されているフェライト (ferrite, Fe を含む酸化物) が有名である．

図 7.14 で磁気モーメントが上向きに配向する面があり，その隣の面は下向きになっていた．隣の面で突然 180°回転するのではなく，ある角度だけ傾き，その次の面もさらに同じ角度だけ傾くというように，強磁性面がらせん的に回転して，やがてはもとの面にもどるような磁性もある．これをヘリカル (helical) 磁性あるいはらせん磁性と呼び，吉森によって理論的に提唱され，数多くの物質で

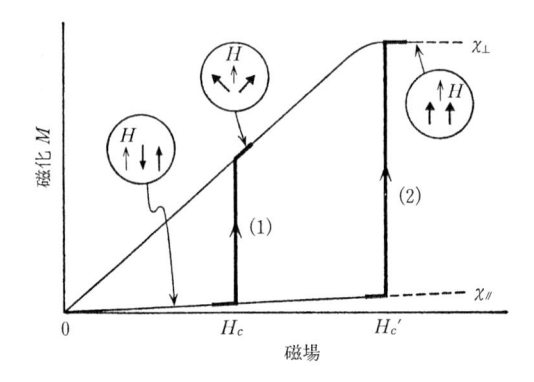

図 7.17 反強磁性体の磁化曲線とメタ磁性

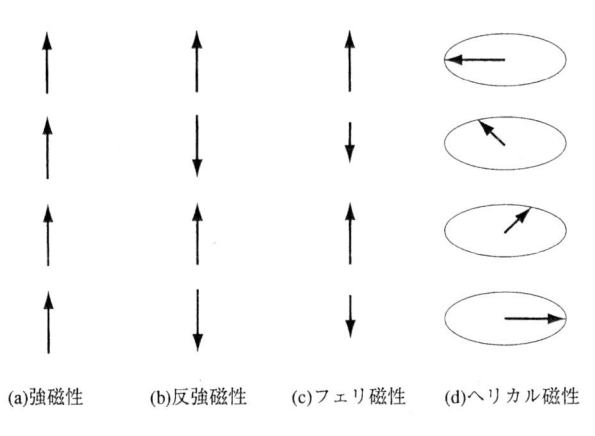

(a)強磁性　(b)反強磁性　(c)フェリ磁性　(d)ヘリカル磁性

図 7.18 いろいろな秩序磁性

見いだされている．このような磁気モーメント（スピン）の配列や磁気モーメントの大きさは，通常中性子散乱を用いて決定される．

　以上，常磁性体，強磁性体，反強磁性体，フェリ磁性体あるいはヘリカル磁性体について述べた．これらを簡略化して図 7.18 に示す．また，これらの磁化率の逆数の温度依存性を図 7.19 にまとめて示す．未知な磁性体の研究はまず磁化率を測定して，図 7.19 のどれにあてはまるかを知ることから始まる．逆磁化率を $1/\chi = C/(T-\theta_p)$ と表現したとき，

　(1)　$\theta_p < 0$ のときは反強磁性かフェリ磁性であるが，低温で磁化を測定すれば，両者の区別が明確になる．つまり，フェリ磁性の磁化曲線は強磁性とよく似ている．

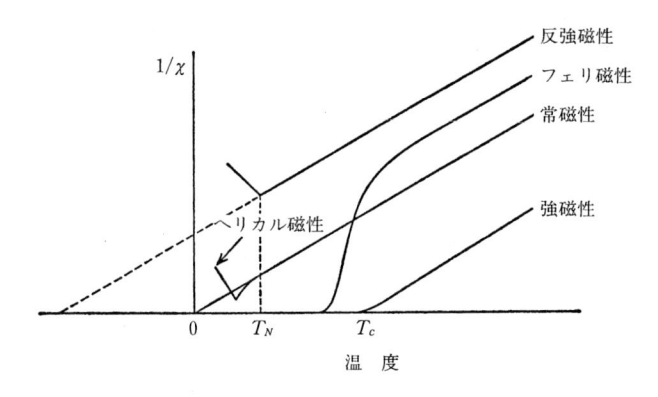

図 7.19 いろいろな磁性体の逆磁化率($1/\chi$)の温度依存性

(2) $\theta_p \simeq 0$ のときは一般的には常磁性であるが，低温領域をよく調べてみるとヘリカル磁性を発見することがしばしばある．

(3) $\theta_p > 0$ のときは強磁性である．

逆磁化率の傾き，つまりキュリー定数 C より有効ボーア磁子数 μ_{eff} がわかり，磁性を担う電子が局在していると仮定したときに何価になっているかを，表7.2と7.3の理論値と比較して決定する．さらに飽和磁気モーメント，あるいは異方性(容易軸や困難軸方向)を知るためには，低温で単結晶の磁化を測定することが重要である．

7.2.3 閉殻電子の反磁性

閉殻構造をもつ原子，イオンを考えよう．この場合，すべての電子の軌道角運動とスピン角運動量の和はゼロである．したがって，原理的にはこれらの原子またはイオンの磁気モーメントはゼロである．しかし，このような原子またはイオンでも弱い反磁性が発現する．その起源は電磁気学のレンツ(Lenz)の法則にある．そこで，図7.1のボーアの原子模型にもどる．軌道を右まわりで回っている1個の電子の磁気モーメントは，大きさで表せば(7.1)式より

$$\mu = -\frac{1}{2c} e \omega_0 r^2 \tag{7.39}$$

となる．SI 単位系では $\mu = -(1/2)\mu_0 e \omega_0 r^2$ である．ただし，μ_0 は真空の透磁率である．ここで電子の円運動の角振動数 ω_0 を用いて，$v = r\omega_0$ とした．次に，この円運動に磁場 H がかかったときの角振動数を $\omega (= \omega_0 + \Delta\omega)$ とおき，磁気

モーメント μ' を求める．円運動の向心力 $mr\omega^2$ は電子と核とのクーロン引力 (e^2/r^2) とローレンツ力 $(-(e/c)\boldsymbol{v}\times\boldsymbol{H})$ であるので次式を得る．

$$mr(\omega_0+\Delta\omega)^2=\frac{e^2}{r^2}+\frac{er(\omega_0+\Delta\omega)H}{c} \tag{7.40}$$

実は磁場 $\boldsymbol{H}$ が加わっていないときは，$mr\omega_0^2=e^2/r^2$ の関係式が成立していたので，この式と (7.40) 式より

$$\Delta\omega=\frac{eH}{2mc} \tag{7.41}$$

を得る．したがって，磁場 $\boldsymbol{H}$ が加わったときの磁気モーメント $\mu'=-e\omega r^2/2c$ ともとの (7.39) 式の μ との差は

$$\mu'-\mu=-\frac{1}{2c}e\Delta\omega r^2=-\frac{e^2H}{4mc^2}r^2 \tag{7.42}$$

となる．いま単位体積中に N 個の原子があり，1 個の原子が Z 個の電子をもつ物質を考えると，その磁化率は

$$\chi_{\text{dia}}=\frac{NZ(\mu'-\mu)}{H}$$

$$=-\frac{NZe^2}{6mc^2}\langle r^2\rangle \tag{7.43}$$

となる．ここで，(7.42) 式の r は実は磁場に垂直な動径成分の半径 $r_\perp$ であり，電子分布を球対称として $\langle r_\perp^2\rangle=(2/3)\langle r^2\rangle$ の関係を用いて書き改めた．ここで SI 単位系では (7.43) 式は $\chi_{\text{dia}}=-N\mu_0^2Ze^2\langle r^2\rangle/6m$ である．

この反磁性は，値が小さいので原子またはイオンが大きな磁気モーメントをもつ物質では考慮しないが，原理的にはどの物質でももっているので他の磁性に常に加算しなければならない．

7.3 遍 歴 磁 性

7.3.1 パウリ常磁性

金属の銅 Cu を考えてみよう．3d 電子はすべて満たされていて閉殻構造 ($3d^{10}$) をとり，$4s^1$ が結晶中を遍歴している．したがってこの 4s 電子は原子に局在していないので，軌道角運動量はゼロである．しかし，スピン角運動量をもっているので，これによる磁気モーメントが発現する．

磁場ゼロのときは $+$ スピンをもつ電子と $-$ スピンをもつ電子の数は同数であ

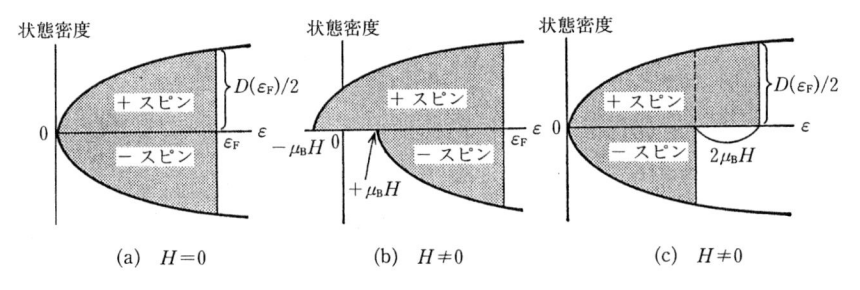

図 7.20 金属におけるパウリ常磁性の発生

る．しかし磁場 H を加えると，電子のエネルギーはゼーマン効果によって分裂し，図 7.20 のように $+$ スピンの電子数 N_+ と $-$ スピンの電子数 N_- に違いが生じる．式で表現すると次の通りである．

$$N_+ = \frac{1}{2}\int_{-\mu_B H}^{\varepsilon_F} D(\varepsilon + \mu_B H)f(\varepsilon)d\varepsilon \simeq \frac{1}{2}\int_0^{\varepsilon_F} D(\varepsilon)f(\varepsilon)d\varepsilon + \frac{1}{2}\mu_B H D(\varepsilon_F)$$
$$N_- = \frac{1}{2}\int_{\mu_B H}^{\varepsilon_F} D(\varepsilon - \mu_B H)f(\varepsilon)d\varepsilon \simeq \frac{1}{2}\int_0^{\varepsilon_F} D(\varepsilon)f(\varepsilon)d\varepsilon - \frac{1}{2}\mu_B H D(\varepsilon_F)$$
(7.44)

1個の伝導電子の磁気モーメントは μ_B であり，単位体積あたりの 0 K での磁化 M は

$$M = \frac{\mu_B(N_+ - N_-)}{V}$$

$$\simeq \frac{\mu_B}{2V} \cdot D(\varepsilon_F) \cdot 2\mu_B H = \frac{\mu_B^2 D(\varepsilon_F)}{V} H \tag{7.45}$$

となる．ここで，V は体積であり，上式からパウリ常磁性磁化率 χ_P を得る．

$$\chi_P(0) = \frac{\mu_B^2 D(\varepsilon_F)}{V} \tag{7.46}$$

(7.45) 式を得るにあたって，有限温度での $f(\varepsilon, T)$ を考慮すれば，

$$\chi_P(T) = \chi_P(0)\left\{1 - \frac{\pi^2}{12}\left(\frac{T}{T_F}\right)^2\right\} \tag{7.47}$$

となる．この温度変化は小さいので，パウリ常磁性は温度にほとんど依存せず，フェルミ準位での状態密度 $D(\varepsilon_F)$ を直接反映している．

伝導電子の磁気モーメントの大きさを見積もってみよう．たとえば，10 kOe($=1$ T) の磁場を加えると，ゼーマンエネルギー $\mu_B H$ は温度に換算して 0.67 K となる．一方，フェルミエネルギーは約 10^4 K なので，古典的な自由電子論では1個の伝導電子は $1\mu_B$ の磁気モーメントをもつが，実際には1個の伝導電

子に換算すると $10^{-4}\mu_B$ 程度の小さな磁気モーメントしかもたないことになる.

7.3.2 ランダウ反磁性

金属内の自由電子のエネルギーは $\varepsilon_F = (\hbar^2/2m^*)(k_x^2 + k_y^2 + k_z^2)$ で与えられた. いま磁場 H が z 方向に加えられると, 磁場方向に垂直な円軌道は, 図7.21に示すように量子化されてランダウ準位 (Landau level) と呼ぶ離散的エネルギー

$$\varepsilon = \hbar\omega_c\left(l + \frac{1}{2}\right) + \frac{\hbar^2 k_z^2}{2m^*} \tag{7.48}$$

となる. すなわち, フェルミ面は円筒状のランダウ・チューブに縮退する. ここで, $\omega_c(=eH/m^*c)$ はサイクロトロン角振動数で, l は $0, 1, 2, \cdots$ の値をとる. この電子系の自由エネルギー F を求め, $M = -(\partial F/\partial H)$ の関係式より磁化 M を決定すれば, ランダウ反磁性磁化率 χ_L が導出される.

$$\chi_L = -\frac{1}{3}\left(\frac{m}{m^*}\right)^2 \chi_P \tag{7.49}$$

χ_P はパウリ常磁性磁化率であり, ここで電子のサイクロトロン有効質量 m^* が静止質量 m に等しいとすれば

$$\chi_L = -\frac{1}{3}\chi_P \tag{7.50}$$

となる. Cu のような弱磁性の金属では, 磁化率 χ は伝導電子のパウリ常磁性 χ_P, ランダウ反磁性 χ_L および閉殻電子イオンの反磁性 χ_{dia} の総和

$$\chi = \chi_P + \chi_L + \chi_{dia} \tag{7.51}$$

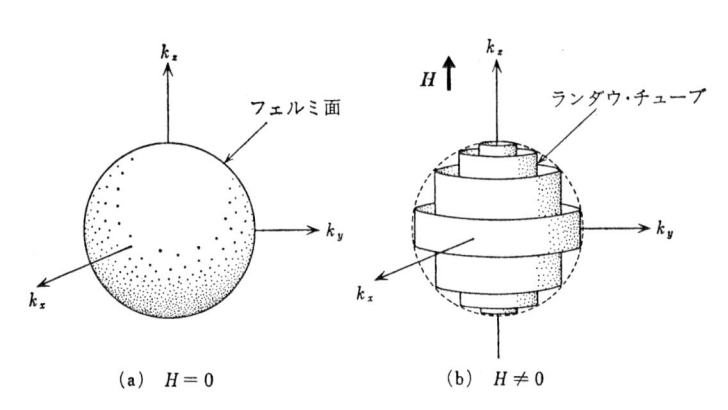

(a) $H = 0$ (b) $H \neq 0$

図 7.21 金属のフェルミ面
磁場を加えると (b) のようにランダウ・チューブに電子は縮退する.

で与えられる．したがってχは正にも負にもなりうる．たとえば，半金属ビスマスBiのキャリヤーは$m^*=0.01m$と軽いので，磁化率は大きな負値となる．

なお，ランダウ反磁性において，低温で磁場を大きくすると，ランダウ準位がフェルミ準位をよぎるたびごとに，自由エネルギーは，したがって反磁性磁化率は磁場の逆数$(1/H)$に対して周期的な振動変化を起こす．この量子振動は，Biでドハース(de Haas)，とファンアルフェン(van Alphen)が見いだしたことから，ドハース-ファンアルフェン効果と呼ばれている．図7.22はUPt$_3$のドハース-ファンアルフェン振動とその磁場に関するフーリエスペクトルである．ρ, σ, τ, ωと名づけた4種類のブランチが検出されている．各ブランチの振動数は，磁場に垂直な面でフェルミ面を切断した断面積のうちで，極大値や極小値に対応する．各ブランチに対応するキャリヤーは，振動振幅の温度依存性から有効質量が$40\sim80\ m$ (m:電子の静止質量)と決定されている．20 mKの低温と180 kOeという低温・強磁場下で検出された後述する重い電子系の典型的実験例である．ドハース-ファンアルフェン効果はフェルミ面の形と大きさ，キャリヤーのサイクロトロン有効質量，緩和時間を求める最も有効な手段として利用されている．

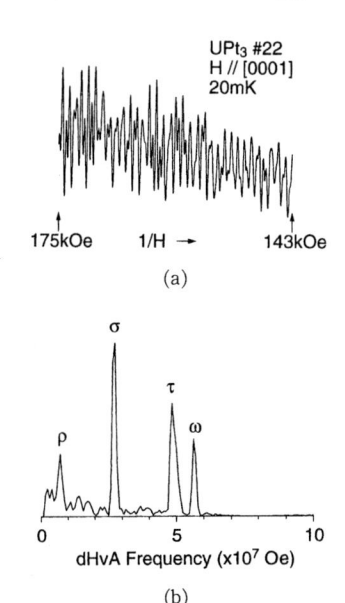

図7.22 UPt$_3$の(a)ドハース-ファンアルフェン振動と(b)そのフーリエスペクトル(N. Kimura et al.: *J. Phys. Soc. Jpn.*, **67** (1998) 2185)

7.3.3 遍歴強磁性

次にFe，Co，Niなどの3d遷移金属の強磁性について考えよう．ハイゼンベルクの交換相互作用はこれらの強磁性を説明するために提案された理論であったが，3d電子はイオンに局在しているわけではなく結晶全体を遍歴しているので，そのままでは正しくない．遍歴性は前述のドハース-ファンアルフェン効果の実験から証明されている．あるいは，3d電子の磁性は主にスピンによるもので，1個の電子では$1\mu_B$であるから，磁気モーメントはμ_Bの整数倍のはずである．と

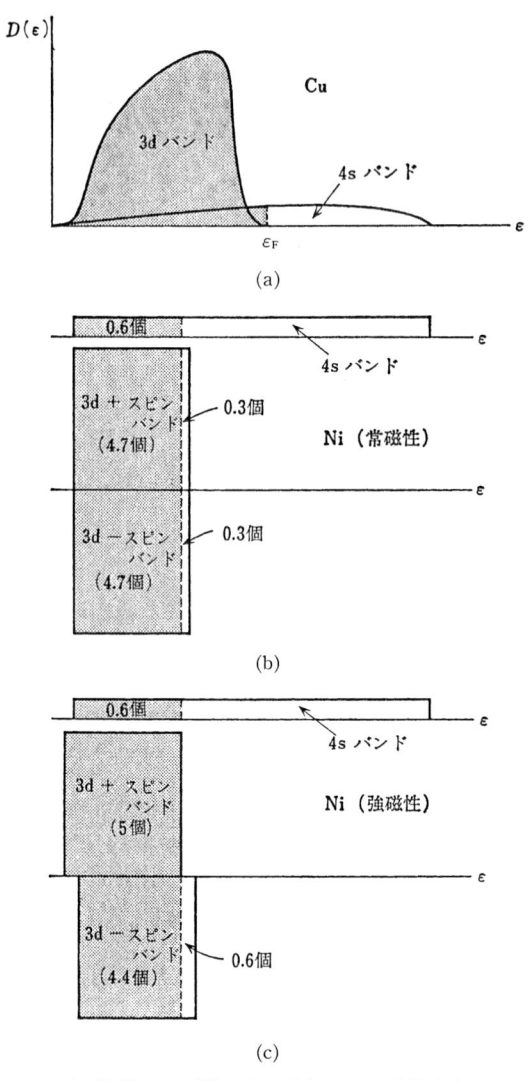

図 7.23 銅と Ni の 4s と 3d バンドの状態密度

ところが Fe, Co, Ni は原子 1 個あたり, それぞれ, 2.22 μ_B, 1.71 μ_B, 0.616 μ_B の半端な値である. Fe については図 7.12 に示した. 3d 電子を遍歴電子と考えざるをえない. しかしこの遍歴電子は単純ではなく, 電子間にはクーロン斥力による強い相関がはたらいている.

まず, Cu を考えてみよう. 図 7.23 (a) に示すように 3d バンドは 1 原子あた

り5個ずつの＋，－スピンで占められ，したがって磁気モーメントは生じない．4sバンドは半分電子で満たされ，これによる弱いパウリ常磁性はすでに述べたので，ここではこの効果は考えない．ところが，NiはCuより1個少ない10個の価電子をもつが，下から順につめてゆけば，3dバンドにすきまができる．しかし＋，－スピンは同数だから，図7.23(b)に示すようにこのままでは磁気モーメントはゼロである．ところが，キュリー温度以下になると，遍歴する3d電子間の交換相互作用により，たがいのスピンをできるだけそろえてエネルギーを下げ，同種のスピンの数を増やそうとする．もし，交換相互作用によるエネルギーの減少が充分大きければ，図7.23(c)に示すように，＋スピンバンドが満たされるまで－スピンバンドから＋スピンバンドに電子が移動し，その結果，＋，－バンドの電子数の差0.6個だけ＋スピンが残り，1原子あたり0.6 μ_B の磁気モーメントが生じることになる．

ここで，3d電子は空間的に分布しているので，＋スピンをもつ3d電子の波動関数 $\psi_\uparrow(r)$ と，－スピンの波動関数 $\psi_\downarrow(r)$ の差であるスピン密度 $\rho_s(r)$ ($= |\psi_\uparrow(r)|^2 - |\psi_\downarrow(r)|^2$) も空間変化していることになる．もしも3d電子が各遷移金属サイトに局在して，その磁気モーメントが図7.24(a)に示すように1方向にそろっていれば強磁性となる．実際の3d電子は図7.24(b)に示すように，3d電子間の相互作用がある遍歴電子系である．

以上のような考え方はストーナー(Stoner)模型といわれる．ストーナーによる磁化率の計算過程は，平行スピンの2つの遍歴電子間には一定の交換相互作用 J_e があるとして，パウリ常磁性を求めた計算過程と類似の手続きにより行う．その常磁性磁化率は

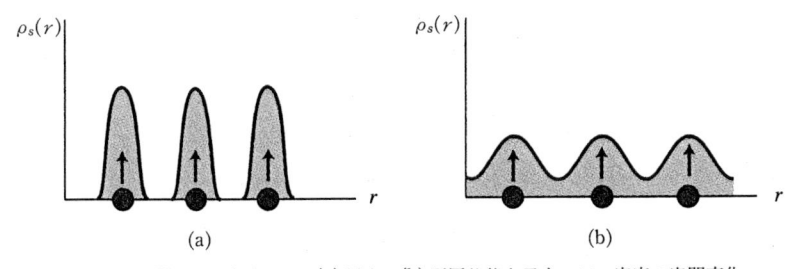

図 7.24 0Kでの3d電子の，(a)局在，(b)遍歴状態を示すスピン密度の空間変化

$$\chi(T) = \frac{\chi_P(T)}{1-\alpha\chi_P(T)} \tag{7.52}$$

と与えられる．ここで，α は $J_e D(\varepsilon_F)$ に比例し，$\chi_P(T)$ は (7.47) 式である．キュリー温度は χ が発散する温度として，

$$\alpha\chi_P(T_C) = 1 \tag{7.53}$$

と定義される．つまり，$\alpha\chi_P(T) \geq 1$ のとき強磁性が発生すると考える．

$T > T_C$ で $1/\chi$ の温度依存性を調べてみると，(7.52) 式では $(T^2 - T_C^2)$ に比例する．ところが実際の物質では，キュリー–ワイス則 $1/\chi \propto (T - T_C)$ に従うので高温ほどずれが大きくなる．また T_C の値は1桁ほど大きく算出される．これらの矛盾に対して，スピン波の熱的励起やスピンのゆらぎを考慮した守谷理論によって，強磁性から弱い強磁性そして常磁性にいたるまで統一的に金属磁性（反強磁性も含め）が説明されている．

7.4　局在スピンと伝導電子の相互作用による磁性

これまで局在磁性と遍歴磁性を学んだ．希土類金属あるいは希土類金属化合物の磁性はそのどちらでもない．この 4f 電子系，あるいはウラン化合物の 5f 電子系では，4f (5f) 電子雲は $5s^2 5p^6$ ($6s^2 6p^6$) の閉殻の内側にあるので，隣の原子の 4f 電子雲とはまったく重ならず直接の交換相互作用ははたらかない．しかし 4f 電子雲は伝導電子である $5d^1 6s^2$ とは混成する．なかでも $5d^1$ 電子との重なりが大き

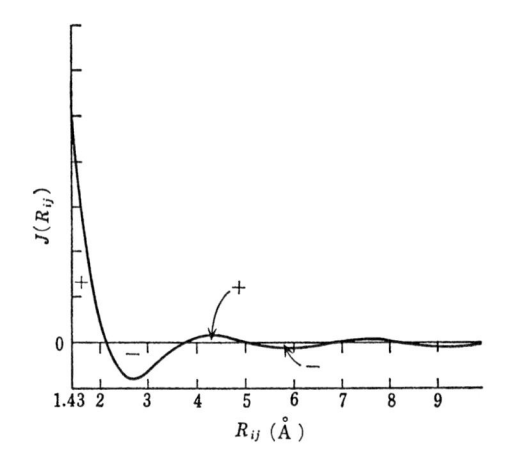

図 7.25　RKKY 型間接相互作用定数の原子間距離依存性

く，5d伝導電子を媒介として局在4f磁気モーメント間に間接的な磁気相互作用(RKKY相互作用：Ruderman, Kittel, 糟谷, 芳田) がはたらく．

伝導電子 (c) のスピン s と 4f 局在スピン S との相互作用は

$$\mathcal{H}_{cf} = -2J_{cf}\boldsymbol{s}\cdot\boldsymbol{S} \tag{7.54}$$

で表される．ここで，交換相互作用には電子スピン S が関係していて，軌道 L には無関係なため J でなく S で表現されている．この相互作用を通じて，スピン S_i と S_j には

$$-J(R_{ij})S_i\cdot S_j$$

に比例した交換相互作用がはたらく．ここで $J(R_{ij})$ は，図7.25 に示すように S_i と S_j 間の距離 R_{ij} とともに振動しながら減衰する．その及ぶ有効距離は長く，符号も強磁性的な + になったり，- の反強磁性的になったりして変化するので，希土類化合物の磁性には強磁性，反強磁性，ヘリカル磁性などいろいろなスピン構造が現れる．

前述のとおり，交換相互作用は電子スピン S に関係していたが，よい量子数は J なので S を J で表現すると $(g-1)J$ となる．希土類化合物の磁気秩序温度はこの2乗，$(g-1)^2 J(J+1)$ に依存し，これをドゥ・ジャン (de Gennes) 係数と呼ぶ．したがって4f電子数が大きくなるにつれて磁気秩序温度は増大し，Gd化合物で最大値をとり，さらに4f電子数が増大すると次第に減少する．

遷移金属ではこのような相互作用をsd相互作用と呼び，その典型例は，Cuの中に微量のFeなどの磁性不純物を混入したときの $-\log T$ の電気抵抗の増大

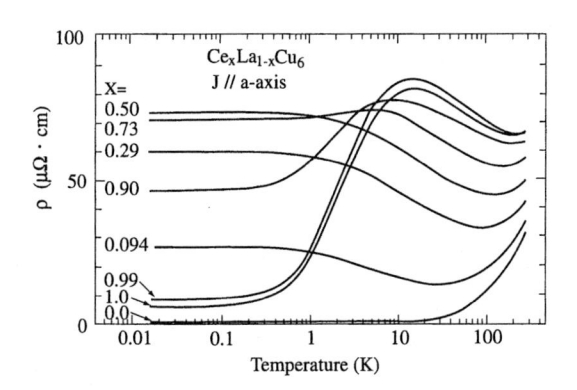

図 7.26　近藤効果を示す $Ce_xLa_{1-x}Cu_6$ の電気抵抗の温度依存性
(A. Sumiyama et al.: *J. Phys. Soc. Jpn.*, **55** (1986) 1294)

現象であり，近藤効果として知られる．図7.26は$Ce_xLa_{1-x}Cu_6$の電気抵抗の温度依存性である．Ce濃度が希薄な$x=0.094$を見ると，25 Kで抵抗極小が見られ，降温とともに抵抗は$-\log T$で増大し，0.1 Kでユニタリティリミットと呼ばれる一定値となる．この$-\log T$の抵抗増大は，Ceの4f電子の局在磁気モーメントによって，伝導電子のスピンが反転されるような散乱効果として近藤によって説明された．この散乱は，フェルミ統計を通して多体問題になることに本質がある．低温では，磁気モーメントは伝導電子のスピンによって打ち消され，見かけ上磁気モーメントは消失する(芳田理論)．濃度xの増大とともに残留抵抗値は増大し，$x=0.50$で最大値となり，さらにxが増すと残留抵抗値は逆に減少する．$CeCu_6$では，伝導電子と4f電子が一体となって有効質量の大きな遍歴電子系となる．この種のCe化合物や図7.22に示したUPt_3などは重い電子系として研究されている．

7.5 軌道整列と四極子秩序

結晶がより低対称な結晶構造に変化することによって，3dあるいは4f(5f)電子状態のエネルギーが下がることをヤーン-テラー(Jahn-Teller)効果と呼ぶ．

3d電子系の軌道に関する秩序状態の例として，$Nd_{0.5}Sr_{0.5}MnO_3$について述べよう．この物質は，基本的にはMnが，図7.6の八面体配位をとっている．図7.7(a)に示すように$d\varepsilon$と$d\gamma$に分裂し，その大きさは，約10^4 Kである．$Nd_{0.5}Sr_{0.5}MnO_3$ではMnは等しい数の$Mn^{3+}(3d^4)$と$Mn^{4+}(3d^3)$になっている．特徴的なことは，255 K以下でヤーン-テラー効果を起こして結晶が斜方晶に歪み，同数のMn^{3+}とMn^{4+}は秩序化して図7.27に示すように配列する．このときMn^{3+}の4個の上向きスピンのうち3個は$d\varepsilon$を占有し，残りの1個は2重縮退の$d\gamma$が分裂した低いエネルギー準位の$d_{2z^2-x^2-y^2}$軌道を占有して整列化する．これを軌道整列と呼ぶ．

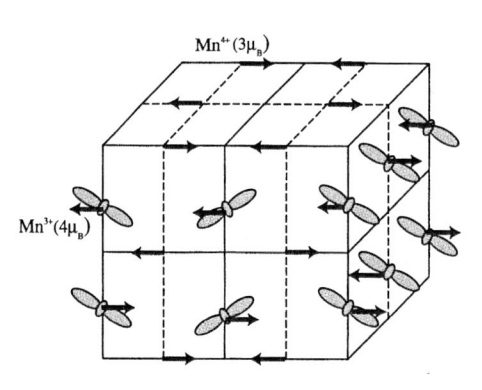

図7.27 $Nd_{0.5}Sr_{0.5}MnO_3$の軌道整列(富岡泰秀他：固体物理〈巨大磁気伝導の新展開〉特集号 Vol. 32, No. 4 (1997) 124)

局在4f電子はその異方的な電荷

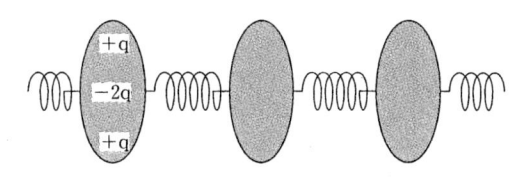

図 7.28 強四極子秩序

分布のため四極子モーメントをもつ．これは言い換えれば，f電子の軌道に縮重度があるためである．ただし，磁気モーメントによる磁気秩序の方が顕著なためその存在があらわでないことが多い．しかし，CeAgなどの希土類化合物では四極子モーメントは歪みと結合して，ヤーン-テラー構造相転移を引き起こす．図7.28に模式的に示すように，各Ceサイトの4f電子が四極子モーメントをもち，たとえばz軸方向に秩序化すると，立方晶のCeAg（格子定数 $a=3.756$Å）はz軸方向に伸びた正方晶（$a=3.739$Å, $c=3.811$Å）に15K以下で相転移する．この場合の四極子モーメントは，点電荷 $-2q$ を原点に，$+q$をz軸方向の上下においた場合の電荷分布に対応する．各4f電子がこのような分布をとることは，結晶をz軸方向に引き伸ばすことになる．

以上のように，3d電子系では軌道整列，f電子系では四極子秩序というが，本質は同じであり，軌道に関する秩序である．

7.6 磁気共鳴

磁性体に磁場をかけると磁気モーメントはラーモアの歳差運動をする．このラーモア振動数と同じ振動数の電磁波を外部から与えると，運動系は電磁波のエネルギーを共鳴吸収する．磁気モーメントが電子スピンによる場合を電子スピン共鳴 (electron spin resonance, ESR)，原子核による場合を核磁気共鳴 (nuclear magnetic resonance, NMR) と呼ぶ．

7.6.1 電子スピン共鳴 (ESR)

電子スピンを用いた磁気共鳴が前述の電子スピン共鳴である．電子スピンがおかれている状態が常磁性であれば常磁性共鳴 (electron paramagnetic resonance, EPR)，強磁性であれば強磁性共鳴 (ferromagnetic resonance, FMR)，反強磁性であれば反強磁性共鳴 (antiferromagnetic resonance, AFMR) ともい

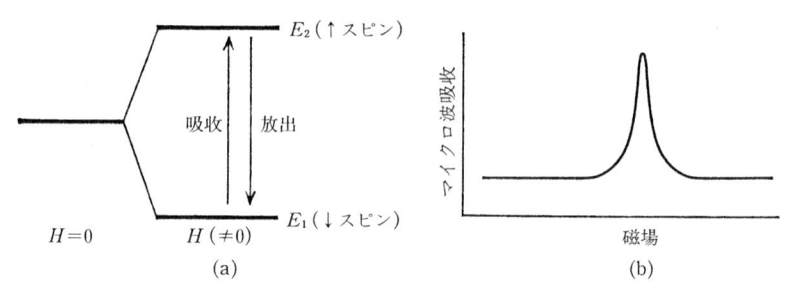

図 7.29 1個の不対電子の(a)ゼーマン分裂と(b) ESR スペクトル

う．ここでは常磁性共鳴のみを学ぶ．

　不対電子を1個もつ原子(イオン)に磁場をかけると，すでに学んだようにゼーマン分裂が生じる．図7.29に示すように，2つの準位間のエネルギーに相当する電磁波のエネルギー，すなわち

$$E_2 - E_1 = 2\mu_B H = \hbar\omega \tag{7.55}$$

が外部から与えられると，電子は電磁波の量子 $\hbar\omega$ を吸収して下のエネルギー準位 E_1 から上の準位 E_2 に飛び上がる．上の準位の電子は逆にエネルギーを放出して下に落ちるが，熱平衡下では下の準位に存在する電子数が多いため差し引き電磁波の吸収が起こる．これを電子スピン共鳴といい，この電磁波の周波数は $H=5$ kOe のとき約 14 GHz のマイクロ波となる．通常は一定の周波数のマイクロ波を試料に加え，磁場を図7.29(b)のように増大させていく．そのとき，(7.55)式が満たされる磁場強度で共鳴吸収がおこる．なお(7.55)式の ω はすでに学んだ(7.20)式のラーモアの角振動数にほかならない．つまり本節の冒頭で述べたことは電子の運動系からの電子スピン共鳴の解釈であり，たとえばつり橋の固有振動に合わせて足ぶみするとつり橋が激しくゆれることに対応するであろう．(7.55)式のより一般的な関係式は，磁気モーメント(スピン)に実際に作用する磁場を H_{eff} とし，(7.20)式から

$$g\mu_B H_{eff} = \hbar\omega \tag{7.56}$$

で与えられる．(7.55)式は $g=2$ に対応する．

　不対電子が多数ある常磁性体では，スピン-軌道相互作用や結晶場によるエネルギー分裂があり，磁場を加えるとそれらがさらにゼーマン分裂をする．エネルギー準位は複雑に入り乱れるため，いくつかの磁場強度で(7.56)式が満たされるであろう．これを電子スピン共鳴の微細構造という．ここで(7.56)式の磁場

強度 H_{eff} であるが，個々の磁気モーメントに作用する実際の磁場強度 H_{eff} は外部磁場 H だけでなく，他の原因によって生じる微小な内部磁場 ΔH が加算され，$H+\Delta H$ が H_{eff} となる．

7.6.2 核磁気共鳴 (NMR)

原子核も磁気モーメントをもつ．これは陽子（プロトン，proton）や中性子のスピン角運動量による磁気モーメント，あるいは原子核内でのとくにプロトンの軌道運動による磁気モーメントなどによる．原子核の核スピンを I とすると，核の磁気モーメント μ_I は

$$\mu_I = \gamma_N \hbar I \tag{7.57}$$

と表される．核磁気モーメントは核磁子（nuclear magneton）$\mu_N = e\hbar/2m_p c$（SI単位系では $\mu_B = e\hbar/2m_p$）を単位とする．ここで m_p はプロトンの質量であり，ボーア磁子の電子の質量の代わりにプロトンの質量が入っている．したがって，核磁子はボーア磁子に比べて電子とプロトンの質量比 1/1836 だけ小さいことになり，物質の磁化の強さに直接影響は与えない．原子核に磁場 $H_{eff}(/\!/z)$ が印加されると，核スピンは z 方向に量子化され，図 7.30 に示すように縮退した $(2I+1)$ 個のスピン状態が，等しい間隔 $\gamma_N \hbar H_{eff}$ をもつゼーマン準位に分裂する．(7.56)式と同様な核磁気共鳴条件

$$\hbar \omega = g_N \mu_N H_{eff} \tag{7.58}$$

により原子核の磁気モーメントを知ることができる．プロトンの場合，$g_N = 5.586$，$H_{eff} = 10 \text{ kOe}$ とすると (7.58) 式の周波数は 42.58 MHz のラジオ波（短波）である．なお，原子核も四極子モーメントをもち，この相互作用が強い場合は，共鳴ピークは複数個検出される．

ここで (7.58) 式の H_{eff} は電子スピン共鳴のときと同様に，外部磁場 H とま

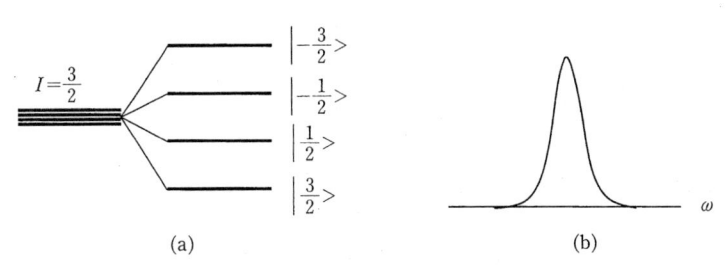

図 7.30 $I=3/2$ の場合の，(a) 磁場によるゼーマン分裂と (b) NMR スペクトル

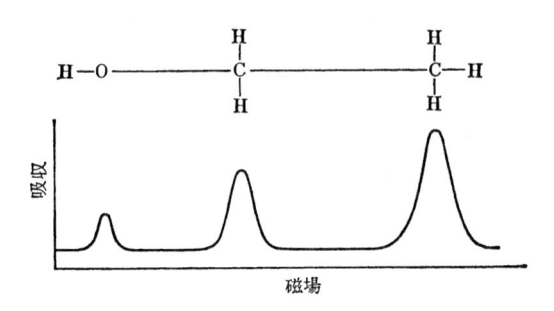

図 7.31 エタノールの NMR スペクトル

わりの環境から核磁気モーメントが受ける内部磁場 ΔH の和である．たとえばエタノール (CH_3CH_2OH) の水素原子核のプロトンの NMR において，—OH，—CH_2，—CH_3 の形に結合する水素核にはそれぞれ異なる内部磁場が加わって，図 7.31 に示すような 3 種類の共鳴ピークが現れる．ピークの大きさはプロトンの数に比例し，それぞれ 1：2：3 である．

原子核が電磁波を吸収してからそのエネルギーを放出するまでの時間，すなわち核磁気緩和時間 T_1 や，上述の共鳴が起こる磁場が核のまわりの電子の影響でシフトする現象，とくに金属の場合これをナイトシフト (Knight shift) $K\,(=\Delta H/H)$ と呼ぶが，これらを測定することにより磁性体の電子状態が研究されている．

核磁気共鳴は磁性体の研究には必須な実験手段であるが，化学・農学・生物学・医学にも重要である．生体内に不均一な磁場をかけて核磁気共鳴を映像化する磁気共鳴断層撮影 (MRI) が医療に役立っている．

8. ナノストラクチュアの世界

8.1 ナノストラクチュア

「ナノ」とは長さの単位,ナノメータ(nanometer, 10^{-9}m)に由来する.1つの原子の大きさが約 0.2 nm だから,1 nm の長さにはせいぜい数個の原子しか並べられない.この極微の領域を詳しく調べると原子が結晶とも分子とも異なる配列をしたナノメータサイズの構造,すなわちナノストラクチュア(nanostructure)が存在している.

ナノストラクチュアは自然に生成したり,あるいはテクノロジーの進歩で人工的にもつくることができる.「結晶」においては原子は3次元的に周期的に配列していたが,ナノストラクチュアではこの周期性の一部あるいはすべてが欠落しており結晶とは異なる物性を示す.

この章では結晶に含まれる極微小な非周期構造,すなわち結晶表面や結晶欠陥(lattice defects)をまず説明する.周期性が完全に欠落したアモルファス固体も加えておこう.続けて数個から数万個程度の原子からできあがる凝集体であるフラーレン(flullerenne),カーボンナノチューブ(carbon nanotube)などを説明し,最後にナノメータよりややサイズは大きいが,人工的につくりあげた微細構造(microstructure)を舞台にするメゾスコピック系(mesoscopic system)の物性に触れる.

8.2 表　　　面

結晶の表面には内部とは異なる複雑な構造が現れる.走査トンネル顕微鏡の発明で原子レベルでの表面観察が可能となりナノストラクチュアの世界が開かれた.

8.2.1 表面の構造

 安定な表面構造は結晶を仮想的に切断した面と一般的に異なる．例としてシリコン結晶の {100} 表面を図 8.1 に示す．結晶中では，1 つのシリコン原子のまわりには 4 つのシリコン原子が配置し，対となる原子は結合軌道（sp³ 混成軌道）に 1 つずつ価電子を出し合い共有結合する．図 8.1 の線はこの結合を表す．結晶を {100} 面において仮想的に切断すると（図 8.1(a)），表面から外向きに伸びた軌道は，結合の相手となる原子がおらず，電子が 1 つのみのダングリングボンド (dangling bond) となる．しかし，実際の表面では隣接した原子同士が近づき弱く結合し（図 1(b)），できるだけ表面のエネルギーを下げることがわかっている．このように表面では構造が再構成されて長い周期の 2 次元構造が出現する．

 表面構造は再構成のない場合を基準にして表現する．結晶の仮想的な切断面における並進ベクトルを a_0, b_0 として（図 8.1(a)），再構成構造の並進ベクトルが ma_0, nb_0 と表せれば，この表面構造は $m \times n$ 再構成構造と表示される（図 8.1(b))．走査トンネル顕微鏡像（図 8.1(c)）にはシリコン {100} 表面の 2×1 再構成構造の周期が明瞭に写し出されている．

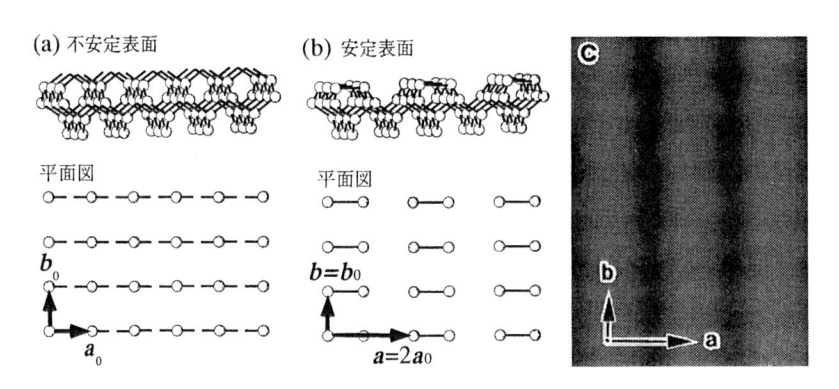

図 8.1 シリコンの {100} 表面の構造
(a) 仮想的な不安定表面，(b) 安定な 2×1 再構成構造，(c) 2×1 再構成構造の走査トンネル顕微鏡像．

8.2.2 超微粒子の構造

 水晶など単結晶の外形は球形ではなく平坦な表面で囲まれた多面体である．これは結晶面ごとに表面エネルギーが違うからで，できるだけ表面エネルギーの小さい結晶面の面積を広げて全表面エネルギーを最小にしている．表面の原子数が

内部と同じ程度の超微粒子 (ultrafine particle) は，巨大な分子と考えればその内部構造も結晶と違って不思議ではない．

8.2.3 表面電子状態と仕事関数

表面では正電荷 (原子核) の周期的な並びがとぎれる (図 8.2 (a))．そのため表面に局在した電子状態 (表面電子状態) が出現する．図 8.2 (b) に結晶と表面の電子状態密度をエネルギーの関数として表示した．半導体結晶では表面にダングリングボンドが残ればバンドギャップ中に準位が現れることもある．

図 8.2 (a) に電子のポテンシャルエネルギーを表示する．フェルミエネルギーの電子も結晶内部に閉じ込められ，仕事関数 (work function) と呼ばれるエネルギーを与えなければ真空中に取り出すことはできない．光を結晶表面に照射して放出される光電子のエネルギーを測定するなどで，仕事関数や表面電子状態密度 (density of surface states) が調べられている．

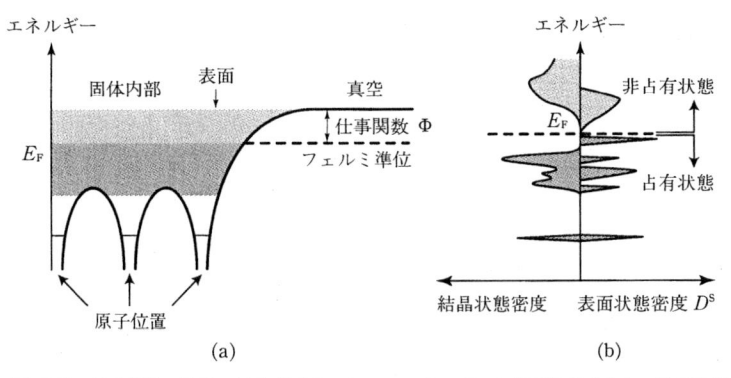

図 8.2 表面付近の電子に対するポテンシャルエネルギーと電子準位 (a) と，結晶と表面の電子状態密度 (b)．

8.2.4 走査トンネル顕微鏡

表面は STM (scanning tunneling microscopy，走査トンネル顕微鏡) を使うとナノメータの分解能で観察できる．原子レベルで尖らせた金属製探針の先端を表面に次第に近づけると，探針側と表面側の電子の波動関数に重なりが生じる．探針と試料間のわずかな電位差 V によりトンネル電流が流れる (図 8.3 (a))．顕微鏡観察の 1 つの方法として，探針を表面の少し上で平行移動させる．原子レベルでの凹凸に応じて波動関数の重なりが変化して，そのためにトンネル電流が変

動する．この電流変化を濃淡で表示すればSTM像となる．

詳しく理解するため図8.2(a)の表面エネルギー図を試料表面と探針表面について別々に求め，それらをエネルギー軸に沿ってバイアス電圧によるエネルギー差 eV だけずらし接続する（図8.3(b)）．図では試料側に負のバイアス電圧 V を加えてあり，試料表面の占有状態から探針表面の非占有状態へ電子はトンネルする．トンネル電流はトンネル遷移の確率 T と表面状態密度に比例すると考えられるので

$$I(r) \propto \int_0^{eV} D^s(r, E) D^t(E+eV) T(E, eV) dE \tag{8.1}$$

となる．t, sはそれぞれ探針，試料を意味する．試料表面の電子状態密度，D^s は表面上の位置 r の関数であることに注意しよう．バイアス電圧が小さいとき像は試料表面 r における，フェルミエネルギー E_F 近くの占有状態の密度，すなわち $D^s(r, E_F)$ を映し出す（たとえば図8.1(c)）．バイアス電圧を反転すれば非占有状態密度が観察できる．

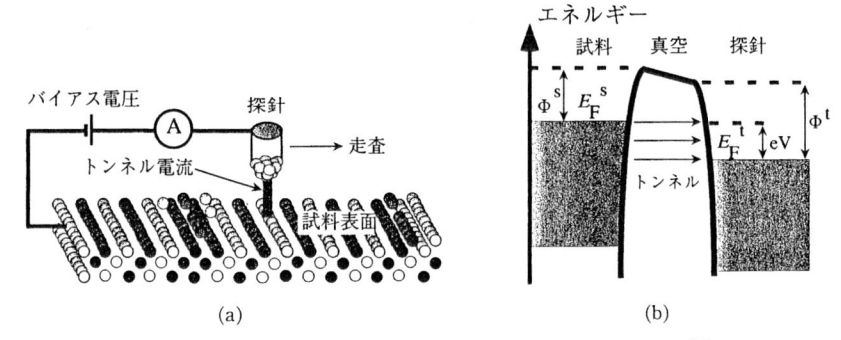

図8.3 STM装置の概略図(a)と，STMにおけるトンネル接合(b)

8.2.5 エピタキシャル結晶成長

超高真空の中で結晶表面は原子のレベルで清浄であり，そのためにたいへん化学反応性に富んでいる．この表面上に様々な原子を吸着させて原子層を1枚ずつ成長させることができる．表面と成長層の構造と格子定数をたがいに近づけるよう工夫をすると，双方の結晶格子を原子のレベルで連続的に接続できる（エピタキシャル成長，epitaxial growth）．ヘテロ界面(hetero boundary)，人工格子(synthetic lattice)，量子井戸(quantum well)など人工的なナノストラクチュア

8.3 結晶欠陥

完全に見える結晶の内部には様々な不完全性，すなわち結晶欠陥が存在している．結晶のマクロな物性(力学的・電子的・光学的性質)の起源が極微小な結晶欠陥であることも多い．たとえば格子位置を占有した置換不純物原子(図 8.4 (a))が半導体結晶でドナーやアクセプターとなるのはよく知られている．

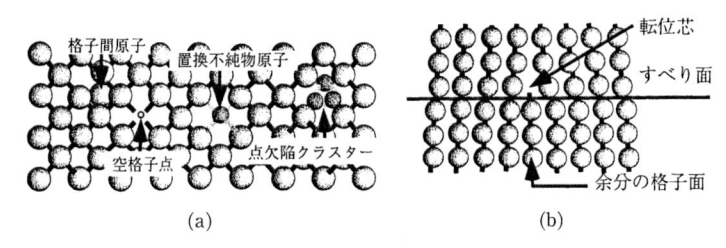

図 8.4 結晶欠陥
(a)点欠陥，不純物原子とそれらのクラスター，(b)転位．下側結晶では上側に比べて1枚だけ格子面が多い．この格子面がとぎれる領域を転位芯と呼ぶ．

8.3.1 点欠陥

不純物のない純粋な結晶中にも熱平衡状態において点欠陥(point defect)は含まれている．ここで点欠陥とは空格子点と，原子と原子の隙間(格子間位置)に入り込んだ原子(格子間原子)である(図 8.4 (a))．

空格子点と格子間原子の対をフレンケル(Frenkel)欠陥というが，この欠陥の熱平衡濃度を求める．フレンケル欠陥をつくるためには結晶の正規の位置にある原子1つを取り出して格子間におけばよい．結晶中にある正規位置の数を N 個，格子間位置の数を N' 個とすれば，正規位置から n 個の原子を選び出して n 個のフレンケル欠陥をつくる方法の数は

$$W = \frac{N!N'!}{(N-n)!n!(N'-n)!n!} \tag{8.2}$$

となる．結晶の配列のエントロピーを求め自由エネルギーを書き下すと

$$F = nE_\mathrm{f} - k_\mathrm{B}T\ln\left\{\frac{N!N'!}{(N-n)!n!(N'-n)!n!}\right\} \tag{8.3}$$

となる．ここで E_f は結晶の中にフレンケル欠陥が1つできたために増えるエネルギー(形成エネルギー)である．熱平衡におけるフレンケル欠陥の数はスター

リングの公式と自由エネルギーの極小条件から

$$n=\sqrt{NN'}\exp(-E_\mathrm{f}/k_\mathrm{B}T) \tag{8.4}$$

と求めることができる．

(8.4)式によれば，フレンケル対の形成エネルギーを1eV，そして$N=N'$と仮定すれば1000Kでは$n/N\fallingdotseq 10^{-5}$となる．

8.3.2 原子拡散と点欠陥クラスター

点欠陥と不純物原子は，有限温度では常に結晶中の定位置にあるわけではない．温度上昇とともに他の原子や点欠陥を巻き込み移動する．この多原子の協同的な運動による点欠陥や原子の移動は原子拡散あるいは拡散と呼ばれる．

微細な半導体デバイスをつくるにはドナーあるいはアクセプターとなる不純物原子を結晶中の適当な場所に埋め込む必要がある．しかし，埋め込みに際し，多数の原子と点欠陥が巻き込まれ拡散する．拡散の結果，点欠陥のクラスター(cluster, 図8.4(a))の生成と消滅が繰り返されることが知られている．

拡散の結果シリコン結晶に生成する，代表的な格子間原子クラスターの電子顕微鏡像を図8.5(a)に示す．ダイヤモンド構造を構成する6原子リングとは異なる原子リングからクラスターは構成されるが，すべてのシリコン原子は共有結合をしており共有結合性結晶における結晶欠陥の一般的な構造を見ることができる(図8.5(b))．

図8.5　格子間原子クラスターの(a)透過電子顕微鏡像と(b)原子配列

8.3.3 転　　位

金属の結晶は小さな力で変形してもとの形に戻らない(塑性変形, plastic deformation)．このマクロスコピックな変形は，結晶の全原子が一度に変位するためではなく，転位(dislocation, 図8.4(b))と呼ばれるミクロスコピックな

結晶欠陥が次々と結晶中を移動することで生じている．転位芯近傍の少数の原子だけがわずかに変位するだけで転位はすべり面の上を容易に移動できる．そのためにわずかな外力で結晶は変形する．

転位は，塑性変形以外にも，エピタキシャル結晶成長の際に格子定数のわずかに違う2つの結晶の界面に発生する．これはミスフィット転位（misfit dislocation）と呼ばれている．

8.4 アモルファス

窓ガラスに使われる珪酸ガラスの原子配列には並進対称性がない．この特徴をもつ物質群を非晶質固体（アモルファス，amorphous）と呼ぶ．

8.4.1 アモルファス固体の構造

図8.6(a)はシリコン原子からできたアモルファスの電子顕微鏡像だが，周期性はまったく見られない．電子回折パターン（図8.6(b)）にも，結晶格子面によるブラッグ反射点ではなく，環状の回折リング（ハローリング，haloring）が現れる．多結晶体からの鮮明なデバイ-シェラーリング（Debye-Scherrer ring）とは異なり，ハローリングには動径方向にぼんやりとした幅がある．液体からの回折でもハローリングが見られるので，アモルファス固体は液体構造がそのまま凍結されたものと見なすこともできる．

アモルファス構造は結晶とは違い等方的である．そして最近接あるいは第2近接程度に近接した原子間の距離はおおよそ定まるが，遠く離れた原子間には，位置の相関がない．そのために動径方向に広がりのあるハローリングが出現する．

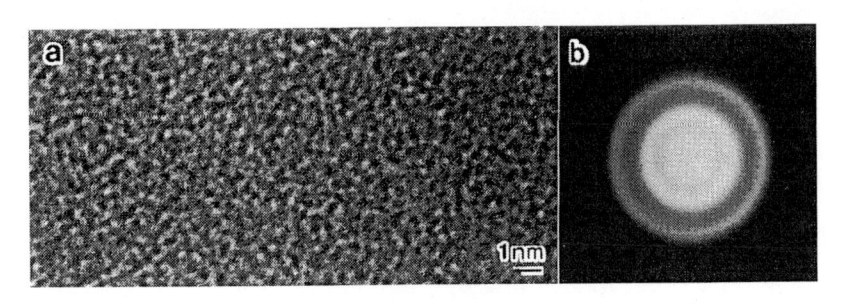

図8.6 アモルファスシリコンの透過電子顕微鏡像(a)と，電子回折パターン(b)

8.4.2 アモルファス固体の物性

アモルファス固体には並進対称性がないために物性は結晶の物性とは異なる．とくに珪酸ガラスのようにアモルファス固体の熱伝導率は非常に小さい．これは熱を伝えるフォノンの平均自由行程が1nm程度とたいへん小さいことに原因がある．原子配列がランダムであるアモルファスの構造の特徴をよく反映している．

ブリルアンゾーンや結晶運動量などの概念が意味をもたないアモルファス固体の電子構造はどうであろうか．アモルファスシリコンを例にとれば，バンドギャップのある半導体である．これは以下のように理解できる．理想的なアモルファスシリコンでは完全結晶を構成する6原子リングに加えて，図8.5の格子間原子クラスターにも見られる5原子リング，7原子リングなどでランダムネットワークがかたちづくられる．各原子同士は共有結合しており，そのためにsp^3混成の結合軌道と反結合軌道によるエネルギーバンドが生じ，その間にはエネルギーギャップが現れる．ただし原子間距離などが，結晶とは異なり空間的に変動して一定でないので，バンドギャップエネルギーは単一の値に定まらない．

アモルファス固体は熱力学的には準安定であり，熱平衡状態図には登場しない．液体状態から急冷したり，結晶に高エネルギーの荷電粒子を照射する，あるいは冷やした基板に真空中で蒸着する，などの方法でアモルファス固体はつくられる．珪酸ガラス，シリコンのほかに氷，炭素など身近な物質がアモルファス固体となる．

磁化の異方性がなく等方的なアモルファス磁性体や，カルコゲン元素を含むガラスの光伝導性は工業的にも利用されている．

8.5 フラーレンとカーボンナノチューブ

この節では数十から数万程度の炭素原子が凝集したフラーレンとカーボンナノチューブを説明する．これらは一種の分子構造と考えることができる．

8.5.1 フラーレン

原子番号6の元素である炭素の同素体はダイヤモンドとグラファイト (graphite, 石墨) の2つのみであると1985年頃までは固く信じられてきた．ところが炭素が燃えた「すす」を質量分析すると60個の炭素原子が集まった分子C_{60}が含

まれることがわかった．この分子は炭素原子がつくる六角形と五角形からできあがっている (図 8.7 (a))．その後，類似した構造をもつ分子 C_{70}, C_{76} などが次々に見いだされ，これら一連の炭素分子はフラーレンと呼ばれている．

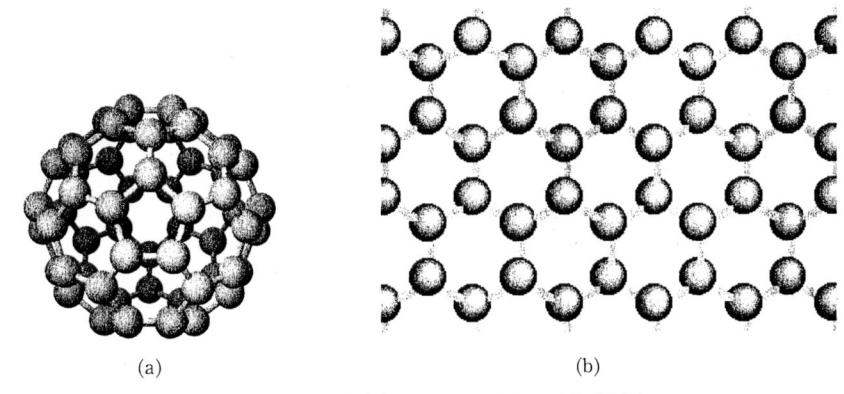

(a) (b)

図 8.7　C_{60} 分子 (a) とグラファイトの 1 原子層 (b)

8.5.2　フラーレン分子の化学結合

フラーレンの分子構造はグラファイトの構造にたいへんよく似ている．グラファイトはファンデルワールス (Van der Waals) 力によって緩やかに引きつけあう層が積み重なった層状構造だが，その一層 (図 8.7 (b)) を取り出してみると炭素原子は六角形のネットワークをかたちづくり，1 つの原子からは平面上の 3 方向にたがいに 120 度の角度をなして結合軌道が伸びている．この結合軌道は，炭素原子の外殻である 2s 軌道と 2p 軌道が混成した sp^2 混成軌道である．さて C_{60} 分子に見られる炭素原子のつくる六角形は，グラファイトに見られる六角形にほかならない．平面構造である六角形のネットワークに五角形が入り込むことで立体構造がかたちづくられたと見なせる．炭素原子の化学結合にはこのように大きな自由度があり，これが一群のフラーレンが出現した理由と考えられる．

8.5.3　フラーレン結晶と超伝導

多数のフラーレン分子が凝集すると周期的に並びフラーレン結晶となる．C_{60} 結晶は面心立方格子の格子点に 1 つずつ C_{60} 分子が並ぶが，図 8.7 (a) を見ればすぐわかるように C_{60} 分子の電荷分布は球対称ではないので結晶中ではたがいに向き合う方向を決めて分子間の静電エネルギーを下げている．ところがこの分子

間の相互作用は小さく，そのために温度が上がる(260 K以上)と各格子点においてC_{60}分子は自由に回転を始めることが知られている．

フラーレン結晶には金属原子をドープすることができる．シリコンなど半導体結晶に不純物原子をドープする場合と違い，大きなフラーレン分子のつくる格子の隙間(格子間位置)に小さな金属原子が入り込む．ドープされると金属的な電気伝導を示すがとくにアルカリ金属を適当にドープすると超伝導物質となる．たとえばRb_3C_{60}では超伝導転移温度$T_c=29$Kであり，これはグラファイトの層間にアルカリ金属を侵入させた層間化合物の転移温度$T_c=2$K程度よりはるかに高温であり，高温超伝導体を除けば最高クラスの超伝導転移温度である．

8.5.4 カーボンナノチューブ

グラファイトの一層が直径1 nm程度のチューブ状に丸まったカーボンナノチューブが飯島により発見された(図8.8)．誰も予想できなかったカーボンナノチューブ構造の側面は炭素原子のつくる六角形で構成されている．カーボンナノチューブは原子のレベルで配列が制御された精密な1次元構造である．

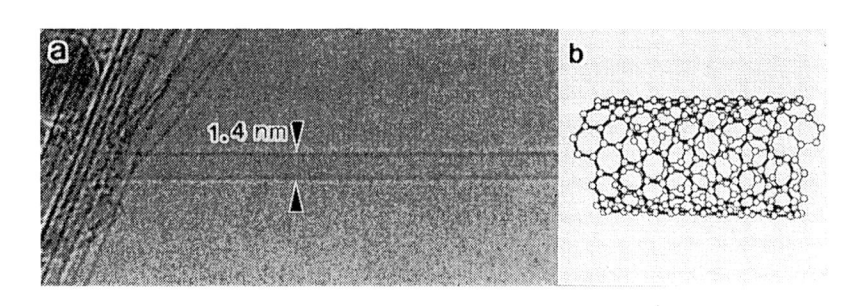

図8.8 カーボンナノチューブの電子顕微鏡像とその構造(飯島澄男博士提供)

8.5.5 カーボンナノチューブの電子構造

カーボンナノチューブの電子構造はグラファイト1層における2次元電子構造をもとにして考える．チューブの軸方向には並進対称性があり，一方，断面内では周期的境界条件が成立するため波数ベクトルが量子化される．グラファイト層の丸め方によりこの1次元物質は金属から半導体へ変化すると考えられている．

カーボンナノチューブは軽くてきわめて固い．また不純物をドープしてチューブ内を伝わるキャリヤーを生み出せばナノスケールの1次元導線をつくること

8.6 メゾスコピック系の物性

ナノストラクチュアの物性は原子構造をもとにしてミクロスコピックな立場から説明される．一方で，原子配列には直接踏み込まずとも物質を連続体と見なしてマクロスコピックに説明できる物性もある．この中間にメゾスコピック系の物性がある．メゾとは音楽用語でおなじみで「中間」を意味する．この分野では主に電子物性が研究されているが，これは電子の平均自由行程の程度の大きさの微細構造が人工的につくられるようになり研究が可能となった．

8.6.1 ベクトルポテンシャルによる電子波の干渉

磁場中で電子に作用するのは古典的にはローレンツ力と考えられる．しかし電子の振る舞いを表すシュレーディンガー方程式には磁束密度 B ではなく，ベクトルポテンシャル A が現れる．

$$\left[\frac{(\boldsymbol{p}+e\boldsymbol{A}(\boldsymbol{r}))^2}{2m}+V(\boldsymbol{r})\right]\Psi(\boldsymbol{r})=E\Psi(\boldsymbol{r}) \quad \text{(SI)}$$
$$\left[\frac{(\boldsymbol{p}+e\boldsymbol{A}(\boldsymbol{r})/c)^2}{2m}+V(\boldsymbol{r})\right]\Psi(\boldsymbol{r})=E\Psi(\boldsymbol{r}) \quad \text{(CGS)} \tag{8.5}$$

磁場がなくてもベクトルポテンシャルが存在すれば電子の波動関数にその効果が及ぶ．これはアハラノフ-ボーム (Aharonov-Bohm) 効果，略して AB 効果と呼ばれる．

AB 効果を理解するために，外村 (とのむら) の実験をまず説明しておこう．金属の先端から電子を電界放射によって引き出し真空中で数百 kV の静電場で加速すると，干渉性のよい電子波 (平面波と見なせる) が得られる．ドーナツ状磁石の内外をこの電子波が通過する (図 8.9(a))．磁束 $\varPhi$ は磁石の環の内部を一回りしており，環の外には漏れださないが，しかしベクトルポテンシャルは環の外側に存在している．図 8.9(a) においては環の内側で電子の進行方向にベクトルポテンシャルは向いているが，一方，環の外側では逆向きである．そのため環を通過すると電子波の等位相面は平面ではなく歪むと予想できる．正確に計算してみると環の内外で位相差

$$\Delta\theta=\frac{e\varPhi}{\hbar} \quad \text{(SI)}, \quad \Delta\theta=\frac{e\varPhi}{c\hbar} \quad \text{(CGS)} \tag{8.6}$$

が生じるはずである．電子線ホログラフィーという高度な電子波の干渉技術を使い，この位相差が直接検出された．図 8.9 (b) で干渉縞が環の内外でずれているが，これは (8.6) 式で予測された位相変化に対応していた．この実験ではじめてAB 効果が実証されたのである．

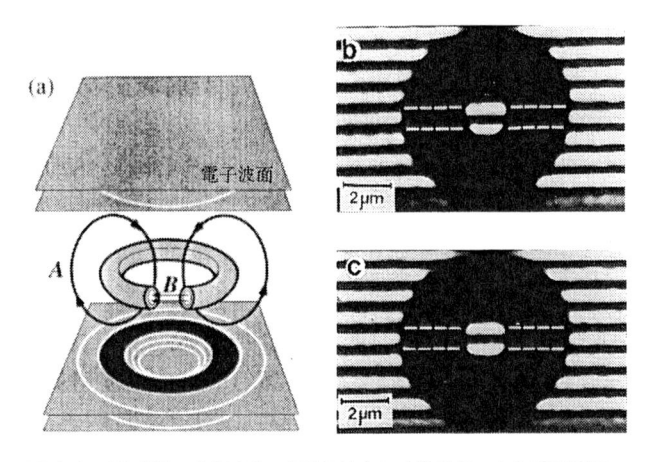

図 8.9　AB 効果の検証実験の概念図 (a) と AB 効果により電子波面に現れた位相差の検出 (観察温度 15 K) (b)，磁束の量子化の観察 (観察温度 5 K) (c) (b, c は外村彰博士提供)

8.6.2　AB 効果と磁場中における電気伝導

　磁場中におかれた固体の内部を伝導する電子も波動性をもつためにベクトルポテンシャルによって影響を受ける．

　微細加工によってリング形の金の導線 (線幅数十 nm，直径数百 nm) をつくり，電極間には電位差を与えて電流を流す (図 8.10 (a))．リングの面に垂直に磁場を加える．電極 1 から出た電子はリングの右側と左側を通りぬけ，そののち電極 2 に到達しそこで干渉する．導線内部の磁場は 2 つの経路で等価であるが，一方，ベクトルポテンシャルの方は 2 つの経路に沿って向きが逆であり，そのためAB 効果が生じる．磁場の大きさを変えることでベクトルポテンシャルを変化させていくと，ちょうど電極 2 で 2 つの経路を通った電子波が重ね合わさり強めあったり弱めあったり，コンダクタンスが振動するのが観察できる (図 8.10 (b))．

　この実験でリングの直径は金における電子の平均自由行程 (10 nm) より長い．

極低温 (0.1 K 以下) で測定されたが，正確には不純物や結晶欠陥による電子散乱も生じる．そのため図 8.10 (b) には示さないが，コンダクタンスには無数の微小振動が重なる．マクロスコピックな物理量であるコンダクタンスに，ミクロスコピックな構造が反映されるメゾスコピック系の特徴が微小振動に現れている．

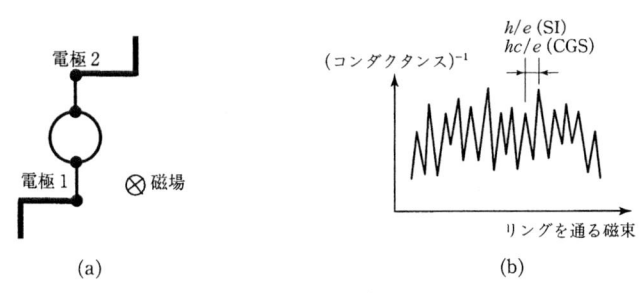

図 8.10 電気伝導の AB 効果
(a) リング形の金の導線と (b) 振動するコンダクタンス．

8.6.3 コンダクタンスの量子化

電流の流れる導線の一部をくびれさせ，細さを直径数ナノメータ程度とし長さも充分に短くする．すると電子は 100 パーセントの確率でこの 1 次元通路を通過できる．電流の大きさは連続的な値をとれず，コンダクタンスは

$$G = \frac{2e^2}{h} \tag{8.7}$$

を単位として量子化されることが知られている．

8.6.4 クーロンブロッケード

トンネル効果は物性物理の様々な分野で現れる現象だが，電子間のクーロン相互作用によりトンネル効果が妨げられるのがクーロンブロッケード (Coulomb blockade) である．

例として 2 枚の金属板の間にきわめて薄い絶縁体を挟んだコンデンサー，すなわちトンネル素子 (図 8.11 (a)) について考える．コンデンサーの容量を C として，最初に両方の極板に電荷 $+Q$, $-Q$ が蓄えられている．極板に蓄えられる電荷は，様々な電子状態の重ね合せによるので，素電荷の整数倍とは限らないことに注意しておこう．極板間の電位差は V とする．次にトンネル効果によって 1 電子が極板間を移動したとする．静電エネルギーの変化は

$$\frac{1}{2C}(Q-e)^2 - \frac{1}{2C}Q^2 = \frac{1}{2C}e(e-2Q) \tag{8.8}$$

である.仮に最初に蓄えられていた電荷 Q が $e/2$ より小さければ電荷の移動にともなって静電エネルギーが増え(図 8.11 (b)),この場合には電子の移動が妨げられる(ブロックされる)のがクーロンブロッケードである.極板に電荷を流し込み,蓄えられた電荷 Q が $e/2$ を越えるとトンネル電流が流れ,$e/2$ を下回るとトンネル電流がブロックされる.この繰り返しで現れる振動的な電気伝導を単電子トンネリング (single electron tunneling) 振動(図 8.11 (c))と呼ぶ.

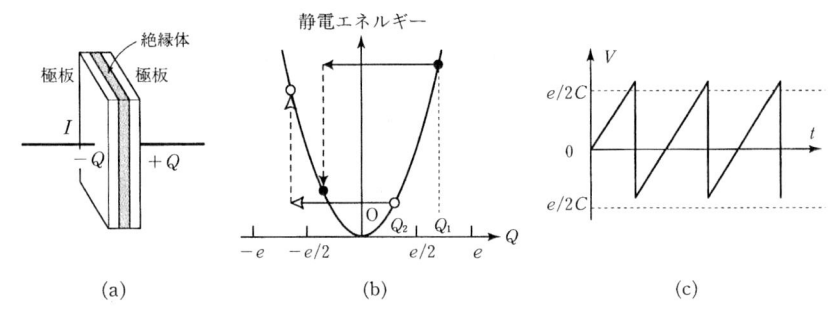

図 8.11 トンネル素子 (a), 1 電子トンネリングによって静電エネルギーが減少する極板電荷 (Q_1) と増大する極板電荷 (Q_2)(b), 単電子トンネリング振動 (c)

8.7 人工原子

半導体結晶の狭い領域に人工的に電子を閉じこめることができる.本物の原子とは違い,中心に原子核はないが電子は離散的なエネルギー準位をもつ.

8.7.1 量子ドット

電子を閉じ込めるポテンシャルは,まずエピタキシャル成長法により 2 次元電子系を実現させる.これは量子ホール効果で説明された.次に図 8.12 (a) のようにゲート電極を取り付けて,ここに負の電位を与える.すると図 8.12 (a) の中央円内の領域では電子はポテンシャルの谷に閉じ込められ 3 次元のどの方向に沿っても自由に運動することができず,そのために離散的なエネルギー値をとる(図 8.12 (b)).この「人工的な原子」は量子ドットとも呼ばれている.

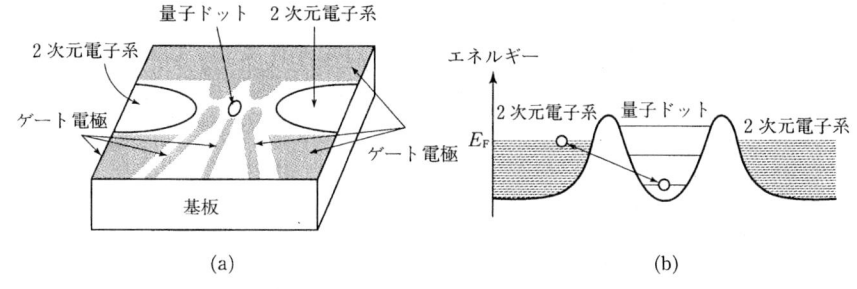

図 8.12 量子ドット(a)と，閉じ込めポテンシャルと離散的なエネルギー準位(b)

8.7.2 量子ドットの応用

ゲート電極の配置や電圧を変化させ閉じ込めポテンシャルの形を変えると，様々な人工原子を生み出せる．また量子ドットのエネルギー障壁の高さは有限だからトンネル効果によって2次元電子系から電子をドットの中に入れたり逆に出したりできる(図 8.12 (b))．電子を1つずつ加えていくとき電子間の相互作用によるエネルギー準位の変化，あるいはフント則の検証など電子相関についての極微の実験室となる．人工原子を並べた人工分子，人工格子の物性も研究が進められている．

量子ドットでは電子とホールのそれぞれが離散的なエネルギー準位をもつ．そのため量子ドット内で電子とホールの対消滅が起これば，本物の原子のように鋭い線発光スペクトルを生じる．発光デバイスなどへの応用も期待されている．

8.8 ナノテクノロジーと物性物理

量子ドットや量子ホール効果の研究でもわかるとおり物性物理では微細加工テクノロジーも積極的に研究に取り入れている．ナノメーター精度の加工や原子ひとつひとつを移動させ人工的に配列させるテクノロジーも身近になっている．

AB効果を説明した図 8.9 には磁束の量子化の瞬間も写し出されている．ここでも微小なドーナツ状磁石を超伝導体である Nb (転移温度 9K) で包み込む微細加工技術が活躍している．超伝導体内部には量子化された磁束しか存在できず，しかし磁石の磁束は当然のことながら量子化されてはいない．そのために超伝導体の内部に永久電流が誘起され磁石による磁束と併せて量子化された磁束(整数 $\times (h/2e)$：SI単位系，整数 $(\times hc/2e)$：CGS単位系) となる．超伝導の転移温

度の上(図8.9(b))と下(図8.9(c))で干渉縞はわずかではあるが移動したのはそのためである．最先端の物性研究が，より進んだテクノロジーを要求し，一方で新しいテクノロジーが新しい物性研究を促している様子が伺える．

索引

あ行

アインシュタイン 33
　——の A 係数, B 係数 105
　——の関係 86
　——のモデル 104
アインシュタイン模型 39
アクセプター 92
圧電性 136
圧電定数 136
アハラノフ-ボーム効果 209

イオン化エネルギー 10
イオン結合 1, 7
イオン半径 10
イオン半径比 10
イオン分極 101
イオン分極率 120
異常分散 101
位相速度 28
1次元鎖 13
1次の相転移 132
移動度 65, 91
異方性エネルギー 183
異方的クーパー対 159
異方的超伝導 159
異方的超伝導体 163

ウィグナー-サイツ胞 21, 70
ヴィーデマン-フランツの法則 61
渦糸 147
運動量保存則 106

永久電流 144

液体ヘリウム 138
エネルギー準位 18
エネルギー状態密度 52
エネルギー損失 124
エネルギー等分配則 54
エネルギーバンド 17
エネルギー分散関係 67
エピタキシャル成長 202
エレクトロルミネセンス 108
エントロピー 56

オームの法則 59
重い正孔バンド 88
重い電子系 46, 55, 161
音響型振動 102, 129
音響的モード 29, 30
オンサーガーの相反定理 57
音波 29

か行

開軌道 75
回折強度 3
回折リング(ハローリング) 205
解離熱 10
化学ポテンシャル 53
拡散 204
核磁気共鳴 195
拡張, 還元, 周期的ゾーン形式 67
可視光 38, 95
カソードルミネセンス 108
価電子 19
価電子バンド 77
下部臨界磁場 147

カーボンナノチューブ 199, 208
軽い正孔バンド 88
還元ゾーン形式 67
換算質量 31
間接ギャップ半導体 84
間接遷移 107
間接遷移型半導体 84
緩和型分散 124
緩和時間 44, 58

擬1次元導体 78
希ガス元素 24
貴金属合金 22
基準振動 27, 30
軌道運動 165
　——にともなう角運動量 166
軌道磁気モーメント 167
軌道整列と四極子秩序 194
希薄極性液体 123
基本並進ベクトル 70
逆圧電効果 136
逆格子 5
逆格子ベクトル 5, 32, 36, 67, 70
ギャップ方程式 151
キャリヤー密度 90
吸光度 98
吸収係数 98, 106, 113
吸収スペクトル 105
キュリー常磁性 166
キュリー点 131
キュリー-ワイス則 131
強磁性的スピンゆらぎ 163
強制振動 99
強相関電子系 161

強弾性相転移　134
強弾性分域　136
共鳴型分散　124, 126
共有結合　1
強誘電性　129
強誘電体　117, 129
強誘電分域　136
局所電極　99
極性気体　123
極性構造　129
銀　103
禁制帯　18, 76
金属　75
金属結合　1
ギンツブルク-ランダウ　155

空間電荷　102
空格子点　203
屈曲率　128
屈折率　96, 103
クーパー対　14, 151
　——のサイズ　152
クーパー対凝縮　139, 150
クラウジウス-モソッティの式　123
グラファイト(石墨)　206
クラマース-クローニヒ変換　105
クーロンブロッケード　211
クーロン力　7
群速度　28, 86

ゲージ不変性　156
結合エネルギー　8
結合手　17
結合状態　82
結合性軌道　15
結晶欠陥　199, 203
結晶場　175
ケミルミネセンス(化学発光)　108
原子拡散　204
原子軌道　15
原子散乱因子　3
原子リング　204
減衰定数　100

高温超伝導(体)　12, 46
光学型格子振動　101, 127
光学遷移　105
光学的モード　31
光学密度　98
交換関係　34
交換相互作用　178
格子間原子　203
格子振動　25
　——の量子化　33
硬磁性材料　181
格子定数　1
格子比熱　33, 39, 42
抗磁力　180
構造因子　3
構造相転移　134
交流ジョセフソン効果　159
コヒーレンス長　145
固有振動数　99
固有値問題　30
コール-コールプロット　125
コンダクタンス　81
　——の量子化　211
近藤効果　194

さ 行

サイクロトロン運動　63
再結合　109
3重項p波　162
$4\pi/3$カタストロフィー　131
残留磁化　180
残留抵抗比(RRR)　61
残留抵抗率　61
残留分極　130

磁化履歴曲線　180
磁気共鳴断層撮影　198
磁気抵抗効果　62, 63
磁気的ゆらぎ　46
磁気モーメント　174
磁区　180
仕事関数　201
指数づけ　3
自然放出　104
磁束の量子化　148, 157, 213
磁束量子　157
自転(スピン)運動　165

自発分極　129
磁場の侵入長　146
磁壁　180
周期的境界条件　27, 49
周期的ゾーン形式　68
周期ポテンシャル　65
周期ポテンシャル中の電子(バンド理論)　65
自由電子　19, 47
自由電子モデル　19, 47
　ハリソンの——　72
シュレーディンガー方程式　15
昇華熱　10
消衰係数　97
少数キャリヤー　109
状態密度　40, 52, 88
　超伝導状態での——　152
上部臨界磁場　148
消滅則　4
常流動成分　141
ジョゼフソン効果　157
人工原子　212
人工格子　202
人工分子　213
真性半導体　88
真性領域　95
真電荷密度　118

水素原子　93
水素分子イオン　14
ストーナー模型　191
スピン-軌道相互作用　84, 169
スピン磁気モーメント　167
スピンフロップ　183
スピンゆらぎ　162
　反強磁性的な——　163

正孔　14, 72, 87, 88
正孔フェルミ面　73
正孔密度　89
正常分散　101
生成熱　10
静電誘導　115
静電容量　117
整流特性　111
赤外活性　38
赤外吸収　38

索引　　　　　　　　　　　　　　　217

赤外反射　128
ゼーマン効果　171
ゼロ点運動　138
ゼロ点振動　35
閃亜鉛鉱型　83
遷移領域　110
線形応答　97
線形結合　15
線形分極　111
全反射　103

層間化合物　208
双極子放射　128
走査トンネル顕微鏡　200, 201
双晶構造　135
相転移　56, 131
束縛エネルギー　95
塑性変形　204
疎密波　28, 102
素励起　140
ゾーンセンター相転移　134
ゾンマーフェルト　47

た 行

第1ブリルアン域　28
第1種超伝導体　146
第3高調波　112
体心立方晶　4
第2音波　141
第2高調波　112
第2種超伝導体　146
ダイヤモンド構造　17
多重度因子　4
縦応答　141
縦磁気抵抗　63
縦波　28
多分散　125
単位胞　1, 29
ダングリングボンド　200
単結晶X線回折　6
探針　201
弾性散乱　37
弾性定数　136
単電子トンネリング振動　212
断熱近似　26, 45
単分散　125

遅延効果　125, 154
置換不純物原子　203
秩序　132
秩序変数　134, 155
秩序・無秩序型強誘電性相転移　132
中性子　36
中性子回折　12
中性子散乱　36
中性条件　90
超交換相互作用　180
超格子構造　134
超伝導　46, 207
超伝導ギャップ　151
超伝導現象　141
超伝導状態での状態密度　152
長波長の極限　28, 29
超微粒子の構造　200
超流体　140
超流動 ^{3}He　161
超流動成分　141
超流動転移温度　139
調和振動子　99, 126
直接ギャップ半導体　84, 106
直接遷移型半導体　84
直線偏向　99
直流ジョゼフソン効果　159

強い結合の近似　83
強い相関　190

定圧比熱　54
低次元物質　78
定積比熱　54
ディラックのδ関数　40
デバイ温度　41, 55
デバイ緩和　125
デバイ−シェラーリング　205
デバイ周波数　41
デバイ単位　121
デバイ模型　40, 41
出払い領域　95
デュロン−プチの法則　32
転移　204
電界発光　108
電荷密度波　79
電気感受率　97, 100, 117, 119

電気機械結合定数　137
電気双極子　99
電気双極子モーメント　31, 119
電気抵抗ゼロ−永久電流　143
電気抵抗率　57
電気伝導　91
電気伝導率　59, 91
電気2重層　110
電気分極　99
点欠陥　203
点欠陥クラスター　204
電子回折　12
電子回折パターン　205
電子顕微鏡像　204
電子−格子相互作用　46
電子親和力　10
電子スピン共鳴　195
　　──の微細構造　196
電子線ホログラフィー　210
電子相関　213
電子の速度　86
電磁波　96
　　──の整流作用　112
電子配置　84
電子波の干渉　209
電子比熱　42, 53, 54
電子比熱係数　55
電子分極　101
電子分極率　120
電子密度　16, 89
電子輸送現象　57
電束密度　97, 116
伝導電子　19
伝導バンド　77
電流磁気効果　62, 75

銅　103
透過率　98
銅酸化物高温超伝導体　159
ドゥ・ジャン係数　193
透磁率　96
ドナー　92
ドナー電子　94
ド・ハース−ファン・アルフェン効果　80
ド・ブロイの関係　86
トンネル効果　211

索　　引

トンネル遷移　202
トンネル電流　202

な 行

ナイトシフト　198
ナノストラクチュア　199
　　人工的な——　202
ナノテクノロジー　213
軟磁性体　181

2キャリヤーモデル　64
2次元電子系　213
2次元電子と量子ホール効果　79
2次の相転移　132
ニュートンの運動方程式　87
2流体モデル　140

熱エネルギー　54
熱伝導　57
熱伝導度　43, 61
熱電能　57
熱放射　108
熱膨張　45
熱力学的臨界磁場　146
熱流密度　57

は 行

バイアス電圧　110, 202
パイエルス転移　79
配向分極率　120
ハイゼンベルグの不確定性原理　47
配置数　9
ハイトラー–ロンドンの方法　82
パウリ常磁性　186
パウリの原理　50
波数　28
波数空間　48
波数ベクトル　19, 31, 48
発光ダイオード　86, 110
波動方程式　96
ハードコア　138
ハミルトニアン　34
ハリソンの自由電子モデル　72
反強磁性　181

反強磁性的なスピンゆらぎ　163
反強誘電性　130
反結合状態　82
反結合性軌道　15
反射スペクトル　105
反射率　98
反電場　117
半導体デバイス　92
半導体レーザ　86
バンドギャップ　18, 82, 107

光吸収　37
光散乱　37
光トランジスター　113
光の吸収　103
光の速さ　96
微細構造　199
非晶質固体（アモルファス）　205
微小振動の仮定　45
ヒステリシス（履歴）曲線　130
非線形光学現象　111, 112
非線形光学効果　129
非線形分極率　111
非調和項　45
比熱　32
比誘電率　117
ヒューム–ロザリー　22
表面　199
　　——の構造　200
表面エネルギー　200
表面電子状態　201
開いたフェルミ面　74

ファブリー–ペロー共振器　113
ファンデルワールス結合　1
ファンデルワールス力　24, 207
フェライト　183
フェリ磁性体　184
フェルミエネルギー　18, 50, 202
フェルミ温度　43, 51
フェルミ球　20, 50
フェルミ準位　90
フェルミ速度　51
フェルミ統計　138
フェルミ波数　51

フェルミ分布関数　53, 88
フェルミ面　50
フェルミ粒子　38, 47, 50
フォトルミネセンス　108
フォトン　36
フォノン　35, 60
　　——の吸収　107
　　——の放出　107
深い準位　109
不確定性関係　35
不揮発性メモリ　130
副格子　181
複素屈折率　97
複素誘電率　124
不純物　92
不純物領域　95
不整合相転移　135
プラズマ振動　102
プラズマ振動数　102
ブラッグの条件　69
ブラッグの法則　2
ブラッグ反射　68
フラーレン　199, 206
フラーレン結晶　207
フラーレン分子　207
プランクの輻射公式　104
プリセッション法　6
ブリルアン関数　174
ブリルアン散乱　38, 129
ブリルアンゾーン　20, 67
フレンケル欠陥　203
ブロッホの関数　66
ブロッホの定理　65
プロトン　197
分極　115
　　——の大きさ　97
分極反転　130
分散関係　28
分子軌道　15
分子軌道法　15
分子場　176
フント則　169, 213
粉末X線回折　4

平均強度　98
平均散乱時間（緩和時間）　59, 91
平均自由行程　44, 58, 59

平衡状態図 22
平面波 98
ベクトル積 5
ベクトルポテンシャル 209
ヘス-フェアバンク効果 140
ヘテロ界面 202
ヘテロ構造 79
ヘリカル磁性 183
ペルチェ効果 57
ペロブスカイト化合物 12
ペロブスカイト構造 12, 135
変位型強誘電相転移 133
変位分極 120
遍歴強磁性 189
遍歴電子 190

ボーア磁子 166
ボーアの原子模型 166
飽和磁気モーメント 174
飽和電流密度 111
ボーズ-アインシュタイン分布 39
ボーズ凝縮 139
ボーズ統計 138
ボーズ粒子 38
ホール 72
ホール係数 58, 91
ホール効果 62
ボルツマン定数 32
ボルツマン分布 104
ホール比抵抗 58
ボルン-ハーバーサイクル 9

ま 行

マイスナー効果 144
マクスウェルの関係 136
マクスウェル方程式 96
マグノン 60
摩擦力 100
マティーセン則 61
マーデルングエネルギー 8

ミスフィット転移 205
ミラー指数 2

無秩序 132

メカトロニクス 137
メゾスコピック系 199, 209
面間隔 2
面心立方晶 5

守谷理論 192

や 行

ヤーン-テラー効果 194

有機金属錯体 161
有効質量 87
有効状態密度 90
有効ボーア磁子数 174
有効ボーア半径 93
誘電損失 124
誘電体 115
誘電分極 115
誘電分散 124
誘電余効関数 125
誘電率 96, 103, 116
誘導放出 104

横応答 141
横磁気抵抗 63
横波 29
芳田理論 194
四極子モーメント 195

ら 行

ライダン-ザックス-テラーの関係式 128
ラッセル-ソーンダーズ結合 168
ラマン活性 38
ラマン散乱 38, 129
ラーモアの角振動数 174, 196
ランジュヴァン-デバイの式 123
ランダウ準位 80, 188
ランダウ反磁性 188, 189
ランデの g 因子 173

立方最密充填 21
リュードベリ定数 93
量子井戸 202
量子液体 138

量子化条件 33
量子細線 81
量子ドット 212
量子ホール効果 79
臨界温度 144
臨界速度 140

ルミネセンス 108

レーザ 105
レーザ光 129
レート方程式 109
レナード-ジョーンズのポテンシャル 24
レンツの法則 185

六方最密構造 21
六方最密充填 21
ローレンツ数 61
ローレンツの局所電場 121
ローレンツモデル 99, 101
ローレンツ力 63
ローレンツ-ローレンツの式 123
ロンドンの磁場侵入長 145
ロンドン-ピパード 143
ロンドン方程式 145

わ 行

ワイス 176
和周波発生 112

欧 文

AB効果 210

$BaTiO_3$ 12
bcc 4
BCS理論 148

CPUメモリ 130
CsCl構造 11

ESR 195

fcc 5

GaAs 83

GL理論 155

^{4}He と ^{3}He 138

k-空間 20

LCAO近似 83
LED 110
LST関係式 128

MOS界面 79

MRI 198

n形半導体 93
NaCl 7
NMR 195

p形半導体 94
p–n接合 110

RKKY相互作用 193

sp^2混成軌道 207
sp^3混成軌道 17, 200
STM 201

UPt$_3$ 160

X線回折 2
X線プリセッション 6

YBa$_2$Cu$_3$O$_7$ 11

編著者略歴

大　貫　惇　睦（おお ぬき よし ちか）
1947 年　栃木県に生まれる
1976 年　東京大学大学院理学系研究科博士課程終了
現　在　大阪大学大学院理学研究科教授・理学博士

物 性 物 理 学　　　　　　　　　定価はカバーに表示

2000 年 4 月 1 日　初版第 1 刷
2008 年 9 月 25 日　　第 4 刷

編著者　大　貫　惇　睦
発行者　朝　倉　邦　造
発行所　株式会社　朝　倉　書　店
　　　　東京都新宿区新小川町 6-29
　　　　郵便番号　162-8707
　　　　電　話　03 (3260) 0141
　　　　FAX　03 (3260) 0180
　　　　http://www.asakura.co.jp

〈検印省略〉

© 2000〈無断複写・転載を禁ず〉　　平河工業社・渡辺製本

ISBN 978-4-254-13081-2　C 3042　　Printed in Japan

好評の事典・辞典・ハンドブック

法則の辞典　　　　　　　　　　　山崎　昶 編著
　　　　　　　　　　　　　　　　A5判 504頁

統計データ科学事典　　　　　　　杉山高一ほか3氏 編
　　　　　　　　　　　　　　　　A5判 700頁

物理データ事典　　　　　　　　　日本物理学会 編
　　　　　　　　　　　　　　　　B5判 600頁

統計物理学ハンドブック　　　　　鈴木増雄ほか4氏 訳
　　　　　　　　　　　　　　　　A5判 608頁

炭素の事典　　　　　　　　　　　伊与田正彦ほか2氏 編
　　　　　　　　　　　　　　　　A5判 660頁

自然災害の事典　　　　　　　　　岡田義光 編
　　　　　　　　　　　　　　　　B5判 708頁

分子生物学大百科事典　　　　　　太田次郎 監訳
　　　　　　　　　　　　　　　　B5判 1176頁

生物物理学ハンドブック　　　　　石渡信一ほか4氏 編
　　　　　　　　　　　　　　　　B5判 680頁

ガラスの百科事典　　　　　　　　作花済夫ほか8氏 編
　　　　　　　　　　　　　　　　A5判 650頁

モータの事典　　　　　　　　　　曽根悟ほか2氏 編
　　　　　　　　　　　　　　　　A5判 550頁

電子物性・材料の事典　　　　　　森泉豊栄ほか4氏 編
　　　　　　　　　　　　　　　　A5判 696頁

電子材料ハンドブック　　　　　　木村忠正ほか3氏 編
　　　　　　　　　　　　　　　　B5判 1012頁

機械加工ハンドブック　　　　　　竹内芳美ほか6氏 編
　　　　　　　　　　　　　　　　A5判 536頁

計算力学ハンドブック　　　　　　矢川元基ほか1氏 編
　　　　　　　　　　　　　　　　B5判 680頁

危険物ハザードデータブック　　　田村昌三 編
　　　　　　　　　　　　　　　　B5判 512頁

風工学ハンドブック　　　　　　　日本風工学会 編
　　　　　　　　　　　　　　　　B5判 432頁

水環境ハンドブック　　　　　　　日本水環境学会 編
　　　　　　　　　　　　　　　　B5判 760頁

地盤環境工学ハンドブック　　　　嘉門雅史ほか2氏 編
　　　　　　　　　　　　　　　　B5判 600頁

建築生産ハンドブック　　　　　　古阪秀三ほか7氏 編
　　　　　　　　　　　　　　　　B5判 728頁

咀嚼の事典　　　　　　　　　　　井出吉信 編
　　　　　　　　　　　　　　　　B5判 372頁

生体防御医学事典　　　　　　　　鈴木和男 監修
　　　　　　　　　　　　　　　　B5判 376頁

機能性食品の事典　　　　　　　　荒井綜一ほか4氏 編
　　　　　　　　　　　　　　　　B5判 500頁

価格・概要等は小社ホームページをご覧ください．